光盘使用说明

光盘主要内容

本光盘为《入门与实战》丛书的配套多媒体教学光盘，光盘中的内容包括18小时与图书内容同步的视频教学录像和相关素材文件。光盘采用全程语音讲解和真实详细的操作演示方式，详细讲解了电脑以及各种应用软件的使用方法和技巧。此外，本光盘附赠大量学习资料，其中包括3~5套与本书内容相关的多媒体教学演示视频。

光盘操作方法

将DVD光盘放入DVD光驱，几秒钟后光盘将自动运行。如果光盘没有自动运行，可双击桌面上的【我的电脑】或【计算机】图标，在打开的窗口中双击DVD光驱所在盘符，或者右击该盘符，在弹出的快捷菜单中选择【自动播放】命令，即可启动光盘进入多媒体互动教学光盘主界面。

光盘运行后会自动播放一段片头动画，若您想直接进入主界面，可单击鼠标跳过片头动画。

光盘运行环境

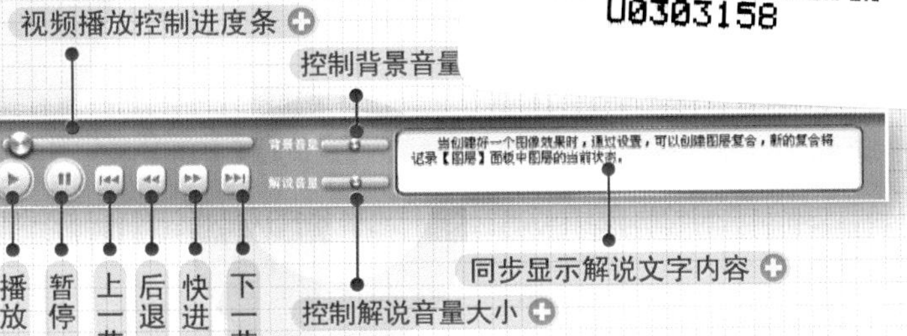

U0303158

光盘使用说明

普通视频教学模式

图1

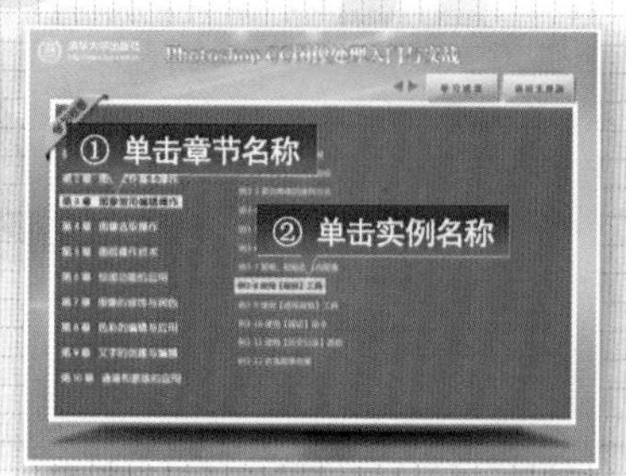

图2

图3

学习进度查看模式

图1

图2

图3

自动播放演示模式

图1

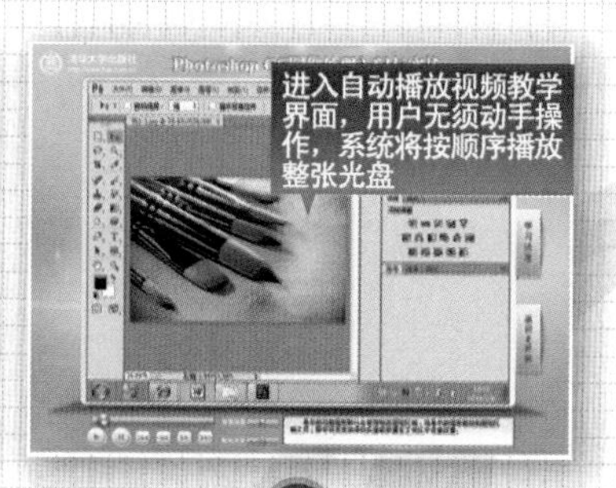

图2

赠送的教学资料

图1

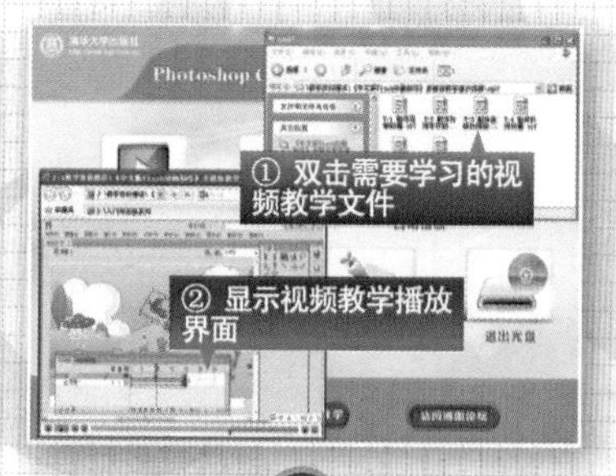

图2

使用【高反差保留】滤镜

添加复古的暗金色

消除照片反差

修复褪色的照片

使用图层蒙版

增强画面的层次感

修复室内的曝光偏色

变换季节色彩

改变发型颜色

添加薄雾效果

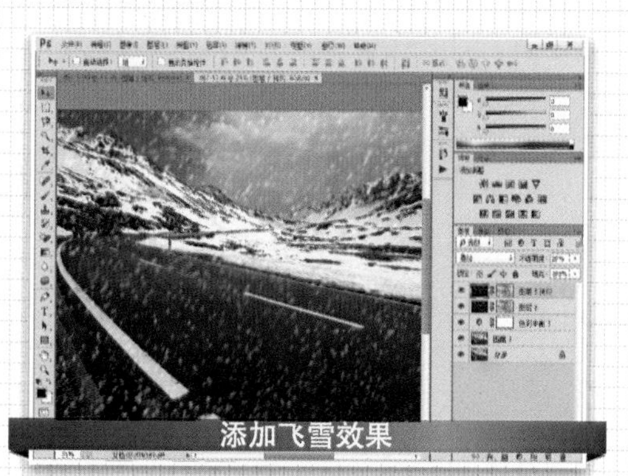
添加飞雪效果

美白人物肤色

添加布纹效果

添加Lomo风格色调

添加柔和的淡黄色

添加水印效果

打造细腻肌肤

添加欧美流行艺术色

打造古韵效果

打造诱人双唇

美白人物牙齿

添加霞光效果

添加聚光效果

打造质感肤色

添加星光效果

添加小清新的青蓝色

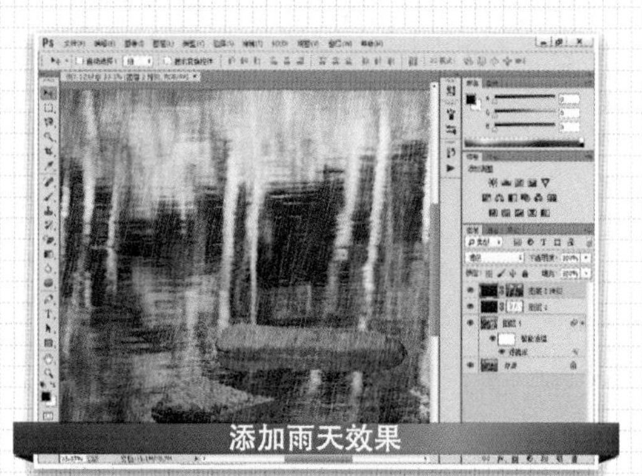
添加雨天效果

添加怀旧色调

制作怀旧老照片

制作油画效果

制作甜美人像照

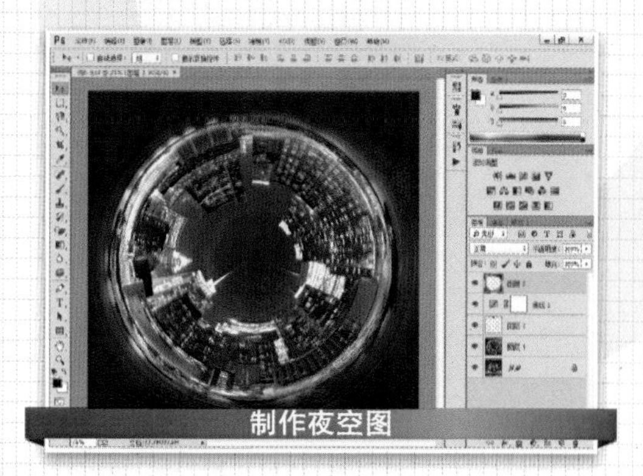
制作夜空图

入门与实战

超值畅销版

Photoshop数码照片处理入门与实战

熊晓磊 ◎编著

清華大學出版社
北京

内容简介

本书是《入门与实战》系列丛书之一，全书以通俗易懂的语言、翔实生动的实例，全面介绍了Photoshop数码照片处理的相关知识。全书共分9章，涵盖了数码照片处理基础知识，数码照片的修复，照片抠取与合成技巧，数码照片光影处理，数码照片调色技术，数码照片艺术处理，景物照片处理技巧，人像照片美容秘笈，数码照片的输出等内容。

本书采用图文并茂的方式，使读者能够轻松掌握。全书双栏紧排，全彩印刷，同时配以制作精良的多媒体互动教学光盘，方便读者扩展学习。附赠的DVD光盘中包含18小时与图书内容同步的视频教学录像和3～5套与本书内容相关的多媒体教学视频。此外，光盘中附赠的"云视频教学平台"能够让读者轻松访问上百GB容量的免费教学视频学习资源库。

本书面向电脑初学者，是广大电脑初中级用户、家庭电脑用户，以及不同年龄阶段电脑爱好者的首选参考书。

图书在版编目 (CIP) 数据

Photoshop 数码照片处理入门与实战 / 熊晓磊　编著. —北京：清华大学出版社，2015（2024.2 重印）
（入门与实战）
ISBN 978-7-302-37669-9

Ⅰ. ①P…　Ⅱ. ①熊…　Ⅲ. ①图像处理软件　Ⅳ. ①TP391.41

中国版本图书馆 CIP 数据核字 (2014) 第 186469 号

责任编辑： 胡辰浩　袁建华
封面设计： 牛艳敏
责任校对： 成凤进
责任印制： 宋　林

出版发行： 清华大学出版社
网　　址： https://www.tup.com.cn, https://www.wqxuetang.com
地　　址： 北京清华大学学研大厦 A 座　　**邮　　编：** 100084
社 总 机： 010-83470000　　**邮　　购：** 010-62786544
投稿与读者服务： 010-62776969，c-service@tup.tsinghua.edu.cn
质 量 反 馈： 010-62772015，zhiliang@tup.tsinghua.edu.cn
印 装 者： 涿州市般润文化传播有限公司
经　　销： 全国新华书店
开　　本： 185mm×260mm（附光盘 1 张）　**印　　张：** 14.25　**插　　页：** 4　**字　　数：** 365 千字
版　　次： 2015 年 2 月第 1 版　**印　　次：** 2024 年 2 月第 7 次印刷
定　　价： 78.00 元

产品编号：053232-03

丛书序

首先，感谢并恭喜您选择本系列丛书！《入门与实战》系列丛书挑选了目前人们最关心的方向，通过实用精炼的讲解、大量的实际应用案例、完整的多媒体互动视频演示、强大的网络售后教学服务，让读者从零开始、轻松上手、快速掌握，让所有人都能看得懂、学得会、用得好电脑知识，真正做到满足工作和生活的需要！

·丛书、光盘和网络服务特色

双栏紧排，全彩印刷，图书内容量多实用

本丛书采用双栏紧排的格式，使图文排版紧凑实用，其中220多页的篇幅容纳了传统图书一倍以上的内容。从而在有限的篇幅内为读者奉献更多的电脑知识和实战案例，让读者的学习效率达到事半功倍的效果。

结构合理，内容精炼，案例技巧轻松掌握

本丛书紧密结合自学的特点，由浅入深地安排章节内容，让读者能够一学就会、即学即用。书中的范例通过添加大量的“知识点滴”和“实战技巧”的注释方式突出重要知识点，使读者轻松领悟每一个范例的精髓所在。

书盘结合，互动教学，操作起来十分方便

丛书附赠一张精心开发的多媒体教学光盘，其中包含了18小时左右与图书内容同步的视频教学录像。光盘采用全程语音讲解、真实详细的操作演示等方式，紧密结合书中的内容对各个知识点进行深入的讲解。光盘界面注重人性化设计，读者只需要单击相应的按钮，即可方便地进入相关程序或执行相关操作。

免费赠品，素材丰富，量大超值实用性强

附赠光盘采用大容量DVD格式，收录书中实例视频、源文件以及3～5套与本书内容相关的多媒体教学视频。此外，光盘中附赠的云视频教学平台能够让读者轻松访问上百GB容量的免费教学视频学习资源库，在让读者学到更多电脑知识的同时真正做到物超所值。

在线服务，贴心周到，方便老师定制教案

本丛书精心创建的技术交流QQ群(101617400、2463548)为读者提供24小时便捷的在线交流服务和免费教学资源；便捷的教材专用通道(QQ：22800898)为老师量身定制实用的教学课件。

·读者对象和售后服务

本丛书是广大电脑初中级用户、家庭电脑用户和中老年电脑爱好者，或学习某一应用软件用户的首选参考书。

最后感谢您对本丛书的支持和信任，我们将再接再厉，继续为读者奉献更多更好的优秀图书，并祝愿您早日成为电脑高手！

如果您在阅读图书或使用电脑的过程中有疑惑或需要帮助，可以登录本丛书的信息支持网站(http://www.tupwk.com.cn/practical)或通过E-mail(wkservice@vip.163.com)联系，本丛书的作者或技术人员会提供相应的技术支持。

前言

电脑操作能力已经成为当今社会不同年龄层次的人群必须掌握的一门技能。为了使读者在短时间内轻松掌握电脑各方面应用的基本知识，并快速解决生活和工作中遇到的各种问题，我们组织了一批教学精英和业内专家特别为电脑学习用户量身定制了这套《入门与实战》系列丛书。

《Photoshop 数码照片处理入门与实战》是这套丛书中的一本，该书从读者的学习兴趣和实际需求出发，合理安排知识结构，由浅入深、循序渐进，通过图文并茂的方式讲解 Photoshop 数码照片处理的各种应用方法。全书共分为 9 章，主要内容如下。

第 1 章：介绍了数码照片处理基础知识以及 Photoshop 基本操作方法。

第 2 章：介绍了使用 Photoshop 修复、完善数码照片的方法与技巧。

第 3 章：介绍了数码照片的抠取、合成的方法与技巧。

第 4 章：介绍了数码照片影调处理的方法和技巧。

第 5 章：介绍了数码照片色彩处理的方法和技巧。

第 6 章：介绍了使用 Photoshop 制作各种艺术效果的方法和技巧。

第 7 章：介绍了使用 Photoshop 处理景物照片的方法和技巧。

第 8 章：介绍了使用 Photoshop 处理人物照片的方法和技巧。

第 9 章：介绍了数码照片展示和输出的方法。

本书附赠一张精心开发的 DVD 多媒体教学光盘，其中包含了 18 小时左右与图书内容同步的视频教学录像。光盘采用全程语音讲解、情景式教学、互动练习、真实详细的操作演示等方式，紧密结合书中的内容对各个知识点进行深入的讲解。让读者在阅读本书的同时，享受到全新的交互式多媒体教学。

此外，本光盘附赠大量学习资料，其中包括 3 ～ 5 套与本书内容相关的多媒体教学视频和云视频教学平台。该平台能够让读者轻松访问上百 GB 容量的免费教学视频学习资源库。使读者在短时间内掌握最为实用的电脑知识，真正达到轻松进阶、无师自通的效果。

除封面署名的作者外，参加本书编写的人员还有陈笑、曹小震、高娟妮、李亮辉、洪妍、孔祥亮、陈跃华、杜思明、曹汉鸣、陶晓云、王通、方峻、李小凤、曹晓松、蒋晓冬、邱培强等人。由于作者水平所限，本书难免有不足之处，欢迎广大读者批评指正。我们的邮箱是 huchenhao@263.net，电话是 010-62796045。

《入门与实战》丛书编委会
2014 年 12 月

第 1 章　数码照片处理基础知识

第 2 章　数码照片的修复

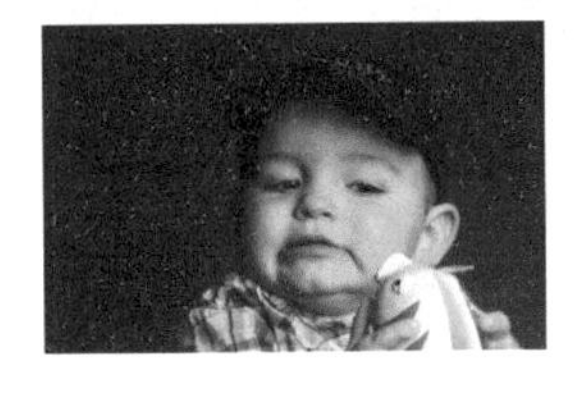

第 3 章　照片抠取与合成技巧

第4章 数码照片光影处理

第5章 数码照片调色技术

第 6 章　数码照片艺术处理

第 7 章　景物照片处理技巧

第 8 章　人像照片处理秘笈

第9章 数码照片的输出

第1章

数码照片处理基础知识

对应光盘视频

例1-1　打开图像文件
例1-2　同时缩放多个图像文件
例1-3　使用【导航器】面板
例1-5　使用预设动作
例1-7　更改照片图像大小
例1-8　使用【画布大小】命令
例1-9　使用【裁剪】工具
本章其他视频文件参见配套光盘

本章简单介绍数码摄影基础知识、数码照片后期处理基础知识以及Photoshop的工作界面。通过本章的学习，能掌握数码照片处理的基础知识，为日后创作打下坚实基础。

1.1 数码照片处理的相关术语

在使用Photoshop对数码照片进行编辑处理前，应该先了解与编辑相关的图像文件基础知识。

1.1.1 像素和分辨率

像素和分辨率是影响照片质量的重要参数。在对数码照片进行编辑处理时，像素和分辨率可以控制图像的大小和清晰度。像素越高的图像，分辨率也就越高。

1. 像素

像素由相机里光电传感器上的光敏元件数目所决定，一个光敏元件对应一个像素，因此，光敏元件越多，像素越多，拍摄出的照片越细腻清晰。像素分为CCD像素和有效像素。通常说的相机像素都以CCD像素为标示，即以百万像素为单位，从200万到千万像素不等，以满足不同的摄影需求。

2. 分辨率

分辨率指的是单位面积中所标示的像素数目。数码照片的分辨率决定了所拍摄照片最终能打印出的大小和清晰度，以及在计算机显示器上所能显示的画面大小和清晰度。相机分辨率的高低取决于相机中CCD像素的多少，像素越多，照片的分辨率就越高。

1.1.2 常用颜色模式

数码照片的颜色是决定其质量优劣的重要指标之一。数码照片的颜色模式决定了其编辑处理后的展示途径。只有了解颜色模式才能精确修饰和编辑数码照片。

Photoshop中提供了多种不同的颜色模式，选择【图像】|【模式】命令，在打开的子菜单中即可选择需要的颜色模式。常见的颜色模式主要有：位图模式、灰度模式、RGB模式、CMYK模式、Lab模式、HSB模式。

1. 位图模式

位图模式用两种颜色(黑和白)来表示图像中的像素。位图模式的图像也叫做黑白图像。

2. 灰度模式

灰度模式可以使用多达256级灰度来表现图像，使图像的过渡更平滑细腻。灰度图像的每个像素有一个0(黑色)到255(白色)之间的亮度值。灰度值也可以用黑色油墨覆盖的百分比来表示(0%等于白色，100%等于黑色)。所谓灰度色，就是指纯白、纯黑以及两者中的一系列从黑到白的过渡色。我们平常说所的黑白照片、黑白电视，实际上都应该称为灰度色才确切。灰度色中不包含任何色相，即不存在红色、黄色这样的颜色，但灰度隶属于RGB色域(色域指色彩范围)。选择【图像】|【模式】|【灰度】命令，会弹出提示对话框，单击【扔掉】按钮，即可将图像转换为灰度模式。

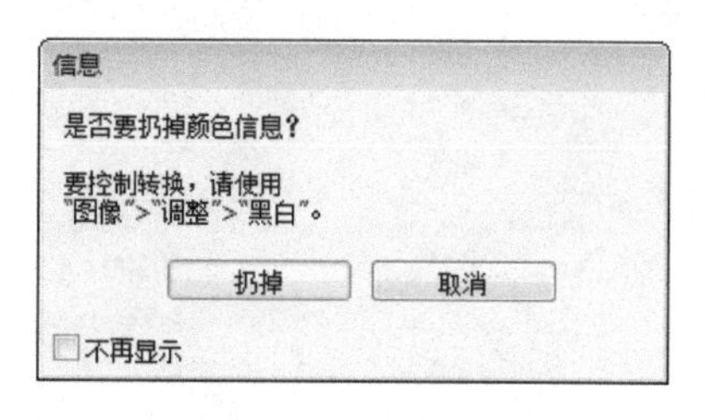

3. 双色调模式

双色调模式通过1种至4种自定油墨创建单色调、双色调(两种颜色)、三色调(三种颜色)和四色调(四种颜色)的灰度图像。对于用专色的双色打印输出，双色调模式增大了灰色图像的色调范围。因为，双色调使用不同的彩色油墨重现不同的灰阶。

4. 索引模式

索引模式可生成最多256种颜色的8位图像文件。当转换为索引颜色时，Photoshop将构建一个颜色查找表，用于存放并索引图像中的颜色。如果原图像中的某种颜色没有出现在该表中，则程序将选取最接近的一种，或使用仿色以现有颜色来模拟该颜色。

选择【图像】|【模式】|【索引颜色】命令，打开【索引颜色】对话框，设置该对话框中的各项参数，然后单击【确定】按钮，即可将图像转换为索引模式。

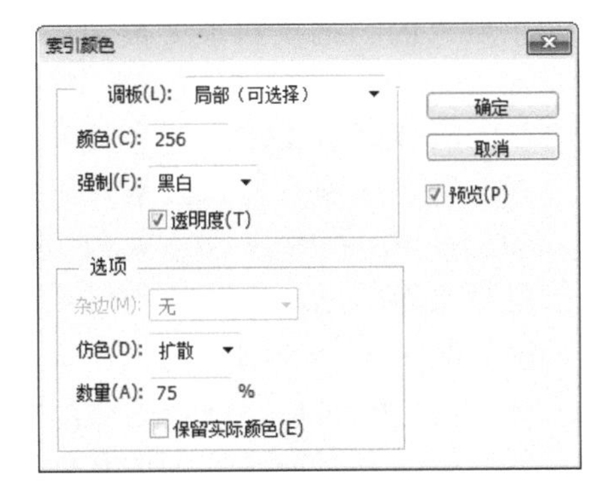

5. RGB模式

RGB颜色模式是Photoshop默认的图像模式，它由红(R)、绿(G)、蓝(B)3种基本颜色组合而成。通常该颜色模式是最佳的首选模式，因为它提供的功能最多且操作最为灵活，除此之外，它还拥有比大多数模式更为宽广的色域。

RGB模式是基于自然界中3种基色光的混合原理，将红(R)、绿(G)、蓝(B)3种基色按照从0(黑)到255(白色)的亮度值在每个色阶中分配，从而指定其色彩。当不同亮度的基色混合后，便会产生出256×256×256种颜色，约为1670万种。

选择【图像】|【模式】|【RGB模式】命令，可将图像转换为RGB模式。下图所示为在【通道】面板中查看RGB颜色模式。

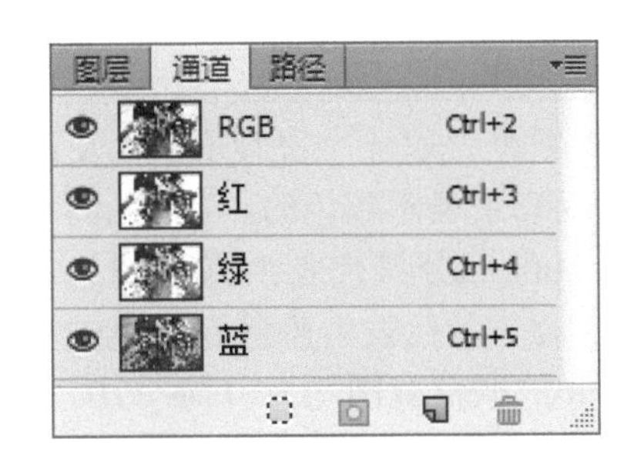

6. CMYK模式

CMYK颜色模式是一种基于印刷处理的颜色模式。

和RGB类似，CMY是3种印刷油墨名称的首字母：青色(Cyan)、洋红色(Magenta)、黄色(Yellow)。而K取的是Black最后一个字母，之所以不取首字母，是为了避免与蓝色(Blue)混淆。CMYK模式在本质上与RGB模式没有什么区别，只是产生色彩的原理不同，在RGB模式中由光源发出的色光混合生成颜色，而在CMYK模式中由光线照到有不同比例C、M、Y、K油墨的纸上，部分光谱被吸收后，反射到人眼的光产生颜色。

选择【图像】|【模式】|【CMYK颜色】命令，会弹出提示对话框，单击【确定】按钮，即可将图像转换为CMYK模式。

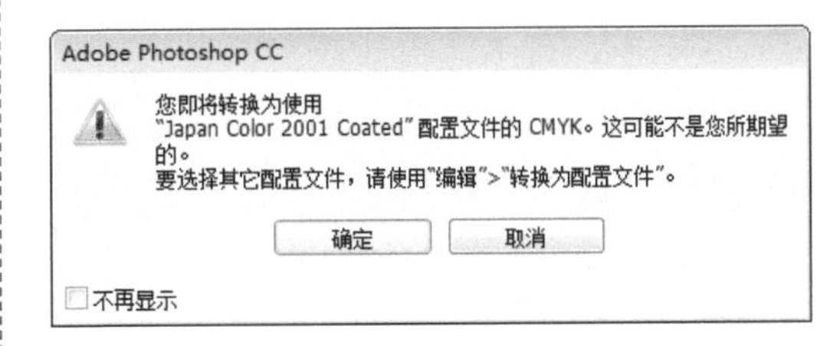

下图所示为在【通道】面板中查看CMYK颜色模式。

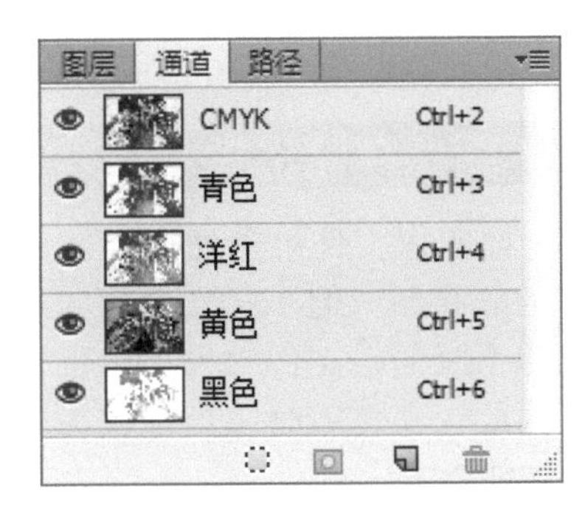

7. Lab模式

Lab颜色是以一个亮度分量L及两个颜色分量a和b来表示颜色的。其中L的取值范围是0~100，a分量代表由绿色到红色的光谱变化，b分量代表由蓝色到黄色的光谱变化，a和b的取值范围均为-120~120。Lab模式所包含的颜色范围最广，能够包含所有RGB模式和CMYK模式中的颜色。所以我们在转换不同颜色模式时会以Lab模式为中介，以尽可能少的减少颜色损失。

下图所示为在【通道】面板中查看Lab颜色模式。

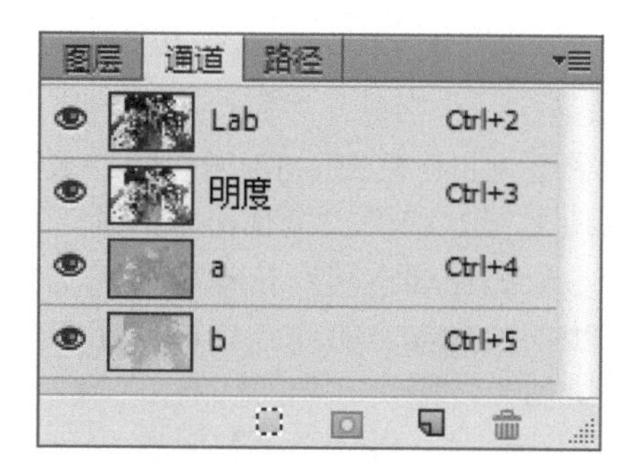

8. 多通道模式

多通道颜色模式是一种减色模式，因为若将一个RGB文件转换为多通道文档，只得到青色、洋红和黄色通道。若将彩色图像的一个或多个通道删除，颜色模式将会自动转换为只包含剩余颜色的多通道模式。此颜色模式多用于特殊打印。

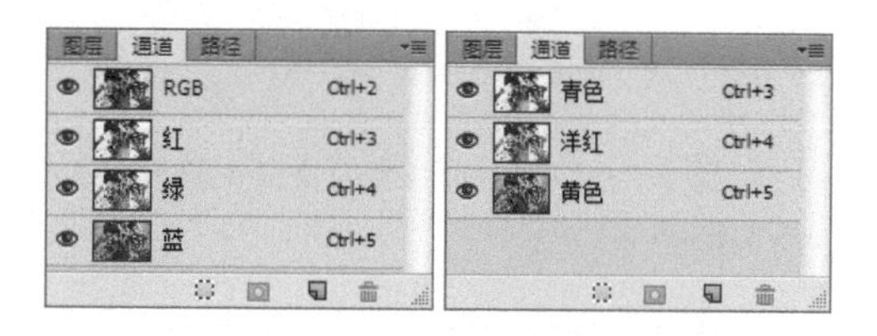

1.1.3 图像存储格式

同一幅图像文件可以使用不同的文件格式来进行存储，但不同文件格式所包含的信息却不相同，文件的大小也有很大的差别。因此，在使用时应当根据需要选择合适的文件格式。

在Photoshop中，支持的图像文件格式有20余种。因此，在Photoshop中可以打开多种格式的图像文件进行编辑处理，并且以其他格式存储图像文件。常用的图像保存格式有以下几种。

- PSD：这是Photoshop软件的专用图像文件格式，它能保存图像数据的每一个小细节，可以存储成RGB或CMKY颜色模式，也能自定义颜色数目进行存储。此外，它能保存图像中各图层的效果和相互关系，保证各图层之间相互独立，以便于对单独的图层进行修改和制作各种特效。其唯一缺点就是占用的存储空间较大。
- TIFF：这是一种比较通用的图像格式，几乎所有的扫描仪和大多数图像软件都支持这一格式。这种格式支持RGB、CMYK、Lab、Indexed Color、位图和灰度颜色模式，有非压缩方式和LZW压缩方式之分。同EPS和BMP等文件格式相比，其图像信息最紧凑，因此TIFF文件格式在各软件平台上得到了广泛支持。
- JPEG：JPEG是一种带压缩的文件格式，其压缩率是目前各种图像文件格式中最高的。但JPEG在压缩时图像存在一定程度的失真，因此，在制作印刷制品时最好不要用此格式。JPEG格式支持RGB、CMYK和灰度颜色模式，但不支持Alpha通道，它主要用于图像的预览和制作HTML网页。
- BMP：它是标准的Windows及OS/2平台上的图像文件格式，Microsoft的BMP格式是专门为【画笔】和【画图】程序建立的。这种格式支持1~24位颜色深度，使用的颜色模式可为RGB、索引颜色、灰度和位图等，且与设备无关。
- GIF：该格式是由CompuServe提供的一种图像格式。由于GIF格式可以用LZW方式进行压缩，所以它被广泛应用于通信领域和HTML网页文档中。不过，这种格式仅支持8位图像文件。

● PDF：该文件格式是由Adobe公司推出的，它以PostScript Level2语言为基础，因此可以覆盖矢量式图像和点阵式图像，并且支持超链接。利用此格式可以保存多页信息，其中可以包含图像和文本，同时也是网络下载经常使用的文件格式。

● EPS：该格式是跨平台的标准格式，其扩展名在Windows平台上为*.eps，在Macintosh平台上为*.epsf，可以用于存储矢量图形和位图图像文件。EPS格式采用 PostScript语言进行描述，可以保存Alpha通道、分色、剪辑路径、挂网信息和色调曲线等数据信息，因此，EPS格式也常被用于专业印刷领域。EPS格式是文件内带有PICT预览的PostScript格式，基于像素的EPS文件要比以TIFF格式存储的相同图像文件所占磁盘空间大，基于矢量图形的EPS格式的图像文件要比基于位图图像的EPS格式的图像文件小。

● PNG：PNG格式是一种新兴的网络图像格式，也是目前可以保证图像不失真的格式之一。它不仅兼有GIF格式和JPEG格式所能使用的所有颜色模式，而且能够将图像文件压缩到极限以利于网络上的传输，同时可以保留所有与图像品质相关的数据信息。这是因为PNG格式是采用无损压缩方式来保存文件的，与牺牲图像品质以换取高压缩率的JPEG格式有所不同；采用这种格式的图像文件显示速度很快，只需下载1/64的图像信息就可以显示出低分辨率的预览图像；PNG格式也支持透明图像的制作。PNG格式的缺点在于不支持动画。

1.2 Photoshop使用快速掌握

Adobe Photoshop是最为流行的图形图像编辑处理应用程序。使用Photoshop软件强大的图像修饰和色彩调整功能，可修复图像素材的瑕疵，调整素材图像的色彩和色调，并且可以自由合成多张素材从而获得满意的图像效果。Photoshop CC中包含了大量操作简单、设计人性化的工具、操作命令和滤镜效果。用户可以根据所处理照片的需求，选择需要的工具或命令。

1.2.1 熟悉工作界面

启动Photoshop CC应用程序后，打开工作界面。

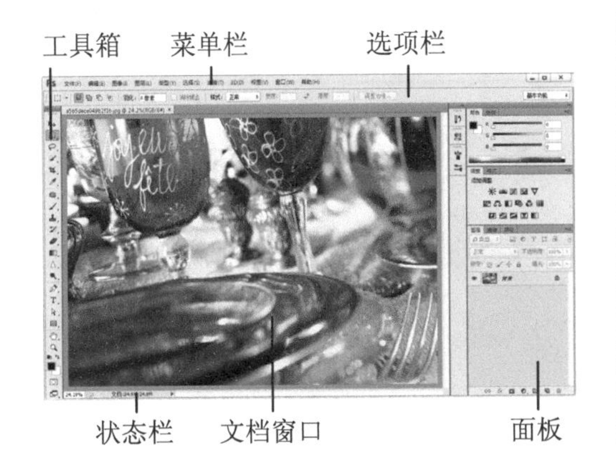

其工作界面包括应用程序栏、菜单栏、选项栏、工具箱、垂直停放的面板组、文档窗口和状态栏等组成。下面分别介绍界面中各个部分的功能及其使用方法。

1. 菜单栏

菜单栏是Photoshop中的重要组成部分。Photoshop CC按照功能分类，提供了【文件】、【编辑】、【图像】、【图层】、【类型】、【选择】、【滤镜】、3D、【视图】、【窗口】和【帮助】11个命令菜单，只要单击其中一个菜单，随即会出现相应的下拉式命令菜单。

文件(F) 编辑(E) 图像(I) 图层(L) 类型(Y) 选择(S) 滤镜(T) 3D(D) 视图(V) 窗口(W) 帮助(H)

在弹出的菜单中，如果命令显示为浅灰色，则表示该命令目前状态为不可执行；命令右方的字母组合代表该命令的键盘快捷键，按下该快捷键即可快速执行该命令；若命令后面带省略号，则表示执行该命令后，屏幕上将会出现相应的设置对话框。

类型(Y) 选择(S) 滤镜(T) 3D(D) 视图(V) 窗口(W) 帮助(H)
上次滤镜操作(F) Ctrl+F
转换为智能滤镜(S)
滤镜库(G)...
自适应广角(A)... Alt+Shift+Ctrl+A
Camera Raw 滤镜(C)... Shift+Ctrl+A
镜头校正(R)... Shift+Ctrl+R
液化(L)... Shift+Ctrl+X
油画(O)...
消失点(V)... Alt+Ctrl+V

实战技巧

有些命令只提供了快捷键字母，要通过快捷键方式执行命令，需要按下Alt键+主菜单的字母，再按下命令后的字母。

2. 选项栏

选项栏在Photoshop CC的应用中具有非常关键的作用，它位于菜单栏的下方，当选中工具箱中的任意工具时，选项栏就会显示相应工具的属性设置选项，可以很方便地利用它来设置工具的各种属性。

3. 工具箱

Photoshop工具箱中包含很多工具图标。这些工具依照功能与用途大致可分为选取、编辑、绘图、修图、路径、文字、填色以及预览类工具。

用鼠标单击工具箱中的工具按钮图标即可使用该工具。如果工具按钮图标右下方有一个三角形符号，则代表该工具还有弹出式工具，单击工具按钮则会出现一个工具组，将鼠标移动到工具图标上即可切换不同的工具，也可以按住Alt键单击工具按钮图标以切换工具组中不同的工具。另外，选择工具还可以通过快捷键来执行，工具名称后的字母即是工具快捷键。

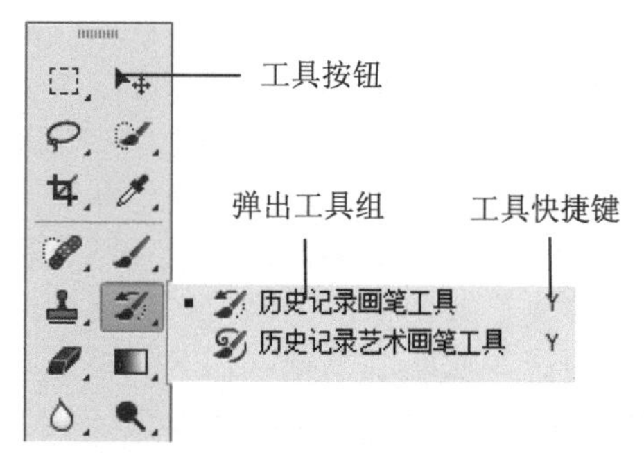

工具箱底部还有3组设置：填充颜色控制支持设置前景色与背景色；工作模式控制用来选择以标准工作模式还是快速蒙版工作模式进行图像编辑；屏幕模式控制用来切换屏幕模式。

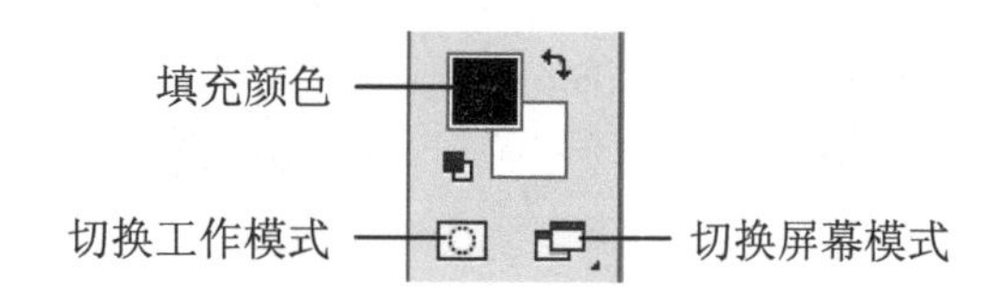

4. 文档窗口

文档窗口是图像内容的所在。打开的图像文件默认以选项卡模式显示在工作区中，其上方的标签会显示图像的相关信息，包括文件名、显示比例、颜色模式和位深度等。

5. 状态栏

状态栏位于文档窗口的底部，用于显示诸如当前图像的缩放比例、文件大小以及有关当前使用工具的简要说明等信息。

在状态栏最左端的文本框中输入数值，然后按下Enter键，可以改变图像在窗口的显示比例。单击右侧的按钮，从弹出的菜单中可以选择状态栏将显示的说明信息。

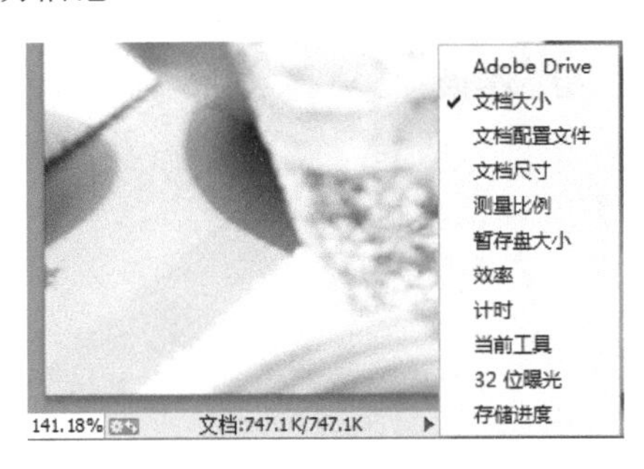

6. 面板

面板是Photoshop CC工作区中最常使用的组成部分，通过面板可以完成图像处理时工具参数的设置，图层、路径编辑等操作。

在默认状态下，启动Photoshop CC应用程序后，常用面板会放置在工作区的右侧。一些不常用面板，可以通过选择【窗口】菜单中的相应命令使其显示在操作窗口内。对于暂时不需要使用的面板，可以将其折叠或关闭以增大显示区域的面积。单击面板右上角的◀◀按钮，可以将面板折叠为图标状，单击面板右上角的▶▶按钮可以再次展开面板。

要关闭面板，可以直接单击面板组右上角的关闭按钮，也可以通过面板菜单中的【关闭】命令关闭面板，或选择【关闭选项卡组】命令关闭面板组。

Photoshop应用程序对面板进行了分组。打开面板会将其拼贴在固定区域，只要将其移出固定区域之外，即可变成浮动式面板任意移动。反之，将它们移到固定区域即可恢复拼贴状态。

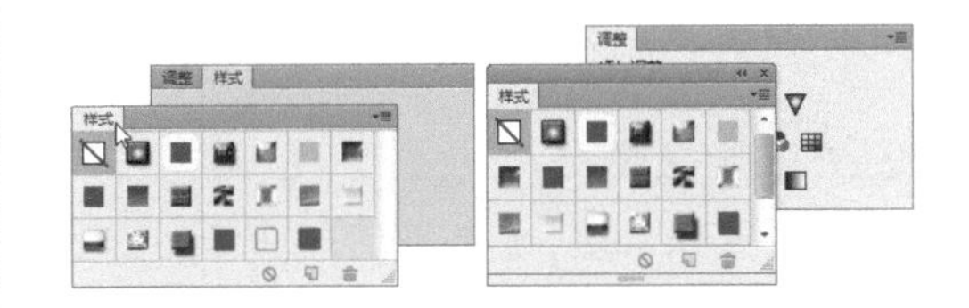

1.2.2 自定义工作界面

在Photoshop CC中，提供了多种不同功能的预置工作区。可以选择【窗口】|【工作区】命令中的子菜单，或是在选项栏右侧单击【工作场所切换器】按钮，在弹出的菜单中选择所需的工作区。

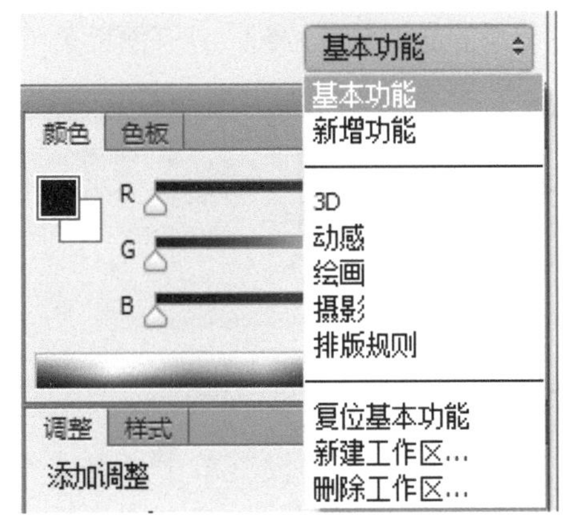

如果经常使用一些菜单命令或工具，

则可通过【编辑】|【菜单】或【键盘快捷键】命令，将菜单命令定义为彩色，或使用键盘快速选择工具。

实战技巧

选择【窗口】|【工作区】|【删除工作区】命令，打开【删除工作区】对话框。在对话框中的【工作区】下拉列表中选择需要删除的工作区，然后单击【删除】按钮，即可删除存储的自定义工作区。

1.2.3 直方图的作用

直方图是判断数码照片影调是否正常的重要参数之一。在【直方图】面板中使用图形表示图像中每个亮度级别的像素数量及像素的分布情况，对数码照片的影调调整起着至关重要的作用。

1. 认识直方图

选择【窗口】|【直方图】命令，打开【直方图】面板。打开的面板以默认的紧凑视图显示，该直方图代表整个图像。

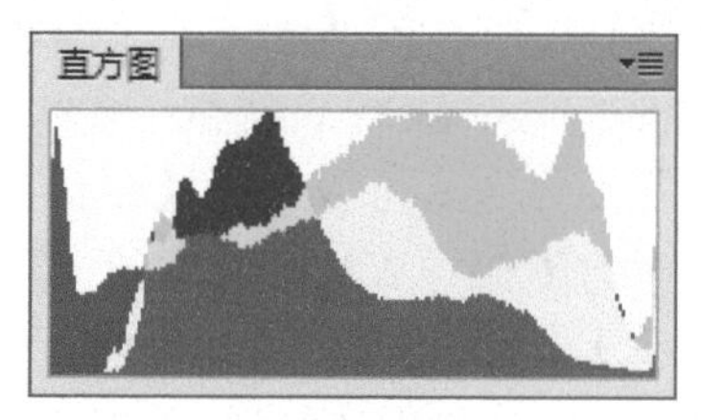

若要将图像以其他视图显示，则单击面板右上角的面板菜单按钮，打开面板菜单。

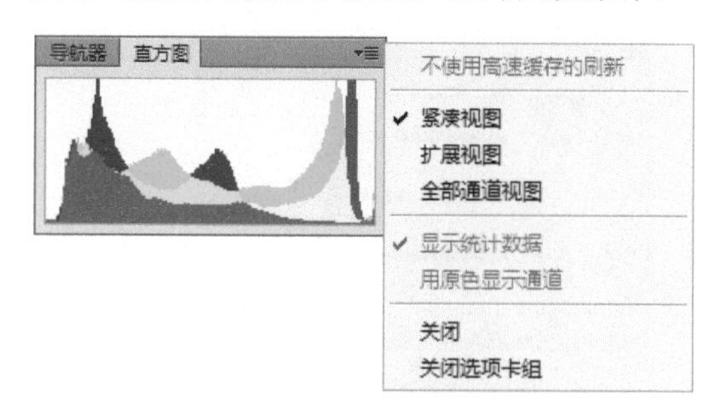

在【直方图】面板菜单中选择【全部通道视图】选项，即可以全部通道视图显示各个通道的直方图；若选择【用原色显示通道】选项，则用原色显示各个通道的单个直方图。

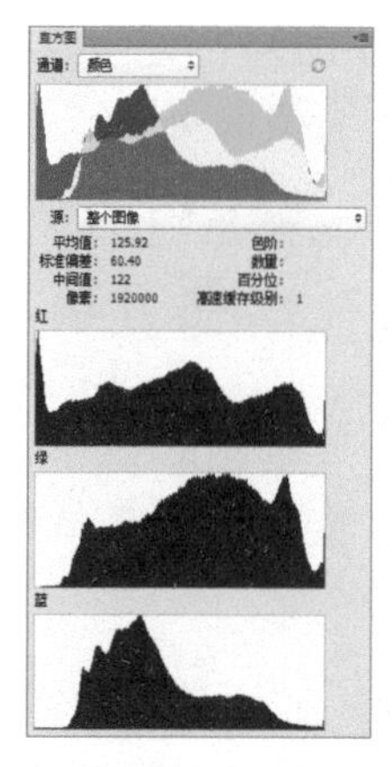

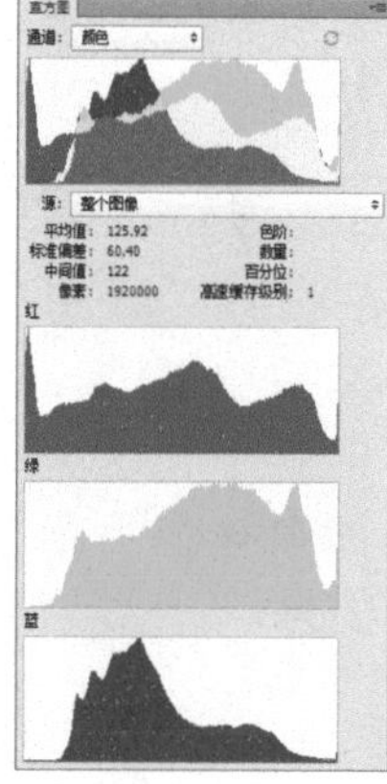

在【直方图】面板菜单中选择【扩展视图】选项，可以方便地选择各个通道的直方图，查看数据。

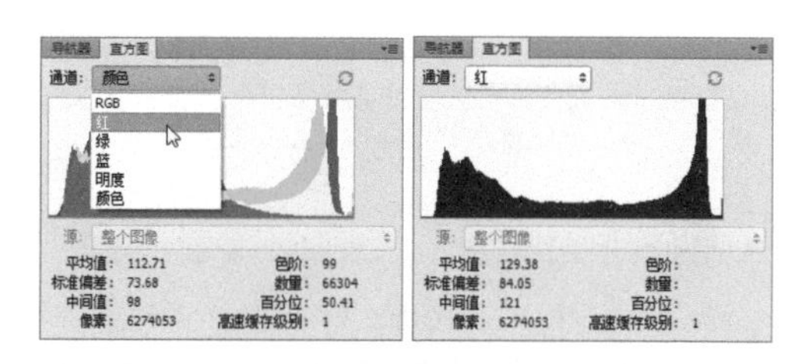

【直方图】面板的下方还显示平均值、标准偏差、中间值、像素、色阶、数量、百分位和高速缓存级别统计信息等数据。

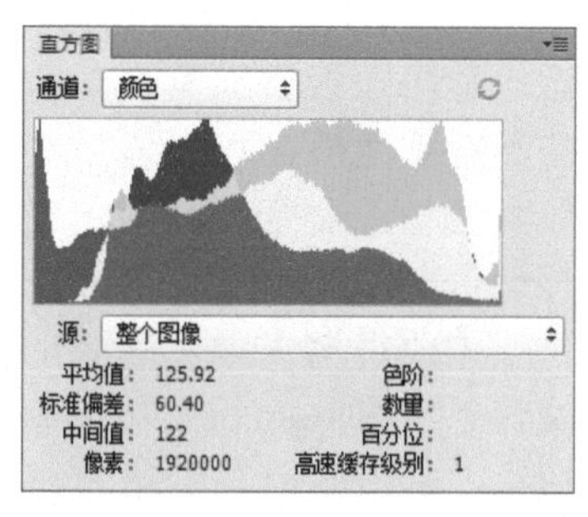

- 【平均值】：该项表示图像的平均亮度值。
- 【标准偏差】：该项表示当前图像颜色亮度值的变化范围。
- 【中间值】：该项显示亮度值范围内的中间值。
- 【像素】：该项表示用于计算直方图的像素总数。

● 【色阶】：该项用于显示光标在直方图位置区域的亮度色阶。

● 【数量】：该项用于显示光标在直方图位置区域的亮度色阶的像素总数。

● 【百分位】：该项显示光标在直方图位置区域的亮度色阶或该色阶以下的像素累计数。该值表示为图像中所有像素的百分数，从最左侧的0% 到最右侧的100%。

● 【高速缓存级别】：该项显示当前用于创建直方图的图像高速缓存。

2. 查看照片影调

使用【直方图】面板可以查看图像在阴影、中间调和高光部分的信息，以确定数码照片的影调是否正常。在【直方图】面板中，直方图的左侧代表了图像的阴影区域，中间代表了中间调，右侧代表了高光区域。

当山峰分布在直方图左侧时，说明图像的细节集中在暗调区域，中间调和高光区域缺乏像素，通常情况下，该图像的色调较暗。

当山峰分布在直方图右侧时，说明图像的细节集中在高光区域，中间调和阴影缺乏细节，通常情况下，该图像为亮色调图像。

当山峰分布在直方图中间时，说明图像的细节集中在中间色调处。一般情况下，这表示图像的整体色调效果较好。但有时色彩的对比效果可能不够强烈。

当山峰分布在直方图的两侧时，说明图像的细节集中在阴影处和高光区域，中间调缺少细节。

当直方图的山峰起伏较小时，说明图像的细节在阴影、中间调和高光处分布较为均匀，色彩之间的过渡较为平滑。

在直方图中，如果山脉没有横跨直方图的整个长度，说明阴影和高光区域缺少必要的像素，它会导致图像因缺乏对比度而显得灰暗。

1.2.4　评估照片色调

在调整设置数码照片之前，最好先分析需要设置的数码照片，这样可以在设置照片时更加准确快捷。在Photoshop中，可以使用【信息】面板和【颜色取样器】工具评估照片颜色。

选择【窗口】|【信息】菜单命令，打开【信息】面板。选择工具箱中的【颜色取样器】工具，在图像中合适位置单击，进行颜色取样。此时，在【信息】面板中会显示该位置的图像颜色值。

单击并拖动图像上的取样点，【信息】面板中显示的信息将及时更新，显示当前取样点位置的颜色信息。

若要删除取样标记，单击【颜色取样器】工具选项栏中的【清除】按钮可以删除图像上所有颜色取样点。

删除单个取样点，可以在该取样点上右击，在弹出的快捷菜单中选择【删除】命令。

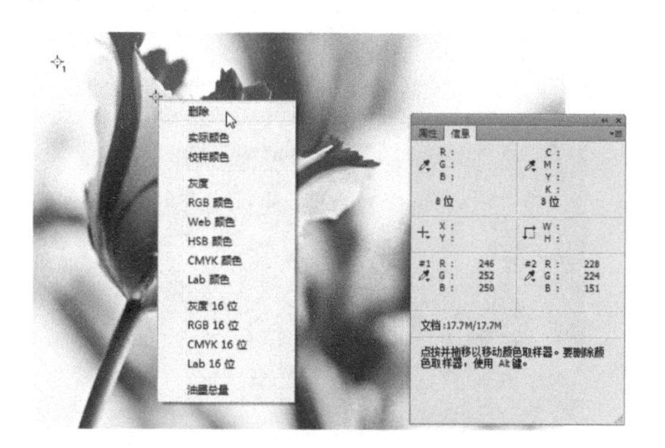

1.3　数码照片的查看

要处理数码照片，先要在Photoshop应用程序中打开、显示照片图像。对于打开的照片图像，不仅可以查看其属性，还可以根据需要设置显示模式。

1.3.1　打开数码照片

要处理一张数码照片文件，首先要在Photoshop中打开它。选择【文件】|【打开】命令，可以打开所需的照片图像。

此外，还可以在启动Photoshop后，直接从计算机的资源管理器中将照片文件拖放到Photoshop工作界面的窗口中来打开数码照片。

【例1-1】打开图像文件。

视频+素材 (光盘素材\第01章\例1-1)

步骤 01 选择菜单栏中的【文件】|【打开】命令，或按Ctrl+O键，打开对话框。在对话框中，选中文件所在文件夹，单击【打开】按钮。

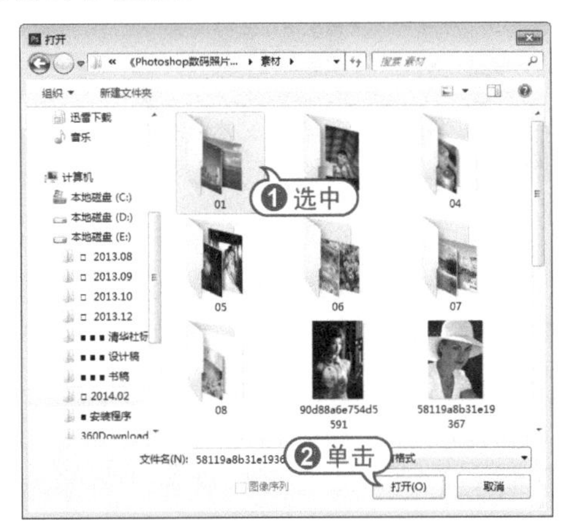

步骤 02 在对话框中，单击【文件类型】下拉列表中选择文件类型，然后选择要打开的照片图像文件。

步骤 03 单击对话框中的【打开】按钮，即可在Photoshop工作窗口中打开照片图像。

> **实战技巧**
>
> 可以在【打开】对话框的文件列表框中按住Shift键选择连续排列的多个图像文件，或是按住Ctrl键选择不连续排列的多个图像文件，然后单击【打开】按钮在文档窗口中打开图像。

1.3.2 数码照片显示

在编辑处理图像的过程中，需要对图像频繁地进行放大、缩小、移动显示区域的操作。为此，Photoshop提供了多种屏幕模式用来调整工作区的显示，还提供了不同的查看、缩放工具以便根据查看图像的需要自由选择。

1. 屏幕模式

使用不同的屏幕模式选项在整个屏幕上查看图像，可以在工作界面中显示或隐藏菜单栏、标题栏和滚动条等不同组件。

Photoshop提供了【标准屏幕模式】、【带有菜单栏的全屏幕模式】和【全屏模式】3种屏幕模式。在菜单栏中，可以选择【视图】|【屏幕模式】命令，或单击工具箱底部的【更改屏幕模式】按钮，从弹出式菜单中选择所需的模式。

- 标准屏幕模式：为Photoshop CC默认的显示模式，显示工作界面中的全部基础组件。

- 带有菜单栏的全屏幕模式：显示带有菜单栏和 50% 灰色背景、但没有标题栏

和滚动条的全屏窗口。

● 全屏模式：在工作界面中，显示只有黑色背景的全屏窗口，隐藏标题栏、菜单栏或滚动条。

知识点滴

在全屏模式下，两侧面板是隐藏的。可以将光标放置在屏幕的两侧访问所需的面板组，或者按键盘上Tab键以显示面板。另外，在全屏模式下，按F键或Esc键即可返回标准屏幕模式。

2. 窗口查看

Photoshop提供了多个文档窗口同时查看图像文件的方法。可以打开多个文档窗口来显示不同图像或同一图像的视图。打开图像文件的名称列表显示在【窗口】菜单的底部。

在图像的编辑处理过程中，如果需要查看图像的不同部位，可以选择【窗口】|【排列】|【为[图像文件名]新建窗口】命令，Photoshop将创建一个与原图像相同的图像文件。

在工作区中同时打开多幅不同的图像文件时，Photoshop提供了几种查看方法。选择【窗口】|【排列】命令可以选择不同的排列方式。

● 【层叠】：该命令可以从屏幕的左上角到右下角以堆叠和层叠方式显示未停放的图像文件窗口。

● 【平铺】：该命令可以以边靠边的方式显示窗口。当关闭一个图像文件时，其他打开的图像文件窗口将调整大小以填充可用空间。

● 【在窗口中浮动】：该命令允许图像文件自由浮动在工作区中。

● 【使所有内容在窗口中浮动】：该命令可以使所有图像文件在窗口浮动。

● 【将所有内容合并到选项卡中】：该命令可以将一个图像文件全屏显示，其他图像文件最小化到选项卡中。

3. 调整窗口缩放比例

使用【缩放】工具可放大或缩小图像。使用【缩放】工具时，每单击一次都会将图像放大或缩小到下一个预设百分比，并以单击的点为中心将显示区域居中。放大级别超过500% 时，图像的像素网格将可见。当图像到达最大放大级别3200% 或最小尺寸 1 像素时，放大镜看起来是空的🔍。

知识点滴

选择【编辑】|【首选项】|【常规】命令，在打开的【首选项】对话框中，选择【带动画效果的缩放】复选框可以通过按住缩放工具来实现连续放大或缩小；选择【用滚轮缩放】复选框，可以使用鼠标上的滚轮进行放大或缩小；选择【将单击点缩放至中心】复选框，可以在单击位置启用居中缩放视图。

要使用【缩放】工具放大或缩小图像可以执行下列操作之一：

● 选择【缩放】工具，然后单击选项栏中的【放大】按钮 或【缩小】按钮。接下来，单击要放大或缩小的区域。

● 选择【缩放】工具，指针会变为一个中心带有加号的放大镜。在图像上单击可以放大画面区域。按住Alt键并单击可以缩小画面区域。

● 选择【缩放】工具后，在要放大的区域周围拖动虚线矩形选框。按住空格键可以在图片上移动选框，直到选框到达所需的位置。

【例1-2】同时缩放多个图像文件。

视频+素材 (光盘素材\第01章\例1-2)

步骤 01 在Photoshop 中，选择【文件】|【打开】命令打开多幅图像文件。

步骤 02 选择【窗口】|【排列】|【平铺】命令，将打开的多幅图像文件窗口平铺在工作区中。

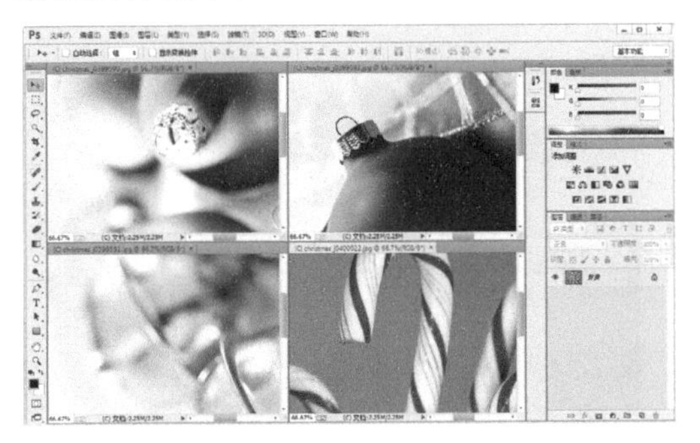

步骤 03 选择【缩放】工具，在选项栏中选中【缩小】按钮，然后使用【缩放】工具

单击其中一幅图像文件，缩小图像画面。

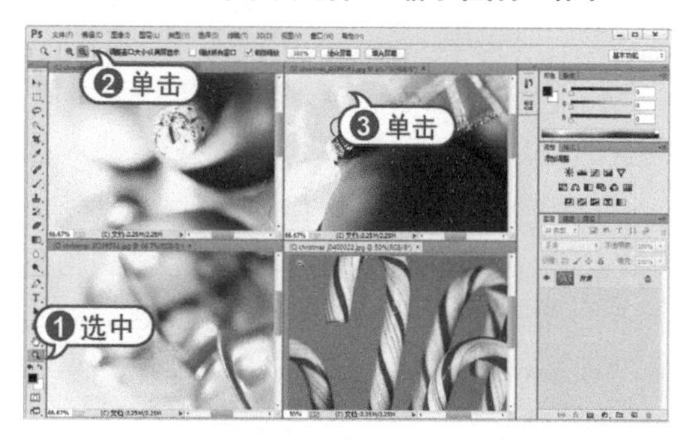

实战技巧

选中【缩放】工具选项栏中的【缩放所有窗口】复选框，或按住Shift键并单击其中的一幅图像，其他图像将按相同的倍数放大或缩小。

步骤 04 选择【窗口】|【排列】|【匹配缩放】命令，将其他图像文件按相同比例缩放。

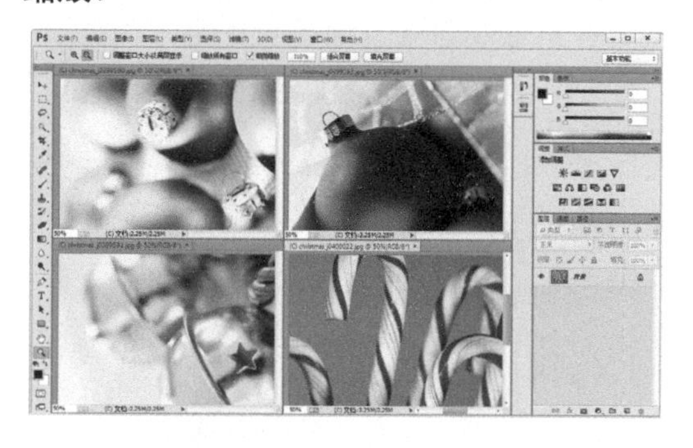

4. 移动图像画面

当图像文件放大到在文档窗口中只能显示局部图像时，可以选择【抓手】工具，在图像文件中按住鼠标左键拖动并移动图像画面进行查看。

如果已经选择其他工具，则可以按住空格键切换到【抓手】工具移动图像画面。

5. 使用【导航器】面板

使用【导航器】面板不仅可以方便地对图像文件在窗口中的显示比例进行调整，而且还可以对图像文件的显示区域进行移动选择。选择【窗口】|【导航器】命令，可以在工作界面中显示【导航器】面板。

【例1-3】使用【导航器】面板缩放图像并移动图像显示区域。

视频+素材 (光盘素材\第01章\例1-3)

步骤 01 在Photoshop中，选择【文件】|【打开】命令打开图像文件。

步骤 02 选择【窗口】|【导航器】命令，显示【导航器】面板。

步骤 03 在【导航器】面板的【显示比例】数值框中输入150。

实战技巧

通过向左拖动【显示比例】数值框右侧滑块，可以缩小图像画面；向右移动滑块，可以放大图像画面。

步骤 04 【导航器】中的彩色框(称为代理视图区域)对应窗口中的当前可查看区域。在【导航器】面板中，将鼠标光标放置在彩色框内，并按住鼠标移动彩色框，改变图像画面显示区域。

6. 缩放命令

除了上述方法查看图像文件外，在菜单栏的【视图】命令中，选择【放大】、【缩小】、【按屏幕大小缩放】、【实际像素】和【打印尺寸】命令，同样可以调整图像文件的显示比例。

- 【放大】：该命令用于放大图像画面的显示比例。
- 【缩小】：该命令与【放大】命令相反，用于缩小图像的显示比例。
- 【按屏幕大小缩放】：使用该命令可以将图像文件以合适的比例布满当前文档窗口。
- 100%：该命令用于将图像以100%的比例大小显示出来。
- 200%：该命令用于将图像以200%的比例大小显示出来。
- 【打印尺寸】：该命令用于将图像以文档的实际尺寸显示。

1.4 数码照片的管理

在Photoshop中，可以对数码照片进行分类存储、转换文件格式，或关闭不需要的文档等管理操作。还可以将这些操作录制成动作，方便快捷地完成大量数码照片的批量处理操作。

1.4.1 存储数码照片

当完成一张数码照片的处理后，需要将它保存起来以便以后使用。

选择【文件】|【存储】命令，在打开的【存储为】对话框中进行设置，可以存储照片。在操作过程中，也可以随时按Ctrl+S键进行保存。如果要将图像另取名保存，可以选择菜单中的【文件】|【存储为】命令，或按Ctrl+Shift+S键，在打开的【存储为】为对话框中，更改文件的存储路径或是文件的名称进行保存。

【例1-4】存储图像文件。

素材 (光盘素材\第01章\例1-4)

步骤 01 选择菜单栏中的【文件】|【存储为】命令，打开【存储为】对话框，在【存储为】对话框中选择文件所要存放的文件夹，单击【打开】按钮。

步骤 02 在【存储为】对话框中设置文件名和格式，单击【保存】按钮，保存文件并关闭对话框。

1.4.2 关闭数码照片

在Photoshop中，同时打开几个图像文件窗口会占用一定的屏幕空间和系统资源。因此，可以在文件使用完毕后，关闭不需要的图像文件窗口。

选择【文件】|【关闭】命令可以关闭当前图像文件窗口；或单击需要关闭图像文件窗口选项卡上的【关闭】按钮；或按快捷键Ctrl+W键关闭当前图像文件窗口。按Alt+Ctrl+W键关闭全部图像文件窗口。

1.4.3 数码照片批量处理

利用Photoshop对照片进行批量处理，如批量添加水印、处理文件照片尺寸大小、添加边框、转换颜色模式等既方便快捷，又能统筹规划工作的程序。

1. 认识【动作】命令

【动作】命令用于记录图像处理的操作步骤，以便对数码照片进行批量处理。【动作】命令通常会与【批处理】命令结合应用。选择【窗口】|【动作】命令，打开【动作】面板。

知识点滴

在【动作】面板中通常包含一些默认的动作命令，这些动作命令均已命名为与之相应的名称，可通过应用这些动作快速应用丰富的图像效果。

在【动作】面板中记录对照片的编辑动作，首先需要单击【创建新动作】按钮，在弹出的【新建动作】对话框中，可以设置新建动作的名称、颜色等参数。

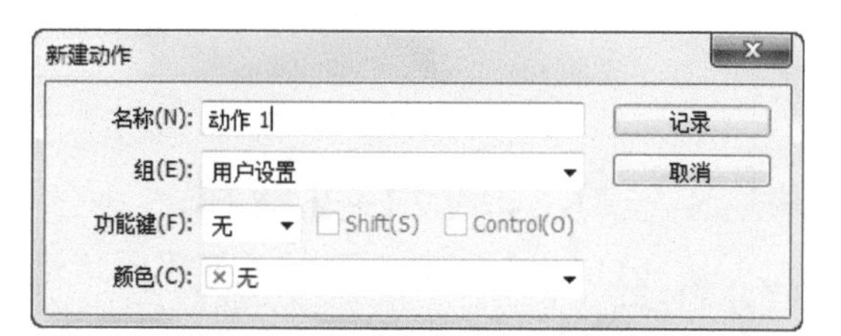

单击【记录】按钮，即可开始记录动作，此时【开始记录】按钮显示为红色。在对照片的编辑过程中，每一步骤都将记录在【动作】面板中。

对照片编辑完成后，可存储照片至指定文件夹并关闭照片文件。当所有需要记录的动作都已记录完成，单击【停止播放/记录】按钮，停止记录动作，从而完成用

【动作】命令记录动作的操作。

【例1-5】使用预设动作调整图像。

视频+素材 (光盘素材\第01章\例1-5)

步骤 01 在Photoshop中，选择【文件】|【打开】命令打开一个素材文件。

步骤 02 打开【动作】面板，单击面板菜单按钮，在弹出的菜单中选择【图像效果】命令，打开【图像效果】动作组。

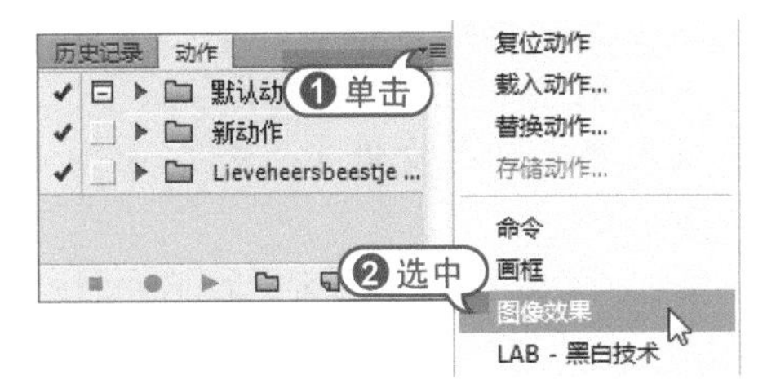

步骤 03 在【图像效果】动作组中，选择【色彩汇聚(色彩)】动作，单击【播放选定动作】按钮，即可在打开的照片上应用选定动作。

知识点滴

选择【动作】面板菜单中的【复位动作】命令，可以恢复【动作】面板中默认的动作组。

2. 认识自动批处理

自动批处理通过记录在【动作】面板中对图像编辑的动作，然后利用【批处理】命令对批量的照片进行同样的处理，如色调、尺寸等的调整。选择【文件】|【自动】|【批处理】命令，打开【批处理】对话框。

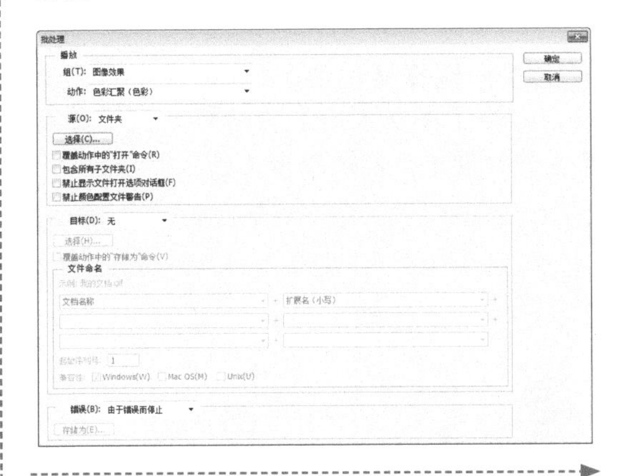

【例1-6】批量处理照片尺寸与格式。

素材 (光盘素材\第01章\例1-6)

步骤 01 将需要批量处理的照片放在同一个文件夹中。打开其中任意一个照片文件，然后打开【动作】面板。

步骤 02 在【动作】面板中，单击【创建新组】按钮，在打开的【新建组】对话框中单击【确定】按钮，新建一个动作组。

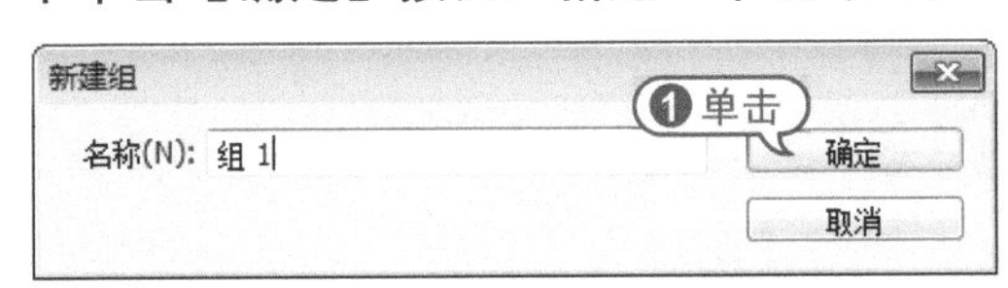

步骤 03 单击【创建新动作】按钮，打开【新建动作】对话框，在【名称】文本

框中输入“尺寸、格式转换”，然后单击【记录】按钮。【开始记录】按钮显示为红色时，即开始记录动作。

步骤 04 选择【图像】|【图像大小】命令，打开【图像大小】对话框，设置【宽度】为20厘米，然后单击【确定】按钮。

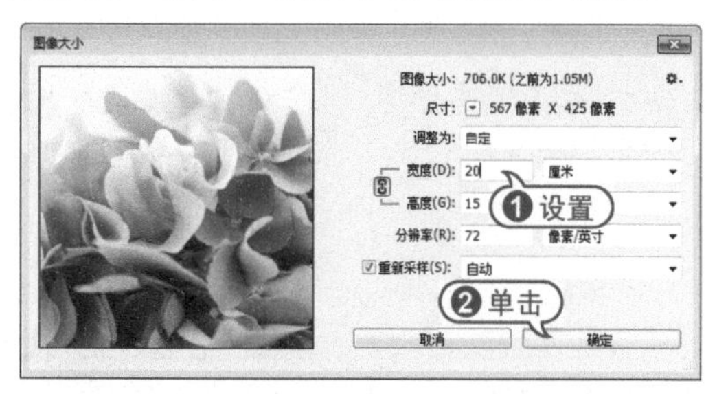

步骤 05 完成照片尺寸的编辑后，选择【文件】|【存储为】命令，打开【存储为】对话框。在对话框中，将文件存储格式设置为TIFF格式，单击【保存】按钮。

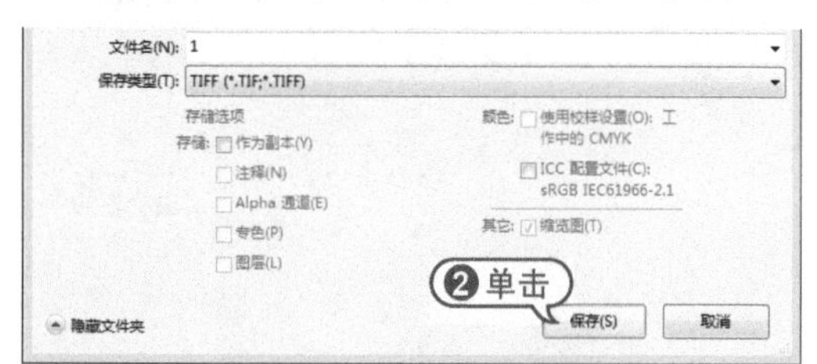

步骤 06 在打开的【TIFF选项】对话框中单击【确定】按钮。

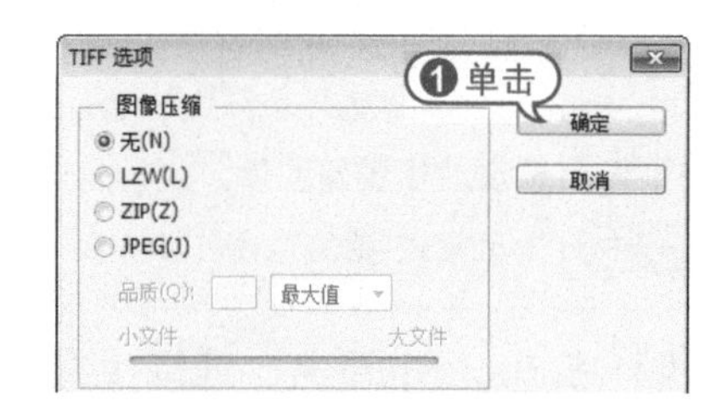

步骤 07 存储完毕后，选择【文件】|【关闭】命令关闭照片文件，并单击【停止播放/记录】按钮，结束工作记录。

步骤 08 选择【文件】|【自动】|【批处理】命令，打开【批处理】对话框。在对话框的【源】选项区域中，单击【选择】按钮，在弹出的【浏览文件夹】对话框中选中需要处理的文件夹，然后单击【确定】按钮。

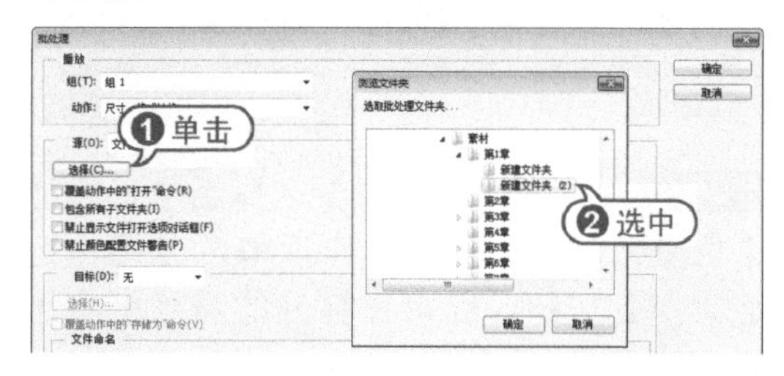

步骤 09 完成后单击【批处理】对话框中的【确定】按钮，开始自动批量处理照片尺寸和格式。

1.5 数码照片的尺寸设置

在Photoshop中，可以根据是用于电脑浏览，还是打印输出来自定义照片图像的尺寸，改变照片的尺寸或分辨率。

1.5.1 更改照片大小和分辨率

使用【图像大小】命令可以调整图像的像素大小、打印尺寸和分辨率。修改图像的像素大小不仅会影响图像在屏幕上的大小，还会影响图像质量及其打印效果，同时也会影响图像所占用的存储空间。

【例1-7】更改照片图像大小。

视频+素材 (光盘素材\第01章\例1-7)

步骤 01 在Photoshop中，选择【文件】|【打开】命令选择打开一个照片文件。

步骤 02 选择【图像】|【图像大小】命令，打开【图像大小】对话框。

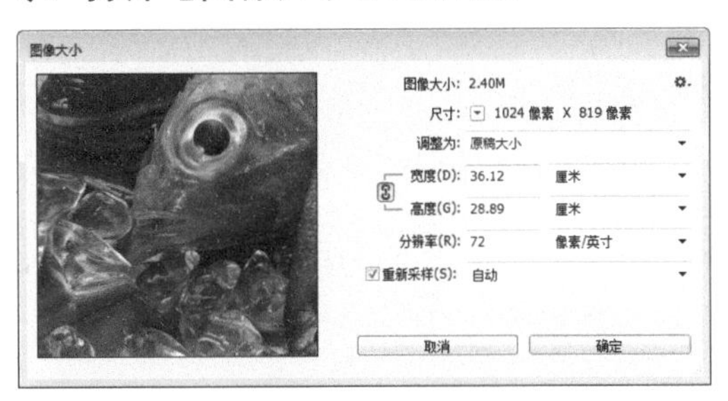

步骤 03 在【图像大小】对话框中，设置【宽度】为15厘米，缩小照片尺寸，单击【确定】按钮，即可改变图像大小。

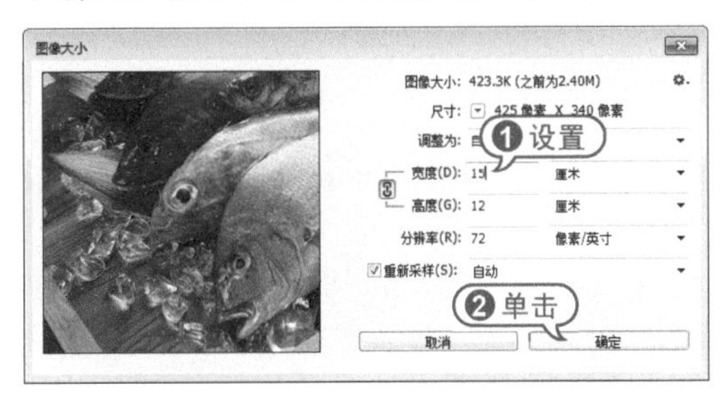

> **实战技巧**
>
> 在【图像大小】对话框中，Photoshop默认选中最下方的【重新采样】复选框。取消该复选框表示维持图像的像素大小不变，像素大小选项组将无法更改。

1.5.2 扩大或缩小照片尺寸

画布大小是指图像可以编辑的区域。使用【画布大小】命令，可以增大或减小图像的大小。增大画布的大小会在当前图像的周围添加新的可编辑区域，减小画布大小会裁剪图像。

【例1-8】使用【画布大小】命令。

视频+素材 (光盘素材\第01章\例1-8)

步骤 01 在Photoshop中，选择【文件】|【打开】命令，选择打开一个照片文件。

步骤 02 选择【图像】|【画布大小】命令，打开【画布大小】对话框。在对话框中，选中【相对】复选框，设置【宽度】和【高度】的数值为5厘米。单击【画布扩展颜色】下拉列表，选择【黑色】选项。

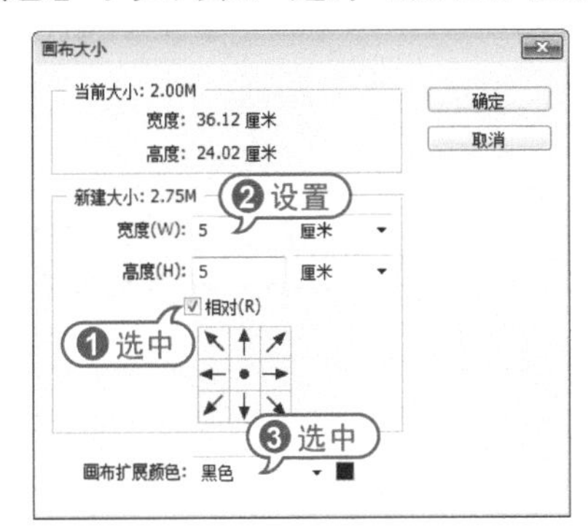

步骤 03 设置完成后，单击【确定】按钮关闭【画布大小】对话框，改变图像大小。

知识点滴

如果减小画布大小，会打开一个询问对话框，提示若要减小画布必须将原图像文件进行裁切，单击【继续】按钮将改变画布大小，同时将裁剪部分图像。

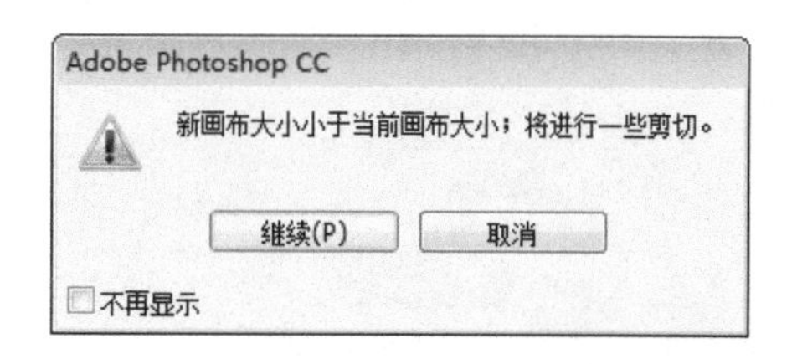

1.6 裁剪数码照片

裁剪照片图像是一种纠正构图的方法，通过此方法也可统一多个照片图像的尺寸大小。可以直接利用【裁剪】工具裁剪照片图像，也可以利用选取工具选择部分图像，然后选择【图像】|【裁剪】命令来裁剪出部分照片图像。

1.6.1 应用裁剪工具

【裁剪】工具用于裁剪图像区域，也可以对图像画布尺寸进行拓展。对照片进行裁剪可纠正照片的构图形式，使照片画面更加美观，或具有更好的视觉效果。

选择【裁剪】工具后，在画面中调整裁剪框，以确定需要保留的部分，或拖动出一个新的裁切区域，然后按Enter键或双击完成裁剪。选择【裁剪】工具后，可以在选项栏中设置裁剪方式。

- 比例 选择预设长宽比或裁剪尺寸：在该下拉列表中可以选择多种预设的裁切比例。

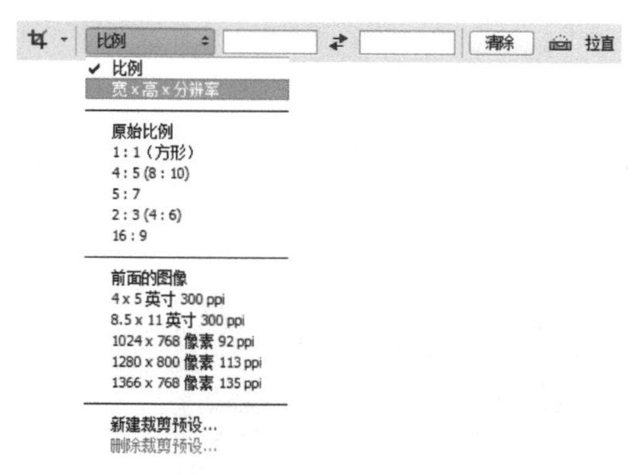

- 清除 清除：单击该按钮，可以清除长宽比值。
- 拉直：通过在图像上画一条直线来拉直图像。
- 叠加选项：在该下拉列表中可以选择裁剪参考线的方式，包括三等分、网格、对角、三角形、黄金比例、金色螺线等，也可以设置参考线的叠加显示方式。

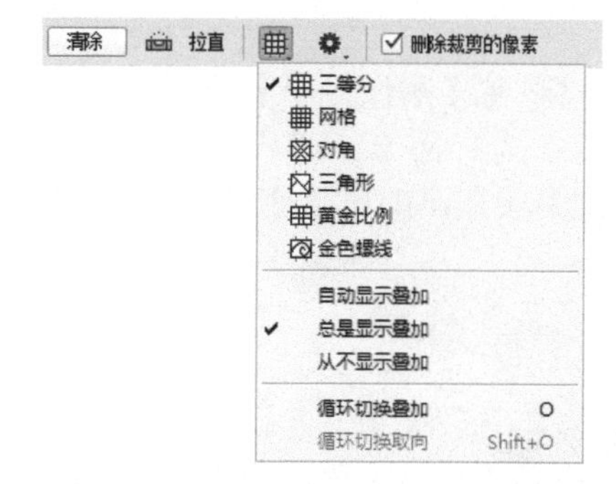

- 设置其他裁切选项：在该下拉面板中可以对裁切的其他参数进行设置，如可以使用经典模式，或设置裁剪屏蔽的颜色、透明度等参数。

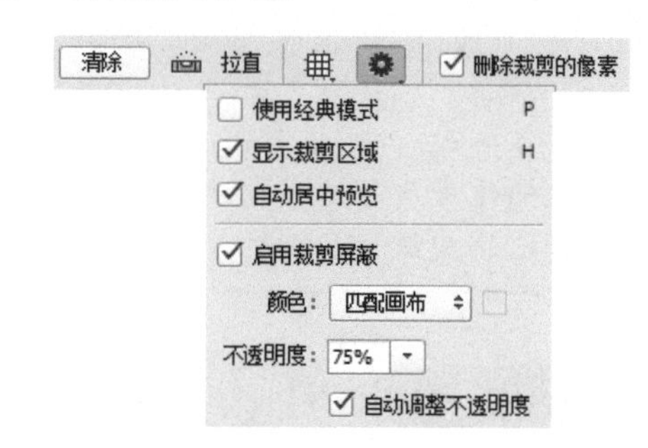

- 【删除裁剪的像素】：确定是否保留或删除裁剪框外部的像素数据。如果取

消选中该复选框，多余的区域可以处于隐藏状态；如果想要还原裁切之前的画面，只需要再次选择【裁剪】工具，然后随意操作即可看到原文档。

【例1-9】使用【裁剪】工具裁切图像。

视频+素材 (光盘素材\第01章\例1-9)

步骤 01 在Photoshop中，选择【文件】|【打开】命令打开一幅照片文件。

步骤 02 选择【裁剪】工具，在选项栏中单击【选择预设长宽比或裁剪尺寸】按钮，在弹出的下拉列表中选择【5:7】选项。

步骤 03 对裁剪框的控制柄进行调整可以设置裁剪区域的大小。

步骤 04 调整好裁剪区域后，按Enter键应用裁剪图像。

1.6.2 裁剪命令

【裁剪】命令可以依据创建的选区范围裁剪图像。不管创建的选区是什么形状，都会依据选区的最外边界进行裁剪。要使用【裁剪】命令裁剪图像，需要先在照片图像中创建选区，通过选区选择图像中需要保留的部分，然后再执行【裁剪】命令。

【例1-10】使用【裁剪】命令裁剪图像。

素材 (光盘素材\第01章\例1-10)

步骤 01 在Photoshop中，选择【文件】|【打开】命令打开一幅照片文件。

步骤 02 选择【矩形选框】工具，然后按住Shift键，在图像中拖动创建选区。

步骤 03 选择【图像】|【裁剪】命令，裁剪图像，并按Ctrl+D键取消选区。

1.6.3 裁切图像

使用【裁切】命令可以基于像素的颜色来裁剪图像。

【例1-11】使用【裁切】命令裁切图像。

素材 (光盘素材\第01章\例1-11)

步骤 01 选择【文件】|【打开】命令，打开一幅图像文件。

步骤 02 选择【图像】|【裁切】命令，打开【裁切】对话框。在对话框中，选中【右下角像素颜色】单选按钮。

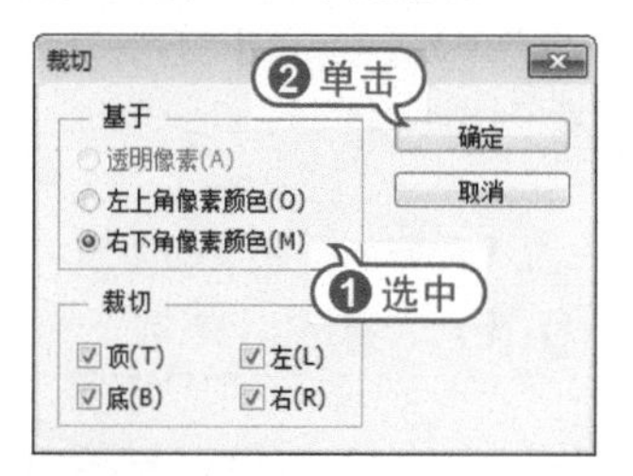

知识点滴

【透明像素】：可以裁剪掉图像边缘的透明区域，只将非透明像素区域的最小图像保留下来。该选项只有图像中存在透明区域时才可用。【左上角像素颜色】：从图像中删除左上角像素颜色的区域。【右下角像素颜色】：从图像中删除右下角像素颜色的区域。【顶】/【底】/【左】/【右】：设置修整图像区域的方式。

步骤 03 单击【确定】按钮关闭【裁切】对话框，图像文件四周的白色像素被裁剪。

1.7 旋转变换数码照片

旋转数码照片的图像方向或变换数码照片的局部图像，是一种优化图像构图、凸显图像主体的有效方法。通过自动或手动方式进行调整，可以使照片的内容得到更好的表现；还可以对照片的透视角度进行处理，改善照片的透视效果。

1.7.1 旋转数码照片

使用Photoshop中的【标尺】工具可以准确定位图像或图像元素。【标尺】工具可计算画面内任意两点之间的距离、倾斜角度。当测量两点间的距离时，将绘制一条不会打印出来的直线。

【例1-12】校正照片图像中的水平线。

视频+素材 (光盘素材\第01章\例1-12)

步骤 01 在Photoshop中，选择【文件】|【打开】命令打开一幅照片文件。

步骤 02 选择【标尺】工具，沿水平线拖动出一条度量直线。

步骤 03 在选项栏中，单击【拉直图层】按钮，纠正照片中的地平线倾斜状态。

步骤 04 选择【裁剪】工具，设置裁剪区域后，按下Enter键，即可纠正照片构图。

1.7.2 变换照片中的图像

除了使用【标尺】工具调整照片图像的倾斜问题外，还可以使用【自由变换】命令、【变换】命令和【图像旋转】命令。

1. 旋转图像

选择图像后，选择【编辑】|【自由变换】命令，或按快捷键Ctrl+T键，这时在其周围会显示一个定界框。移动光标至定界框的控制点上，当光标显示为↔、↕、⤢、⤡形状时，按下鼠标并拖动即可改变其大小。移动光标至定界框外，当光标显示为↻形状时，按下鼠标并拖动即可进行自由旋转。变换操作完成后，可以在定界框中双击或按Enter键结束图像的变换操作。

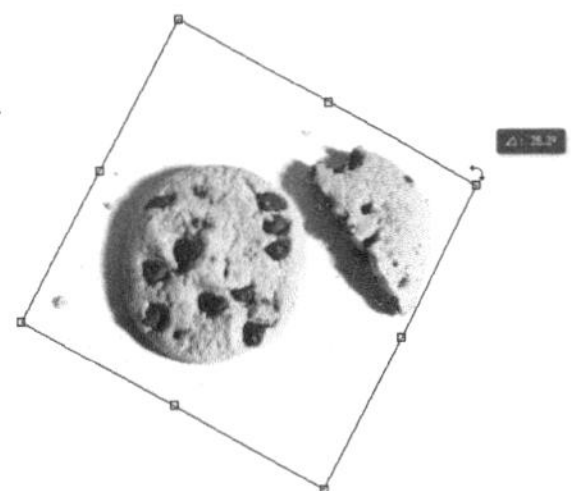

知识点滴

在自由旋转操作过程中，图像的旋转会以定界框的中心点位置为旋转中心。要想设置定界框的中心点位置，只需移动光标至中心点，当光标显示为▸形状时，按下鼠标并拖动即可。按住Ctrl键可以随意更改控制点位置，对定界框进行自由扭曲变换。

另外，通过选择【编辑】|【变换】命令或【图像】|【图像旋转】命令子菜单中的相关命令，也可以进行特定的变换操作。

如需按15度的倍数旋转图像，可以在拖动鼠标时按住Shift键。如要将图像旋转180度，可以选择【旋转180度】命令。如果要将图像顺时针旋转90度，可以选择【旋转90度(顺时针)】命令。如果要将图像逆时针旋转90度，可以选择【旋转90度(逆时针)】命令。

知识点滴

在变换操作过程中选择工具箱中的工具，会打开一个系统提示对话框，提示确认或取消当前所进行的变换操作。

2. 翻转图像

选择【编辑】|【变换】|【水平翻转】命令，可以在水平方向上翻转图像画面或选区内图像。选择【编辑】|【变换】|【垂直翻转】命令，可以在垂直方向上翻转图像画面或选区内图像。

除此之外，还可以选择【图像】|【图像旋转】|【水平翻转画布】或【垂直翻转画布】命令，在水平或垂直方向上翻转图像。

1.7.3 调整照片的透视角度

变换照片中的图像时，除了利用【图像旋转】命令和【自由变换】命令，还可以通过【镜头校正】滤镜修复照片拍摄常见的镜头缺陷，如桶形失真、枕形失真、色差以及晕影等，也可以用来旋转图像，或修复由于相机垂直或水平倾斜而导致的图像透视现象。在进行变换和变形操作时，该滤镜比【变换】命令更为有用。同时，该滤镜提供的网格可以使调整更为精确。

选择【滤镜】|【镜头校正】命令，或按快捷键Shift+Ctrl+R键，可以打开【镜头校正】对话框。对话框左侧是该滤镜的使用工具，中间是预览和操作窗口，右侧是参数设置区。

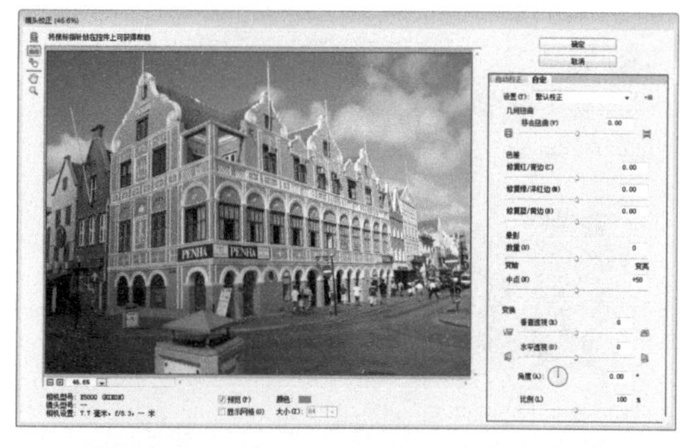

- 【移去扭曲】工具：可以校正镜头桶形或枕形扭曲。选择该工具，将光标放在画面中，单击并向画面边缘拖动鼠标可以校正桶形失真；向画面的中心拖动鼠标可以校正枕形失真。
- 【拉直】工具：可以校正倾斜的图像，或者对图像的角度进行调整。选择该工具后，在图像中单击并拖动成一条直线，放开鼠标后，图像会以该直线为基准进行角度的校正。
- 【移动网格】工具：用来移动网格，以便使它与图像对齐。
- 【缩放】工具、【抓手】工具：用于缩放预览窗口的显示比例和移动画面。
- 【预览】选项：在对话框中预览校正效果。
- 【显示网格】选项：选中该项，可在窗口中显示网格。可以在【大小】选项中调整网格间距，或在【颜色】选项中修改网格的颜色。

【例1-13】调整照片的透视角度。

素材 (光盘素材\第01章\例1-13)

步骤 01 在Photoshop中，选择【文件】|【打开】命令，打开一个照片文件，并按Ctrl+J键复制【背景】图层。

步骤 02 选择【滤镜】|【镜头校正】命令，打开【镜头校正】对话框，选中【预览】、【显示网格】选项，单击【自定】选项卡。

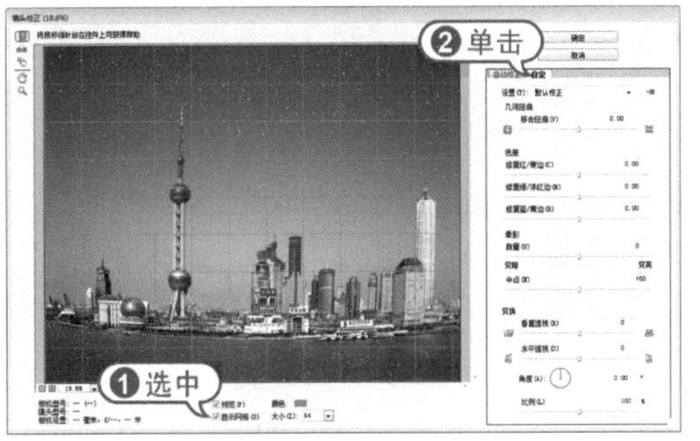

步骤 03 选择【拉直】工具，在图像中拖动创建一条水平线。

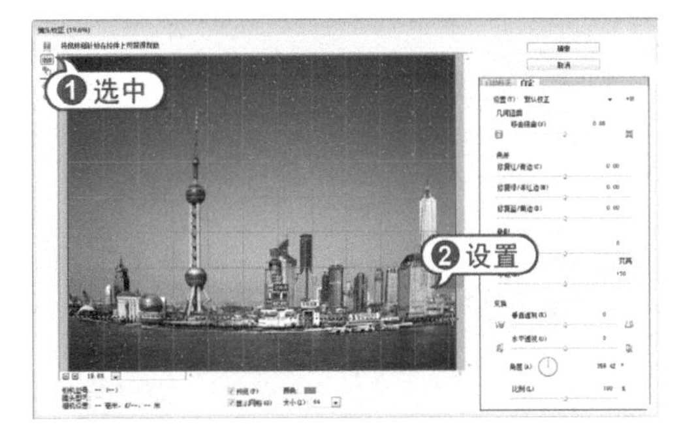

步骤 04 在【几何扭曲】选项区域中，设置【移去扭曲】数值为18。完成设置后单击【确定】按钮，将照片图像的透视角度纠正过来。

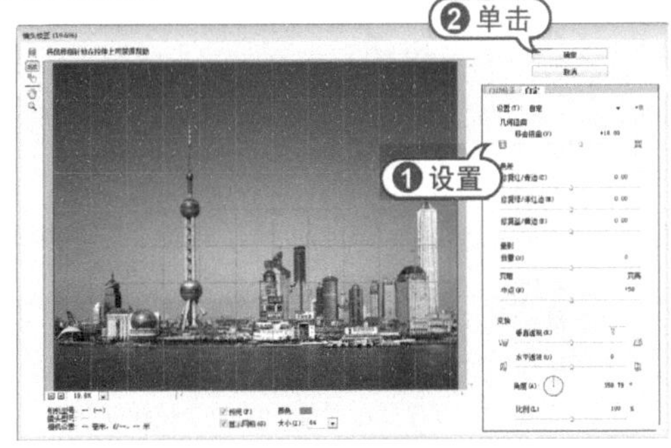

1.8 实战演练

本章实战演练通过简单的操作步骤将个人照片制作成用于冲洗的证件照，通过练习巩固本章所学知识。

【例1-14】制作证件照。

视频+素材 (光盘素材\第01章\例1-14)

步骤 01 在Photoshop中，选择【文件】|【打开】命令打开一个照片文件。

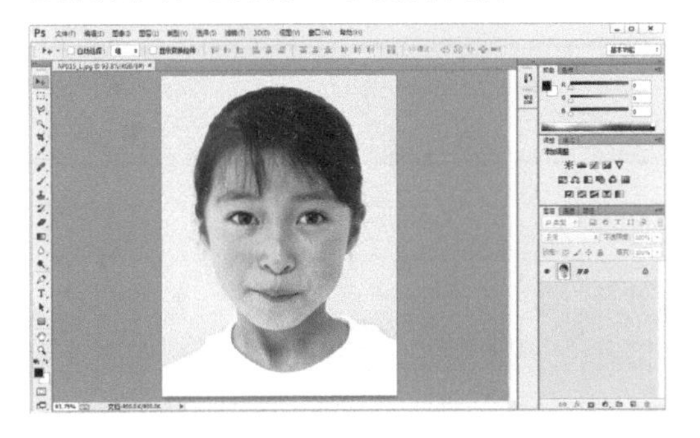

步骤 02 选择【图像】|【图像大小】命令，打开【图像大小】对话框。在对话框中，设置【宽度】为5厘米，【分辨率】为150像素/英寸，然后单击【确定】按钮。

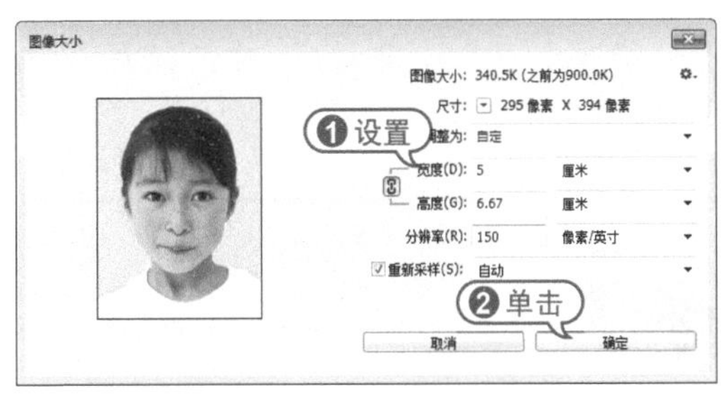

步骤 03 选择【图像】|【画布大小】命令，打开【画布大小】对话框。在对话框中，选中【相对】复选框，设置【宽度】为0.5厘米，【高度】为0.5厘米，然后单击【确定】按钮。

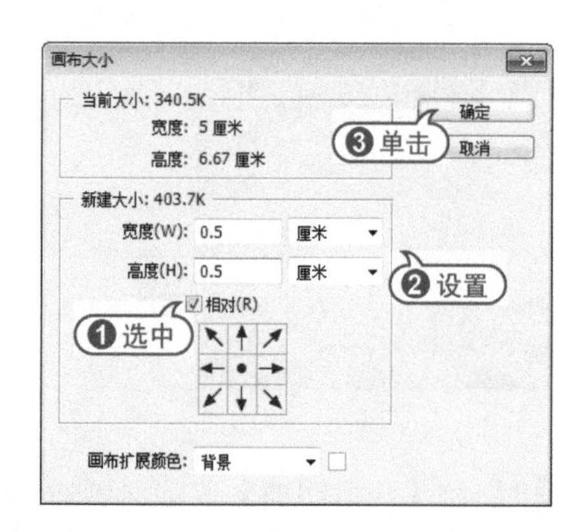

步骤 04 选择【编辑】|【定义图案】命令，打开【图案名称】对话框。在对话框的【名称】文本框中输入“证件照”，然后单击【确定】按钮。

实战技巧

在任何打开的图像文件中，使用【矩形选框】工具可以选择要用作图案的区域。在选项栏中必须将【羽化】数值设置为0像素。另外，需要注意的是，过大的图像无法进行定义图案的操作。

步骤 05 选择【文件】|【新建】命令，打开【新建】对话框。在对话框中的【名称】文本框中输入“冲印证件照”，设置【宽度】为22厘米，【高度】为14厘米，【分辨率】为150像素/英寸，然后单击【确定】按钮。

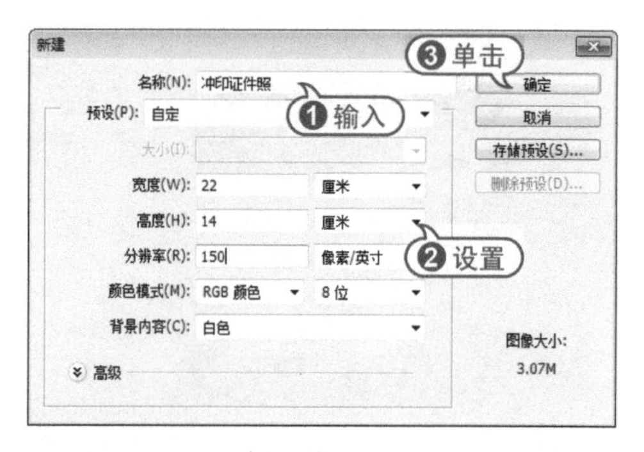

步骤 06 选择【编辑】|【填充】命令，打开【填充】对话框。在对话框中的【使用】下拉列表中选择【图案】选项，然后在【自定图案】下拉面板中选择之前定义的证件照。

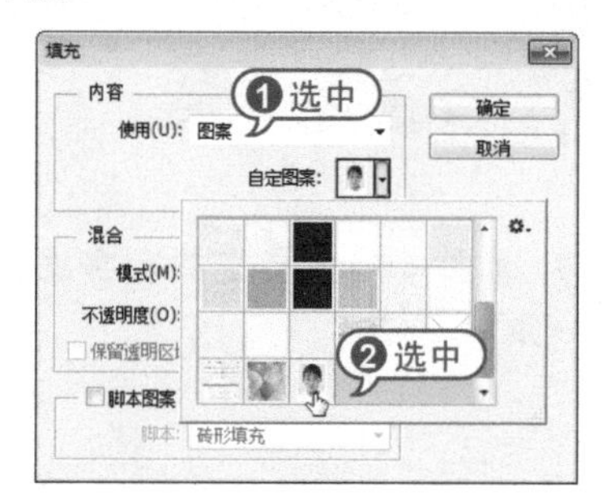

步骤 07 单击【填充】对话框中的【确定】按钮，填充新建文档。

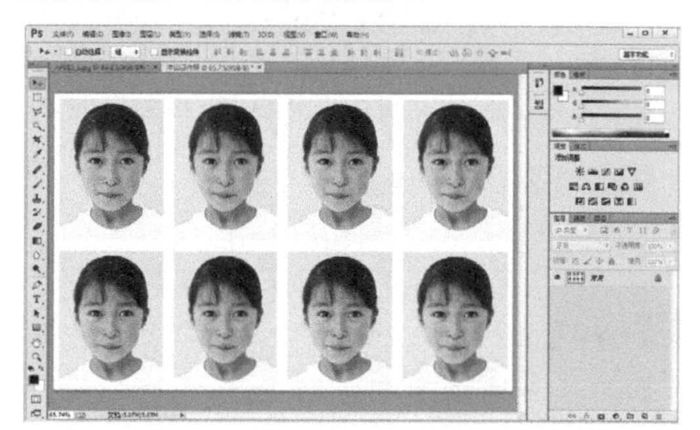

专家答疑

» 问：在Photoshop中如何置入照片文件？

答：在Photoshop中，可以在图像文件中置入其他不同格式的图形或图像。置入图像文件后，系统会自动创建一个新图层。另外，还可以移动置入的图像的位置，或改变图像大小，或旋转其操作方向等。

在Photoshop中，打开照片图像文件，选择【文件】|【置入】命令，打开【置入】对话框。在对话框中选择需要置入的图像文件，单击【置入】按钮。

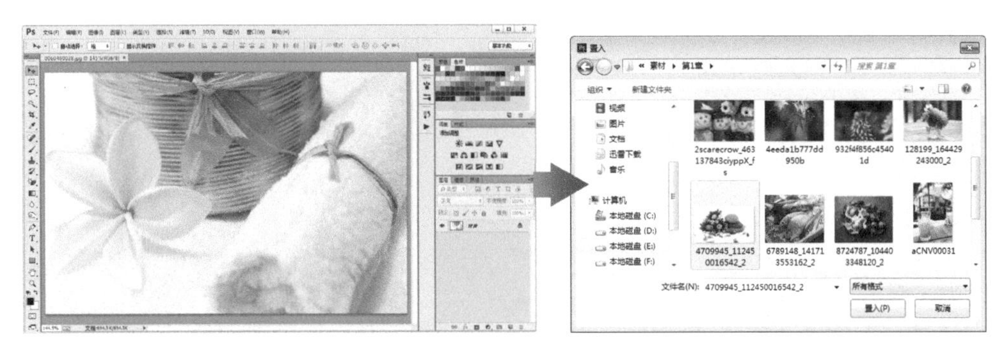

此时图像窗口中将会出现一个带变换控制框的置入文件。根据显示的变换控制框，可以调整图像的大小、位置等，完成操作后单击选项栏中的【提交变换】按钮，即可将图像置入到文件中。

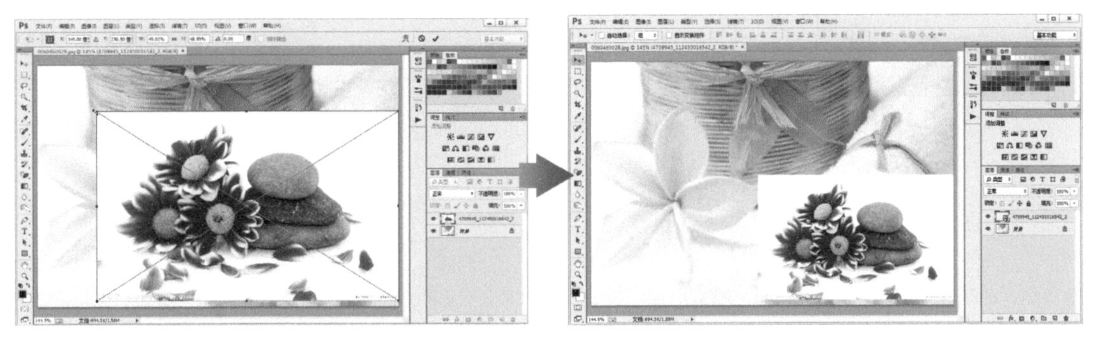

问：如何使用智能对象？

答：智能对象是一个嵌入在当前文件中的文件，它可以是光栅图像，也可以是在Illustrator中创建的矢量对象。在Photoshop中处理时，不会直接应用到对象的原始数据，因此不会给原始数据造成任何实质性的破坏。智能对象图层可以像其他图层一样进行移动、旋转、缩放、复制、删除、显示或隐藏等操作，但不能对智能对象应用透视和扭曲变换。

在Photoshop中，也可以将普通图层转换为智能对象图层。可以对智能对象图层应用智能滤镜创建特殊效果。智能滤镜是一种非破坏性滤镜，作为图层效果保存在【图层】面板中，可以利用智能对象中包含的原始图像数据随时重新调整这些滤镜。

打开一幅照片图像，在【图层】面板中右击图层名称，在弹出的菜单中选择【转换为智能对象】命令将对象转换为智能对象。

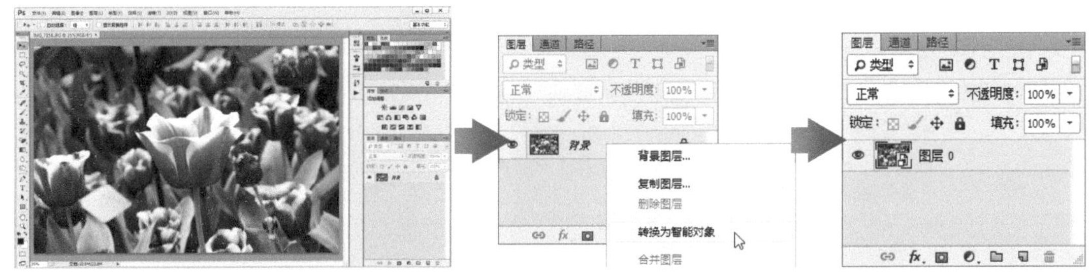

问：如何执行【填充】命令？

答：若要对当前图层中选区进行填充，可以选择【编辑】|【填充】命令，打开【填

充】对话框。

● 【使用】选项：可以选择填充内容，如前景色、背景色和图案等。

● 【模式】/【不透明度】选项：可以设置填充时所采用的颜色混合模式和不透明度。

● 【保留透明区域】选项：选中该项后，只对图层中包含像素的区域进行填充。

读书笔记

第2章

数码照片的修复

对应光盘视频

例2-1　去除照片上的日期
例2-2　去除照片中的多余景物
例2-3　去除照片中的污渍
例2-4　修复受损的照片
例2-6　修复偏色照片
例2-9　使用【蒙尘与划痕】滤镜
例2-10　使用【中间值】滤镜
例2-11　使用【锐化】工具
本章其他视频文件参见配套光盘

数码照片的修复是后期处理过程中最为常见的。Photoshop提供了多种修复工具和命令，使用这些工具和命令处理照片可以使照片更加完美。

2.1 修复数码照片的瑕疵

Photoshop提供了很多处理照片的工具，可对照片进行修复、修饰。快速掌握每个工具的相关用途和使用方法可以改善照片图像品质，为后期的进一步处理打下坚实基础。

2.1.1 去除照片上的日期

【仿制图章】工具可以复制图像中的局部内容，覆盖到图像中的其他部分，适合用来修补图像中的瑕疵或是复制物体。选择【仿制图章】工具后，在选项栏中设置工具，按住Alt键在图像中单击创建参考点，然后释放Alt键，按住鼠标在图像中拖动即可仿制图像。

【仿制图章】工具并不限定在同一张图像中进行，也可以把某张图像的局部内容复制到另一张图像之中。在进行不同图像之间的复制时，可以将两张图像并排排列在Photoshop窗口中，以便对照源图像的复制位置以及目标图像的复制结果。

【例2-1】去除照片上的日期。

视频+素材 (光盘素材\第02章\例2-1)

步骤 01 选择【文件】|【打开】命令，打开素材照片。在【图层】面板中单击【创建新图层】按钮，新建【图层1】。

步骤 02 选择【仿制图章】工具，在选项栏中设置柔边画笔样式，【不透明度】为50%，在【样本】下拉列表中选择【所有图层】选项。

知识点滴

在选项栏中选中【对齐】复选框可以对图像画面连续取样，而不会丢失当前设置的参考点位置，即使释放鼠标后也是如此；禁用该复选框，则会在每次停止并重新开始仿制时，使用最初设置的参考点位置。

步骤 03 按住Alt键在日期附近单击鼠标左键，设置取样点。然后在日期上按住鼠标左键涂抹，便可将取样点的图像复制过来遮盖住日期。

步骤 04 按照步骤(3)的操作方法多次取样颜色，并去除照片中的日期标记，恢复该区域的颜色。

实战技巧

仿制时建议将图像的显示比例放大，以方便设置取样点及仿制操作。同时也可以随时调整选项栏的画笔大小进行涂抹。

2.1.2 去除照片中的多余景物

使用【修补】工具以圈选的方式圈出想修饰的区域，然后再将圈选范围移到仿制的来源区域，即可完成修补。选择【修补】工具后，选项栏如下图所示。该工具选项栏中各主要参数选项作用如下。

- 【源】单选按钮：选择该单选按钮，可以将选择区域作为源图像区域。拖动源图像区域至目标区域，源图像区域的图像会被目标区域中的图像覆盖。
- 【目标】单选按钮：选中该单选按钮，可以将选择区域作为目标区域。拖动目标图像区域至所需覆盖的位置，目标区域的图像会覆盖拖动到区域中的图像。
- 【透明】单选按钮：选中该项后，可以使修补的图像与原图像产生透明的叠加效果。
- 【使用图案】按钮：选择图像区域后，该按钮为可用状态。单击该按钮，可以用设置的图案覆盖所需操作的图像区域。

【例2-2】去除照片中的多余景物。

视频+素材 (光盘素材\第02章\例2-2)

步骤 01 选择【文件】|【打开】命令，打开素材照片，并按Ctrl+J键复制【背景】图层。

步骤 02 选择【修补】工具，在选项栏中选择修补为【源】单选按钮，将光标放在画面中单击并拖动鼠标创建选区。

步骤 03 使用【修补】工具在选区内单击并向要复制区域拖动。拖动选区后，可看到选区内缺失部分图像已被完整背景区域图像替换。

步骤 04 使用步骤(3)的操作方法，使用【修补】工具创建选区，并替换选区内图像。

2.1.3 去除照片中的污渍

【污点修复画笔】工具可以移除照片中的污点、污渍或杂物，只要在想修补的地方涂抹，此工具便会自动以被修补区域周围的图像内容作为修复依据，快速覆盖掉脏点或杂物，同时也能保留被修补区域的明暗度，使修补的结果不留痕迹。不过，由于此工具会自动抓取周围图像来填补被修补区域，因此假如要修复的区域较复杂，就不适合用此工具来做修补。

【例2-3】去除照片中的污渍。

视频+素材 (光盘素材\第02章\例2-3)

步骤 01 选择【文件】|【打开】命令，打开素材照片。并在【图层】面板中单击【创建新图层】按钮，新建【图层1】。

步骤 02 选择【污点修复画笔】工具，在选项栏中设置画笔样式，【模式】为【正常】，【类型】选择【内容识别】，并选中【对所有图层取样】复选框。

模式：正常 类型：近似匹配 创建纹理 内容识别 对所有图层取样

实战技巧

选项栏中【类型】选项用来设置修复的方法。选择【近似匹配】单选按钮，可以使用选区边缘周围的像素来查找要用作选定区域修补的图像区域。选择【创建纹理】单选按钮，可以使用选区中的所有像素创建一个用于修复该区域的纹理。

步骤 03 使用【污点修复画笔】工具在图像上有污迹的位置单击，即可将单击位置的污迹去除。

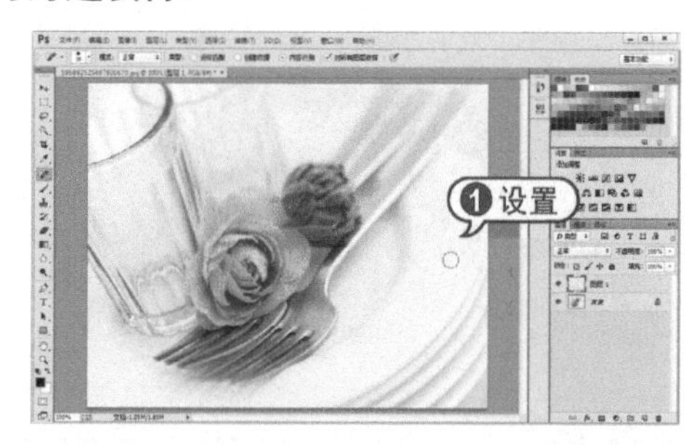

2.1.4 修复受损的照片

【修复画笔】工具和【仿制图章】工具的操作方法类似，必须先按住Alt键并以鼠标左键来定义取样点，然后把图像复制到要修饰的区域。

【例2-4】修复受损的照片。

视频+素材 (光盘素材\第02章\例2-4)

步骤 01 选择【文件】|【打开】命令，打开素材照片。并在【图层】面板中单击【创建新图层】按钮，新建【图层1】。

步骤 02 选取【修复画笔】工具，在选项栏中设置画笔样式，【模式】为【正常】、【源】设置为【取样】，在【样本】下拉列表中选择【所有图层】。

模式：正常 源：取样 图案 对齐 样本：所有图层

实战技巧

选择【样本】下拉列表中的【所有图层】选项，可以使用【修复画笔】工具从全部图层合并后的图像中选取图像信息，并将仿制结果存储在新建的空白图层里。

步骤 03 按住Alt键的同时使用鼠标在图像中单击取样像素。然后使用【修复画笔】工具在需要覆盖的图像区域单击，即可修复。

步骤 04 继续使用【修复画笔】工具在图像中取样像素，然后对图像区域进行单击，修复图像。

知识点滴

【修复画笔】工具可以在两幅具有相同颜色模式的图像之间进行修复。

2.1.5 去除图像紫边

在拍摄高反差、强逆光对象时，照片中的对象边缘有时会出现紫边现象。对于这种现象，在Photoshop应用程序中，可以使用【色相/饱和度】命令，修复照片中的紫边现象。

【例2-5】去除图像中的紫边。

素材 (光盘素材\第02章\例2-5)

步骤 01 选择【文件】|【打开】命令，打开素材照片。

步骤 02 使用【缩放】工具放大图像，单击【调整】面板中的【创建新的色相/饱和度调整图层】图标。在打开的【属性】面板中的【编辑】下拉列表中选择【蓝色】选项，然后设置【饱和度】数值为-100，【明度】数值为-80。

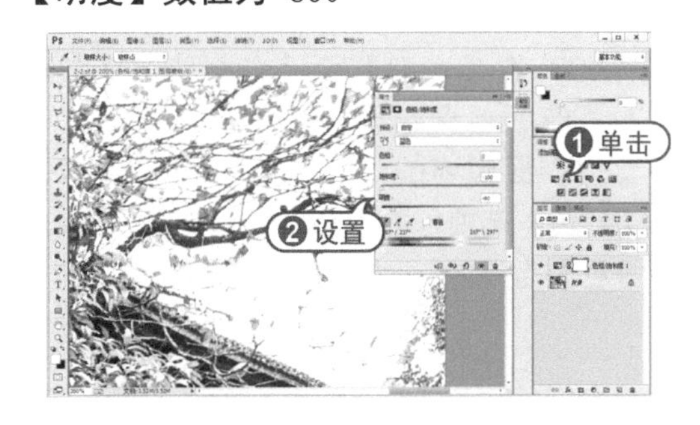

2.1.6 修复偏色照片

在不同光源下拍摄照片时，由于色温的不同，照片画面会呈现出不同的偏色现象。使用Photoshop中的颜色调整命令，可以矫正照片的偏色问题。

【例2-6】修复偏色照片。

视频+素材 (光盘素材\第02章\例2-6)

步骤 01 选择【文件】|【打开】命令，打开素材照片。

步骤 02 在【调整】面板中，单击【创建新的通道混合器调整图层】图标。在展开的【属性】面板中的【输出通道】下拉列表中选择【蓝】选项，设置【红色】为20%，【绿色】为-2%，【蓝色】为98%，【常数】为-2%。

步骤 03 在【调整】面板中，单击【创建新的可选颜色调整图层】图标。在展开的【属性】面板中的【颜色】下拉列表中选择【红色】选项，并设置【青色】为-20%，【黄色】为-42%，【黑色】为-40%。

步骤 04 在【属性】面板中的【颜色】下拉列表中选择【黄色】选项，设置【青色】为12%，【洋红】为5%，【黄色】为17%。

2.2 消除数码照片噪点

使用数码相机拍摄时，如果使用很高的ISO设置、曝光不足或者用较慢的快门速度在暗光区域中拍摄，就可能会出现噪点、杂色现象。简单地对数码照片作降噪处理很容易导致图像模糊或细节丢失。

2.2.1 使用【模糊】滤镜

【模糊】滤镜用于修饰图像，使图像选区或整个图像模糊，让其显得柔和。【模糊】滤镜中的高斯模糊、镜头模糊等滤镜较为常用，选择【滤镜】|【模糊】命令，可在弹出的子菜单中选择具体的滤镜。

在环境光线较暗的情况下，使用数码相机的慢快门或高ISO感光度进行拍摄，会使拍摄的照片画面出现大量噪点。要修正照片噪点问题，需要通过分别对各通道进行模糊、锐化处理来完成。

【例2-7】使用【模糊】滤镜去除噪点。

素材 (光盘素材\第02章\例2-7)

步骤 01 在Photoshop中，选择【文件】|【打开】命令打开照片文件，按Ctrl+J键复制背景图层。

步骤 02 选择菜单栏中的【图像】|【模式】|【Lab颜色】命令，将照片的颜色模式进行修改，在弹出的提示对话框中单击

【不拼合】按钮。

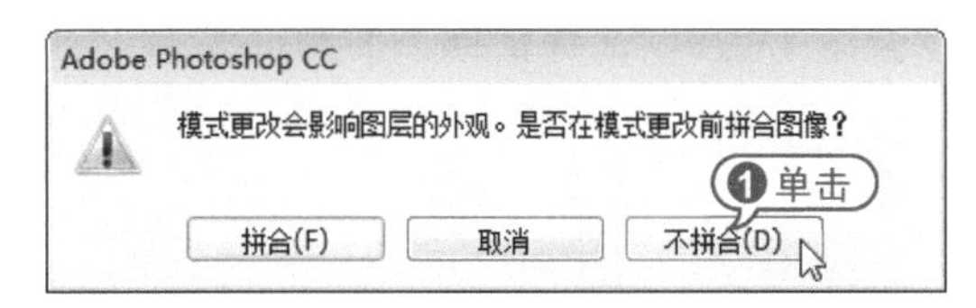

步骤 03 在【通道】面板中，单击选择a通道，并打开Lab通道视图，选择菜单栏中的【滤镜】|【模糊】|【高斯模糊】命令，在打开的【高斯模糊】对话框中，设置半径为2像素，单击【确定】按钮。

步骤 04 在【通道】面板中，单击选择b通道，选择菜单栏中的【滤镜】|【模糊】|【高斯模糊】命令，在打开的【高斯模糊】对话框中，设置半径为5像素，单击【确定】按钮。

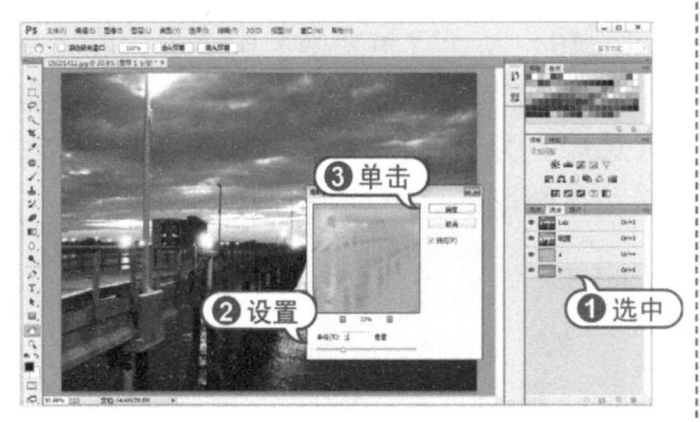

> **知识点滴**
>
> 【高斯模糊】滤镜可以添加低频细节，使图像产生一种朦胧效果。通过调整【半径】值可以设置模糊的范围，它以像素为单位，数值越高，模糊效果越强烈。

步骤 05 在【通道】面板中，单击选择【明度】通道，选择菜单栏中的【滤镜】|【模糊】|【高斯模糊】命令，在打开的【高斯模糊】对话框中，设置【半径】为1.5像素，单击【确定】按钮关闭对话框，对明度通道进行模糊处理。

步骤 06 选择菜单栏中的【滤镜】|【锐化】|【USM锐化】命令，在打开的【USM锐化】对话框中设置【数量】为160%，【半径】为2.5像素，【阈值】为1色阶，单击【确定】按钮。

步骤 07 单击选择Lab通道，选择菜单栏中的【图像】|【模式】|【RGB颜色】命令，将图像的色彩模式转换为RGB模式，在弹出的提示对话框中单击【不拼合】按钮。

2.2.2 使用【减少杂色】滤镜

图像中的杂色可能是呈杂乱斑点状的

明亮度杂色，也可能是显示为彩色伪像的颜色杂色。应用【减少杂色】滤镜，可有效改善图像的品质。

【减少杂色】滤镜可基于影像整个图像或各个通道的设置保留边缘，同时减少杂色。在【减少杂色】对话框中，选中【高级】单选按钮可显示更多选项。单击【每通道】标签即可显示该面板，在面板中可以分别对不同的通道进行减少杂色参数的设置。

【例2-8】使用【减少杂色】滤镜调整图像。

素材 (光盘素材\第02章\例2-8)

步骤 01 在Photoshop中，选择【文件】|【打开】命令打开照片文件，按Ctrl+J键复制背景图层。

步骤 02 选择【滤镜】|【杂色】|【减少杂色】命令，打开【减少杂色】对话框。在对话框中，单击【高级】单选按钮，选中【移去JPEG不自然感】复选框，设置【强度】为5，【保留细节】为60%，【减少杂色】为70%，【锐化细节】为35%。

步骤 03 单击【每通道】选项卡，在【通道】下拉列表中选择【红】选项，设置【强度】为8，【保留细节】为60%。

知识点滴

【强度】选项用来控制应用于图像通道的亮度杂色减少量。【保留细节】选项用来设置图像边缘和细节的保留度，当该值为100%时，可以保留大多数图像细节，但会将亮度杂色减到最少。【减少杂色】选项用来消除随机的颜色像素，该值越高，减少的杂色越多。【锐化细节】选项用来对图像进行锐化。选中【移去JPEG不自然感】复选框，可以去除由于使用低品质设置存储图像而导致的图像斑驳感。

步骤 04 单击【每通道】选项卡，在【通道】下拉列表中选择【绿】选项，设置【强度】为8，【保留细节】为60%，然后单击【确定】按钮。

2.2.3 使用【蒙尘与划痕】滤镜

应用【蒙尘与划痕】滤镜可去除图像

中的噪点和斑驳，但这样也会造成图像的模糊效果。选择【蒙尘与划痕】命令，可以打开【蒙尘与划痕】对话框进行设置。

【例2-9】使用【蒙尘与划痕】滤镜调整图像。

视频+素材 (光盘素材\第02章\例2-9)

步骤 01 在Photoshop中，选择【文件】|【打开】命令打开照片文件，按Ctrl+J键复制背景图层。

步骤 02 在【图层】面板中，设置图层混合模式为【滤色】，【不透明度】为55%。

步骤 03 选择【滤镜】|【杂色】|【蒙尘与划痕】命令，打开【蒙尘与划痕】对话框，设置【半径】为180像素，然后单击【确定】按钮。

知识点滴

在【蒙尘与划痕】对话框中，为了在锐化图像和隐藏瑕疵之间取得平衡，可尝试【半径】与【阈值】设置的各种组合。【半径】值越高，模糊程度越强；【阈值】则用于定义像素的差异有多大才能被视为杂点，该值越高，去除杂点的效果越弱。

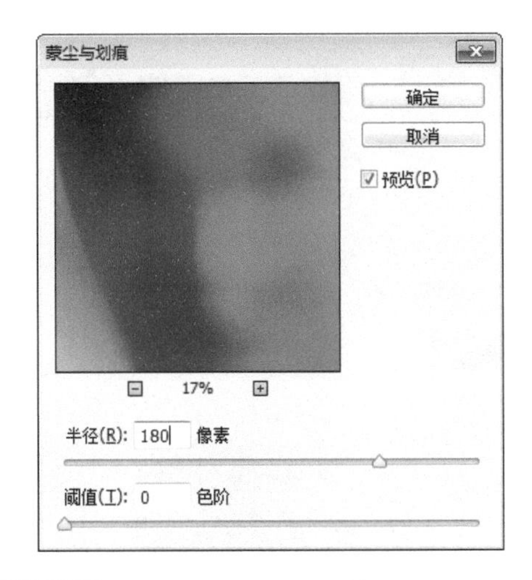

步骤 04 单击【添加图层蒙版】按钮，添加图层蒙版。选择【画笔】工具，在选项栏中设置柔边画笔样式，【不透明度】为20%，然后在图像中擦除不需要保留的部分。

2.2.4 使用【中间值】滤镜

【中间值】滤镜是专门用于去除图像中各种斑点的滤镜，其原理是将图像上的对象进行模糊处理，以此来去除斑点，因此，如果要在整个图像中使用该滤镜，会使图像中的所有对象都变得模糊。

【例2-10】使用【中间值】滤镜调整图像。

视频+素材 (源文件\第02章\例2-10)

步骤 01 在Photoshop中，选择【文件】|【打开】命令打开照片文件。按Ctrl+J键复制背景图层。

步骤 02 设置图层混合模式为【滤色】，【不透明度】为60%。

步骤 03 选择【滤镜】|【杂色】|【中间值】命令，打开【中间值】对话框。在对话框中设置【半径】数值为40像素，然后单击【确定】按钮应用设置。

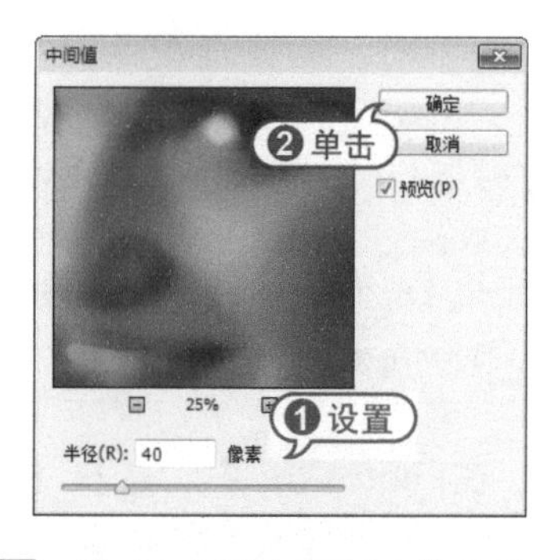

步骤 04 单击【添加图层蒙版】按钮，添加图层蒙版。选择【画笔】工具，在选项栏中设置柔边画笔样式，【不透明度】为20%，然后在图像中擦除不需要保留的部分。

2.3 锐化数码照片

对数码照片进行降噪处理后，再进行锐化可较好地改善照片的噪点现象，锐化图像细节，从而避免图像模糊与细节丢失问题。

2.3.1 使用【锐化】工具

【锐化】工具是一种图像色彩锐化的工具，也就是增大像素间的反差，达到清晰边线或图像的效果。

在【锐化】工具的选项栏中，【模式】下拉列表用于设置画笔的锐化模式；【强度】文本框用于设置图像处理的锐化程度，参数数值越大，其锐化效果就越明显。启用【对所有图层取样】复选框，锐化处理可以对所有图层中的图像进行操作；禁用该复选框，锐化处理只能对当前图层中的图像进行操作。

【例2-11】使用【锐化】工具调整图像。

视频+素材 (光盘素材\第02章\例2-11)

步骤 01 在Photoshop中，选择【文件】|【打开】命令打开照片文件。按Ctrl+J键复制背景图层。

步骤 02 选择【锐化】工具，在选项栏中设置【强度】为100%。

步骤 03 使用【锐化】工具在图像画面中需要锐化的部分进行涂抹。

2.3.2 使用【USM锐化】滤镜

【USM锐化】滤镜可以查找图像中颜色发生显著变化的区域，并在边缘的每一侧生成一条亮线和暗线，使模糊的图像边缘更为突出，起到锐化照片的效果。

选择【滤镜】|【锐化】|【USM锐化】命令，打开【USM锐化】对话框。在对话框中，【数量】选项用来设置锐化效果强度，数值越高，锐化效果越明显；【半径】选项用来设置锐化范围；【阈值】选项用来设置只有相邻像素之间的差值达到该值所设定的范围时才会被锐化。

【例2-12】使用【USM锐化】滤镜调整图像。

视频+素材 (光盘素材\第02章\例2-12)

步骤 01 在Photoshop中，选择【文件】|【打开】命令打开照片文件。按Ctrl+J键复制背景图层。

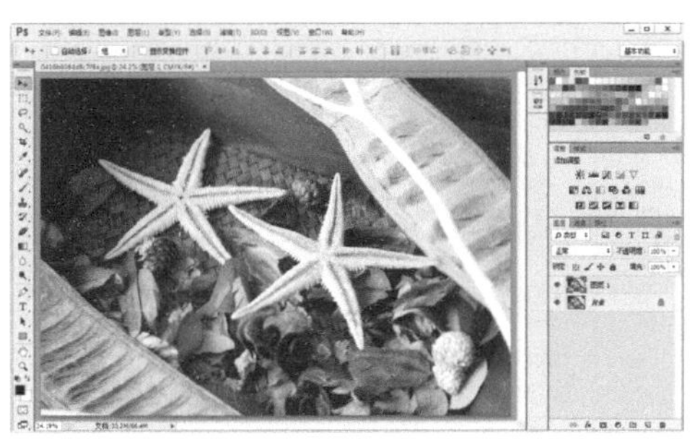

步骤 02 选择【滤镜】|【锐化】|【USM锐化】命令，打开【USM锐化】对话框。在对话框中设置【数量】为130%，【半径】为3像素，然后单击【确定】按钮。

2.3.3 使用【高反差保留】滤镜

【高反差保留】滤镜可以在有强烈颜色转变发生的地方按指定半径保留边缘细节，并且不显示图像的其余部分，该滤镜对于从扫描图像中取出艺术线条和大的黑白区域非常有用。

【例2-13】使用【高反差保留】滤镜调整图像。

视频+素材 (光盘素材\第02章\例2-13)

步骤 01 在Photoshop中，选择【文件】|【打开】命令打开照片文件。按Ctrl+J键复制背景图层。

步骤 02 选择【滤镜】|【其他】|【高反差保留】命令，在打开的【高反差保留】对话框中设置【半径】为3像素，单击【确定】按钮。

步骤 03 选择【图层1】图层，设置图层混合模式为【叠加】，使图像变得清晰。

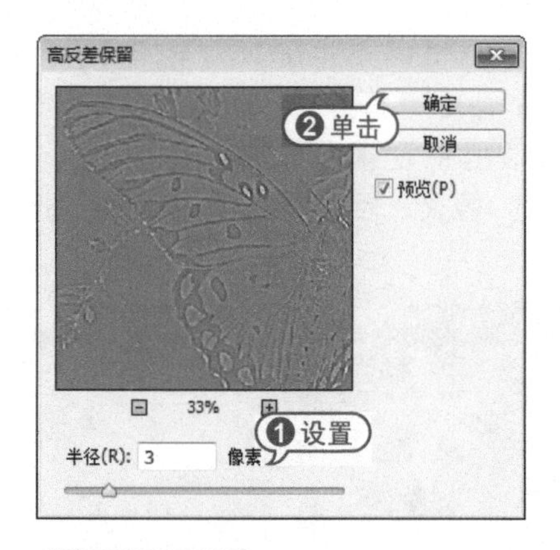

知识点滴

在对话框中，通过【半径】值可以调整原图像保留程度，该值越高，所保留的原图像像素越多。

2.3.4　使用通道锐化照片

通过转换颜色模式和使用滤镜命令的方法，可以增加照片的细节层次效果。通过将照片设置为Lab颜色模式，并对明度通道进行锐化，不仅不会损坏颜色，反而会增加照片的层次感。

【例2-14】使用通道锐化照片。

视频+素材 (光盘素材\第02章\例2-14)

步骤 01 在Photoshop中，选择【文件】|【打开】命令打开照片文件。按Ctrl+J键复制背景图层。

步骤 02 选择【图像】|【模式】|【Lab颜色】命令，将照片的颜色模式进行转变。在弹出的提示对话框中选择【不拼合】按钮。

步骤 03 选择【通道】面板，单击【明度】通道。选择【明度】通道可以不改变画面颜色，只对图像明暗、对比进行调整，并打开Lab通道视图。

步骤 04 选择【滤镜】|【锐化】|【USM锐化】命令，在打开的【USM锐化】对话框中设置【数量】为160%，【半径】为3像素，【阈值】为1色阶，单击【确定】按钮关闭对话框。

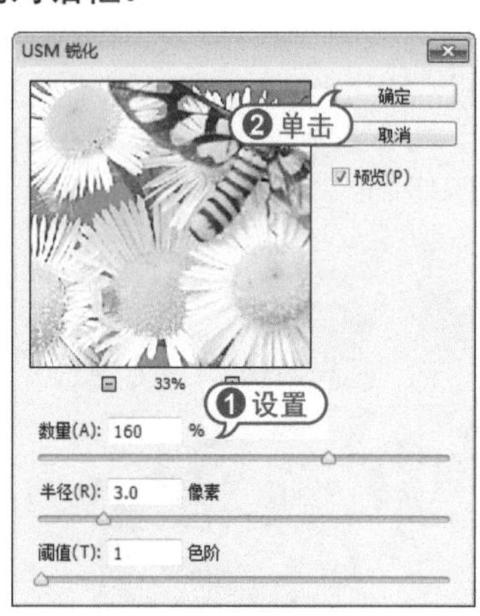

步骤 05 选择菜单栏中的【图像】|【模式】|【RGB颜色】命令，将照片图像的模式转换为【RGB颜色】，在弹出的提示对话框中选择【不拼合】按钮。

2.3.5 增强主体轮廓

在Photoshop中，可以通过滤镜查找主体对象的边缘轮廓，提高画面清晰度。

【例2-15】增强主体轮廓。

视频+素材 (光盘素材\第02章\例2-15)

步骤 01 在Photoshop中，选择【文件】|【打开】命令打开照片文件。按Ctrl+J键复制背景图层。

步骤 02 在【通道】面板中选中【红】通道，并将【红】通道拖动至【创建新通道】按钮上释放，复制【红】通道。

知识点滴

通道是图像文件的一种颜色数据信息存储形式，它与图像文件的颜色模式密切关联，多个分色通道叠加在一起可以组成一幅具有颜色层次的图像。

步骤 03 选择【滤镜】|【滤镜库】命令，打开【滤镜库】对话框。在对话框中，选中【风格化】滤镜组中的【照亮边缘】滤镜。设置【边缘宽度】为4，【边缘亮度】为8，【平滑度】为15，然后单击【确定】按钮。

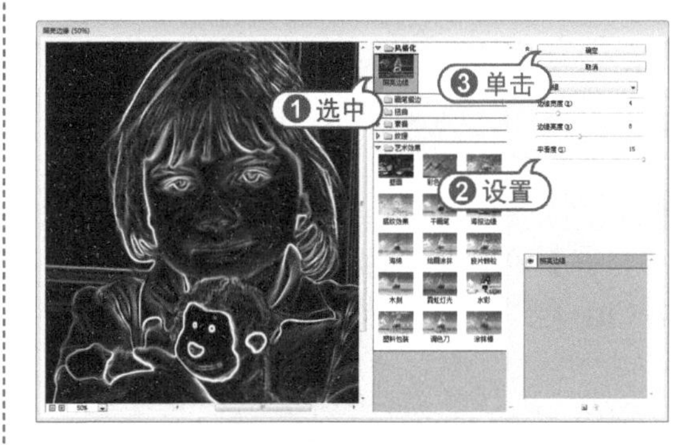

步骤 04 选择【图像】|【调整】|【色阶】命令，打开【色阶】对话框。在对话框中设置【输入色阶】数值为43、0.92、168，然后单击【确定】按钮。

步骤 05 按Ctrl键单击【红 拷贝】通道缩览图载入选区，并选中RGB复合通道。

步骤 06 选择【滤镜】|【滤镜库】命令，打开【滤镜库】对话框。在对话框中，选择【艺术效果】滤镜组中的【绘画涂抹】滤镜，并设置【画笔大小】为1，【锐化程度】为9，然后单击【确定】按钮。

2.4 实战演练

本章实战演练通过使用Photoshop中的多种命令改善这种褪色现象，使照片重新恢复鲜艳色彩效果，从而巩固本章所学知识。

【例2-16】修复退色照片。

视频+素材 (光盘素材\第02章\例2-16)

步骤 01 在Photoshop中，选择【文件】|【打开】命令，选择打开一幅照片图像。按Ctrl+J键复制背景图层。

步骤 02 选择【图像】|【调整】|【亮度/对比度】命令，打开【亮度/对比度】对话框。设置【亮度】数值为-35，【对比度】数值为60，然后单击【确定】按钮。

步骤 03 选择【滤镜】|【锐化】|【USM锐化】命令，打开【USM锐化】对话框。设置【数量】为120%，【半径】为1.5像素，然后单击【确定】按钮。

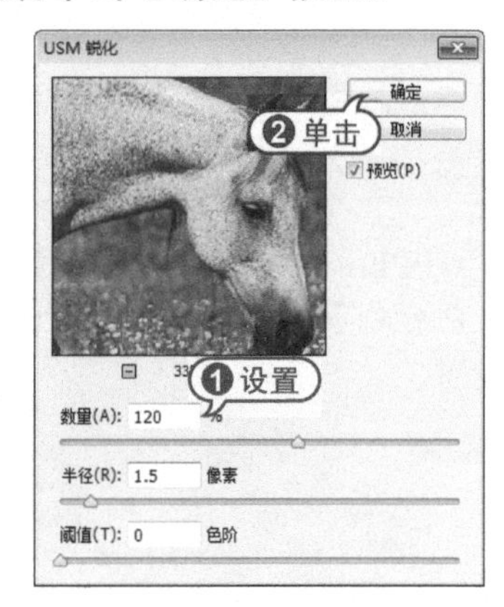

步骤 04 在【调整】面板中，单击【创建新的色阶调整图层】图标。在打开的【属性】面板中，选择【绿】通道，设置【输入色阶】数值为0、0.85、233。

步骤 05 在【属性】面板中，选择【红】通道，设置【输入色阶】数值为0、0.95、210。

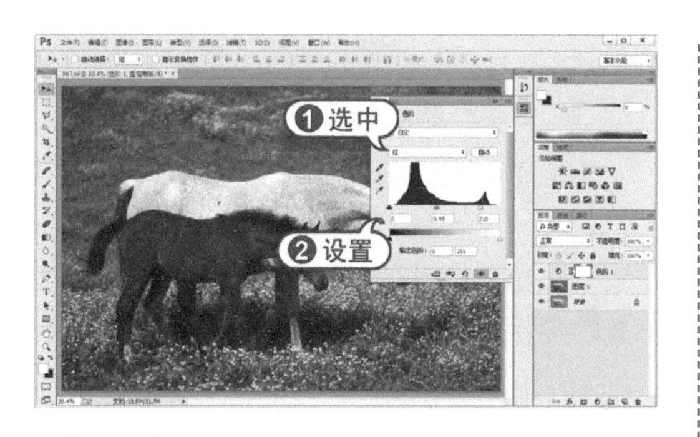

步骤 06 在【属性】面板中，选择【蓝】通道，设置【输入色阶】数值为22、0.90、215。

步骤 07 在【调整】面板中，单击【创建新的色彩平衡调整图层】图标。在展开的【属性】面板中，设置中间调色阶数值为0、30、30。

步骤 08 按Alt+Shift+Ctrl+E键盖印图层，选择【滤镜】|【其他】|【高反差保留】命令，打开【高反差保留】对话框。在对话框中，设置【半径】为4像素，然后单击【确定】按钮。

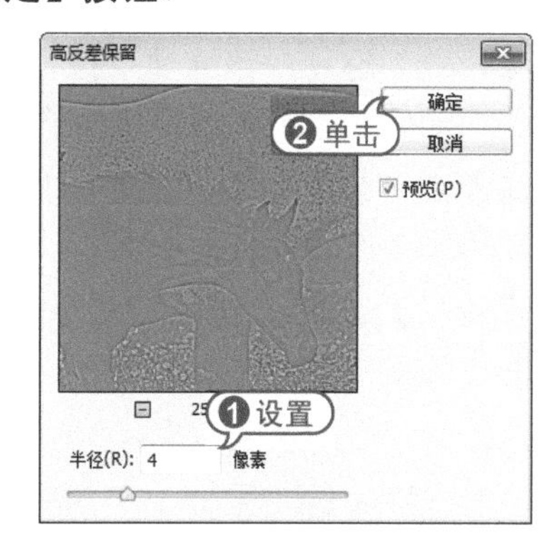

步骤 09 在【图层】面板中，设置【图层2】的混合模式为【强光】。

步骤 10 选择【图像】|【调整】|【照片滤镜】命令，打开【照片滤镜】对话框。在对话框的【滤镜】下拉列表中选择【水下】选项，设置【浓度】为35%，然后单击【确定】按钮。

专家答疑

》问：如何使用【画笔】工具？

答：【画笔】工具可以用于绘制各种线条效果，也可以用来修改通道和蒙版效果，是Photoshop中最为常用的绘画工具。选择【画笔】工具后，在选项栏中可以设置画笔各项参数选项，以调节画笔绘制效果。其中主要的几项参数如下。

● 【画笔】选项：用于设置画笔的大小、样式及硬度等参数选项。

● 【模式】选项：该选项下拉列表用于设定多种混合模式，利用这些模式可以在绘画过程中使绘制的笔画与图像产生特殊混合效果。

● 【不透明度】选项：此数值用于设置绘制画笔效果的不透明度，数值为100%时表示画笔效果完全不透明，而数值为1%时则表示画笔效果接近完全透明。

● 【流量】选项：此数值可以设置【画笔】工具应用油彩的速度，该数值较低时会形成较轻的描边效果。

» 问：如何使用图层混合模式？

答：混合模式是Photoshop中的一项重要功能，图层混合模式指当图像叠加时，上方图层和下方图层的像素进行混合，从而得到另一种图像效果，且不会对图像造成任何破坏，再结合对图层不透明度的设置，可以控制图层混合后显示的深浅程度，常用于合成和特效制作中。

在【图层】面板的【设置图层的混合模式】下拉列表中，可以选择【正常】、【溶解】、【滤色】等混合模式。使用这些混合模式，可以混合所选图层中的图像与下方所有图层中的图像。图层混合模式只能在两个图层图像之间产生作用；【背景】图层上的图像不能设置图层混合模式。如果想为【背景】图层设置混合效果，必须先将其转换为普通图层。

读书笔记

第3章

照片抠取与合成技巧

对应光盘视频

例3-1　制作照片暗角效果
例3-2　使用套索工具
例3-3　使用【魔棒】工具
例3-4　使用【快速选择】工具
例3-5　使用【钢笔】工具
例3-6　使用【色彩范围】命令
例3-7　使用快速蒙版
例3-8　使用图层蒙版
本章其他视频文件参见配套光盘

数码照片的抠图与合成是Photoshop中最为有趣的功能，可以通过多种方法将照片中的人物或景物抠出，再与其他背景进行合成，制作意想不到的特殊效果。

3.1 数码照片的抠图技巧

在数码照片处理过程中，经常需要对照片中的对象创建选区，限定所要编辑的范围。Photoshop中提供了多种创建选区的方法。

3.1.1 使用选框工具

对于图像中的规则形状，如矩形、圆形等对象来说，使用Photoshop提供的选框工具创建选区是最直接、方便的选择。在【矩形选框】工具上按住鼠标左键，可以显示隐藏的各种选框工具。

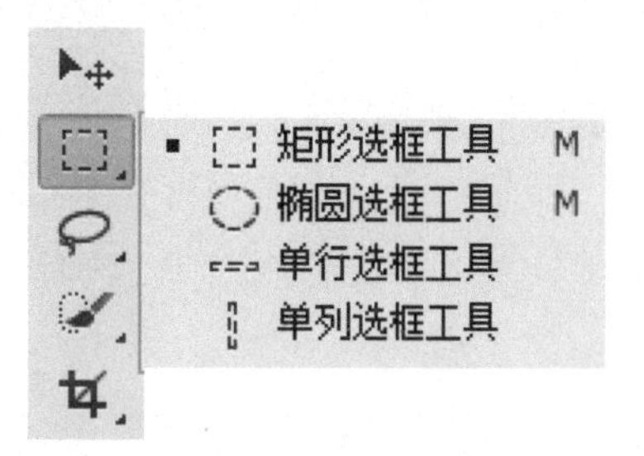

其中【矩形选框】工具与【椭圆选框】工具是最为常用的选框工具，用于选取较为规则的选区。【单行选框】工具与【单列选框】工具用来创建直线选区。按下Alt键的同时使用【矩形选框】或【椭圆选框】工具进行拖动，将以鼠标单击的位置为中心创建选区；按Shift键的同时进行拖动，可以创建等比选区；按Shift+Alt键的同时进行拖动，从中心创建等比选区。

在实际操作过程中，使用选框工具创建选区并不能完全满足要求，因此可通过使用选框工具选项栏中的选项对选框工具进一步进行编辑设置。选框工具选项栏的功能大致相同，下面以【矩形选框】工具为例，介绍通过选项栏的设置创建规则选区的方法。

- 选区选项：包括【新选区】、【添加到选区】、【从选区减去】、【与选区交叉】4个选项。
- 【羽化】数值框：用于设置羽化值，以柔和表现选区的边缘。其中，羽化的数值大小代表虚化的程度，值越大，选区的边缘越平滑。
- 【消除锯齿】复选框：勾选此复选框，可消除选区边缘存在的锯齿。
- 【样式】：包括【正常】、【固定比例】与【固定大小】3个选项。其中，【正常】可以自由选取选区；【固定比例】指定宽度与高度比例值来固定选区的比例大小；【固定大小】指定宽度与高度的具体数值固定选区的大小。单击【高度和宽度互换】按钮可以互换选区宽度和高度值。
- 【调整边缘】按钮：当选区处于激活状态时，该选项可用。单击该按钮后，在【调整边缘】对话框中可以对选区进行更高级的编辑。

【例3-1】制作照片暗角效果。

视频+素材 (光盘素材\第03章\例3-1)

步骤 01 选择【文件】|【打开】命令，打开素材照片。按Ctrl+J键复制【背景】图层。

步骤 02 选择【椭圆选框】工具，在选项栏中设置【羽化】为200像素。然后使用【椭圆选框】工具在图像中拖动创建选区。

步骤 03 按Shift+Ctrl+I键反选选区，在【图层】面板中，单击【创建新的填充或调整图层】按钮，在弹出的菜单中选择【纯色】命令。在弹出的【拾色器】对话框中，单击【确定】按钮。

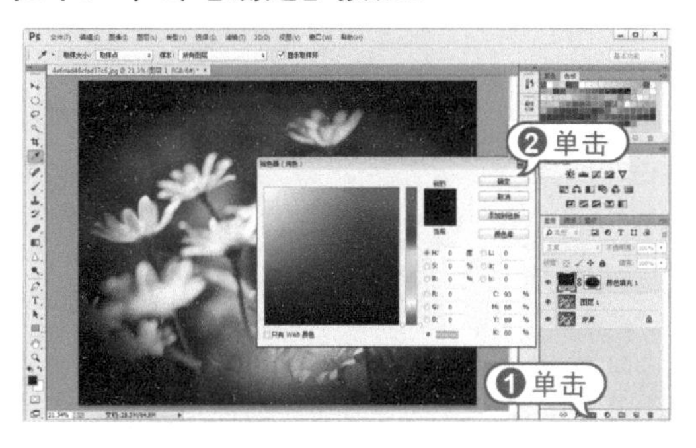

步骤 04 在【图层】面板中，设置【颜色填充1】图层混合模式为【正片叠底】，【不透明度】为60%。

3.1.2 使用【套索】工具

当选择对象和周围图像具有相同或相似的色调，而无法通过颜色选取时，可以使用套索工具或钢笔工具来创建自定义选区。Photoshop中提供了【套索】、【多边形套索】、【磁性套索】工具，可以同时利用颜色和形状进行选取操作。

【套索】工具主要用于创建随意性的边缘光滑的选区，可以按照拖动的轨迹创建选区。一般不用于创建精确选区。

【多边形套索】工具主要用于创建多边形轮廓选区，通过依次单击所创建的轨迹来指定选区，是由直线段构成的多边形选区。

【磁性套索】工具主要用于在色差比较明显，背景颜色单一的图像中创建选区。【磁性套索】工具就像具有磁性般附着在图像边缘，拖动鼠标时套索就沿着图像边缘自动绘制出选区。

【磁性套索】工具选项栏在另外两种套索工具选项栏的基础上进行了一些拓展，除了基本的选区方式和羽化外，还可以对宽度、对比度和频率进行设置。

羽化: 0像素 ☑消除锯齿 宽度: 10像素 对比度: 10% 频率: 57

- 【宽度】：该值决定了以光标中心为基准，其周围有多少个像素能够被工具检测到，如果对象的边界清晰，可使用一个较大的宽度值；如果边界不是特别清晰，则需要使用一个较小的宽度值。

◉【对比度】：用来设置工具感应图像边缘的灵敏度。较高的数值至检测与它们的环境对比鲜明的边缘；较低的数值则检测低对比度边缘。

◉【频率】：决定了使用【磁性套索】工具创建选区过程中创建的锚点。

【例3-2】使用套索工具合成图像。

视频+素材 (光盘素材\第03章\例3-2)

步骤 01 选择【文件】|【打开】命令，打开素材照片。

步骤 02 选择【多边形套索】工具，在选项栏中设置【羽化】为1像素。设置完成后，图像文件中单击创建起始点，然后沿照片中餐具边缘单击鼠标，创建选区。

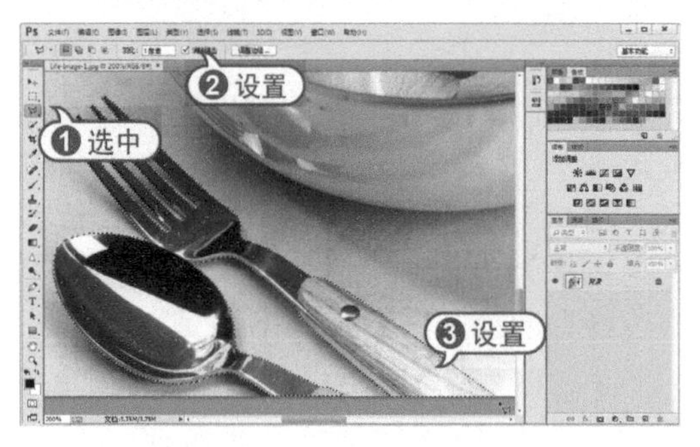

实战技巧

在使用【多边形套索】工具创建选区时，按住Alt键单击并拖动鼠标，可以切换为【套索】工具，放开Alt键可恢复为【多边形套索】工具。

步骤 03 按Ctrl+C键复制选区内图像，选择【文件】|【打开】命令，打开另一个照片文件，按Ctrl+V键粘贴图像。

步骤 04 按Ctrl+T键应用【自由变换】命令，调整贴入的图像大小及位置。

步骤 05 在【图层】面板中，按Ctrl键单击【图层1】图层缩览图，载入选区。再按Ctrl键，单击【创建新图层】按钮，新建【图层2】图层，并按Alt+Delete键填充选区。

步骤 06 按Ctrl+D键取消选区，选择【滤镜】|【模糊】|【动感模糊】命令，打开【动感模糊】对话框。在对话框中设置【角度】为-25°，【距离】为90像素，然后单击【确定】按钮。

步骤 07 选择【移动】工具，根据图像调整阴影效果。

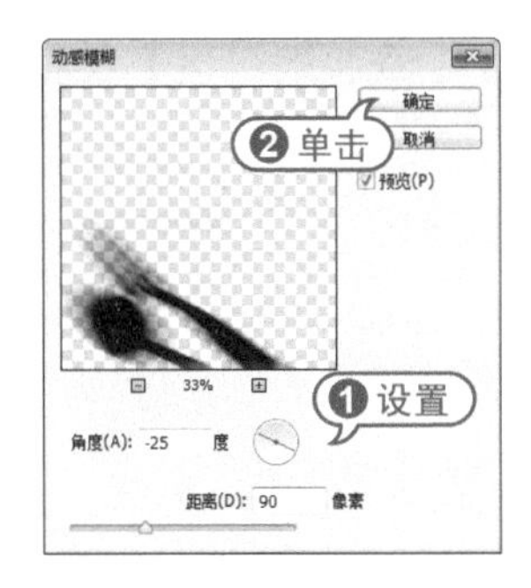

3.1.3 使用【魔棒】工具

【魔棒】工具用来选择相近色的所有对象。只需通过在图像中单击或连续单击即可创建选区。

【魔棒】工具是根据图像的饱和度、色度或亮度等信息来选择对象的范围。可以通过调整选项栏中【容差】值来控制选区的精确度。另外，选项栏还提供其他一些参数设置，方便灵活创建自定义选区。

【例3-3】使用【魔棒】工具调整图像。

视频+素材 (光盘素材\第03章\例3-3)

步骤 01 选择【文件】|【打开】命令，打开素材照片。

步骤 02 选择【魔棒】工具，在选项栏中，单击【添加到选区】按钮，设置【容差】为25。然后使用【魔棒】工具在背景处单击创建选区。

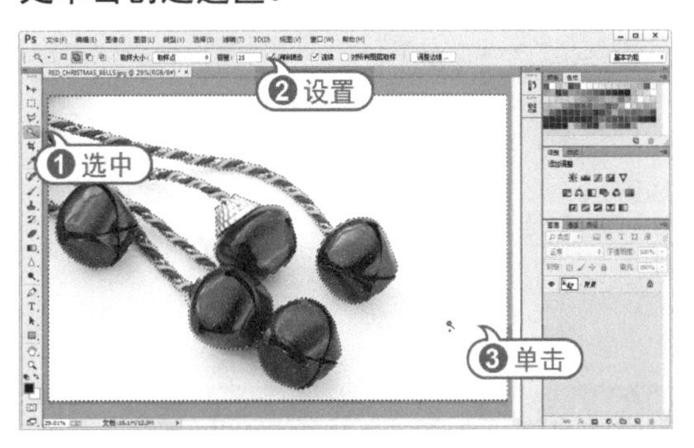

知识点滴

使用【魔棒】工具时，按Shift键单击可以添加选区；按Alt键单击可在当前选区中减去选区；按Shift+Alt键单击可得到与当前选区相交的选区。

步骤 03 选择【选择】|【修改】|【扩展】命令，打开【扩展选区】对话框。在对话框中，设置【扩展量】为3像素，然后单击【确定】按钮。

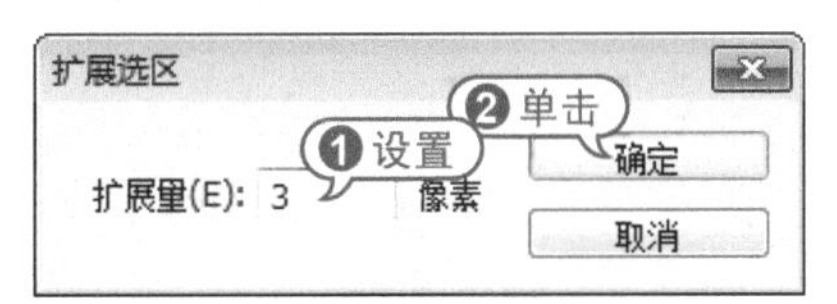

步骤 04 在【图层】面板中，单击【创建新的填充或调整图层】按钮，在弹出的菜单中选择【纯色】命令。打开【拾色器】对话框，在对话框中设置颜色为R:246、G:213、B:99，然后单击【确定】按钮。

步骤 05 在【图层】面板中，设置【颜色填充1】图层混合模式为【线性加深】。

3.1.4 使用【快速选择】工具

【快速选择】工具结合了魔棒工具和画笔工具的特点，以画笔绘制的方式在图像中拖动创建选区，快速选择工具会自动调整所绘制的选区大小，并寻找到边缘使其与选区分离。结合Photoshop中的调整边缘功能可获得更加准确的选区。

使用快速选择工具比较适合选择图像和背景相差较大的图像，在扩大颜色范围，连续选取时，其自由操作性相当高。要创建准确的选区首先需要设置选项栏，特别是画笔预设选取器的各选项。

【例3-4】使用【快速选择】工具调整图像。

视频+素材 (光盘素材\第03章\例3-4)

步骤 01 选择【文件】|【打开】命令，打开素材照片。并按Ctrl+J键复制【背景】图层。

步骤 02 选择【快速选择】工具，在选项栏中，单击【添加到选区】按钮，并设置画笔大小、样式。

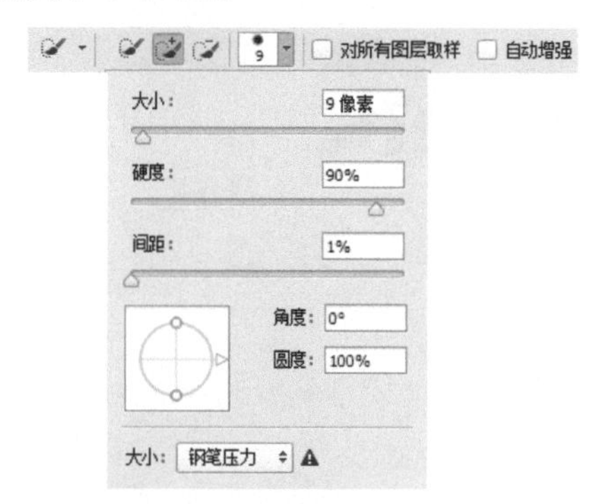

实战技巧

在创建选区时，需要调节画笔大小时，按键盘上的右方括号键]可以增大快速选择工具的画笔笔尖；按左方括号键[可以减小快速选择工具画笔笔尖的大小。

步骤 03 使用【快速选择】工具，并结合选项栏中的【从选区减去】按钮，在图像文件的背景区域中拖动创建选区。

步骤 04 在【调整】面板中，单击【创建新的色彩平衡调整图层】图标。在展开的【属性】面板中，设置中间调的色阶数值为43、-55、-77。

步骤 05 在【属性】面板中的【色调】下拉列表中选择【阴影】选项，并设置阴影色阶数值为-7、26、23。

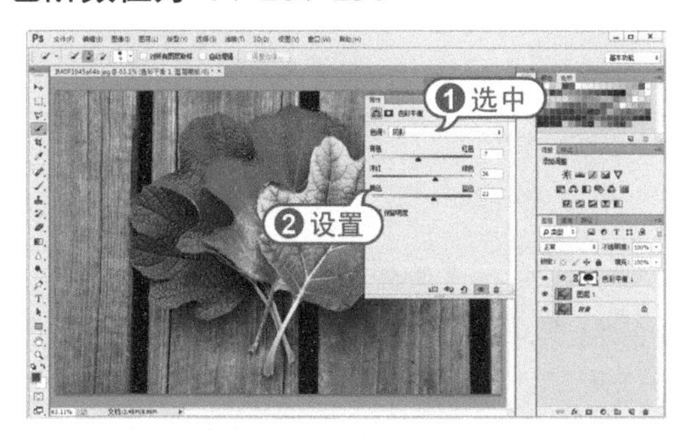

3.1.5 使用【擦除】工具

Photoshop提供了【橡皮擦】、【背景橡皮擦】和【魔术橡皮擦】3种擦除工具。使用这些工具，可以根据特定的需要，进行图像画面的擦除处理。

1.【橡皮擦】工具

使用【橡皮擦】工具在图像窗口中拖动鼠标，可以擦除图像中的像素并使用背景色填充。

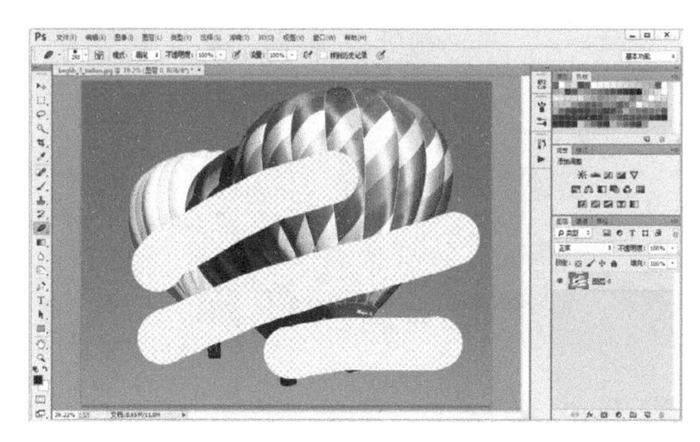

选择工具箱中的【橡皮擦】工具，其选项栏中各选项参数作用如下。

250 模式：画笔 不透明度：100% 流量：100% 抹到历史记录

- 【画笔】：可以设置橡皮擦工具使用的画笔样式和大小。
- 【模式】：可以设置不同的擦除模式。其中，选择【画笔】和【铅笔】选项时，其使用方法与【画笔】和【铅笔】工具相似，选择【块】选项时，在图像窗口中进行擦除的大小固定不变。
- 【不透明度】：可以设置擦除时的不透明度。
- 【流量】：可以用来控制工具的涂抹速度。
- 【抹到历史记录】复选框：选中该复选框后，可以将指定的图像区域恢复至快照或某一操作步骤下的状态。

2.【背景橡皮擦】工具

使用【背景橡皮擦】工具可以擦除图层上指定颜色的像素，并以透明色代替被擦除区域。这个指定颜色叫做标本色，表示背景色。使用它可以进行选择性的擦除操作。

选择【背景橡皮擦】工具，其选项栏中各个选项参数作用如下。

250 限制：连续 容差：50% 保护前景色

- 【画笔】：单击其右侧的图标，弹出下拉面板。其中，【直径】用于设置擦除时画笔的大小；【硬度】用于设置擦除时边缘硬化的程度。
- 【取样】按钮：用于设置颜色取样的模式。按钮表示单击鼠标时，光标下的图像颜色取样；按钮表示擦除图层中彼此相连但颜色不同的部分；按钮表示将背景色作为取样颜色。
- 【限制】：单击其右侧按钮，弹出下拉菜单，可以选择使用【背景色橡皮擦】工具擦除的颜色范围。其中，【连续】选项表示可擦除图像中具有取样颜色的像素，但要求该部分与光标相连；【不连续】选项表示可擦除图像中具有取样颜色的像素；【查找边缘】选项表示在擦除与光标相连区域的同时，保留图像中物体锐利的边缘。

- 【容差】：用于设置被擦除的图像颜色与取样颜色之间差异的大小。
- 【保护前景色】复选框：选中该复选框，可以防止在擦除时具有前景色的图像区域被擦除。

3. 【魔术橡皮擦】工具

【魔术橡皮擦】工具用于擦除图层中具有相似颜色范围的区域，并以透明色代替被擦除区域。

选择【魔术橡皮擦】工具，其选项栏与【魔棒】工具选项栏相似，各选项参数作用如下。

容差：32 ☑消除锯齿 ☑连续 □对所有图层取样 不透明度：100%

- 【容差】：可以设置被擦除图像颜色的范围。输入的数值越大，可擦除的颜色范围越大；输入的数值越小，被擦除的图像颜色与光标单击处的颜色越接近。
- 【消除锯齿】复选框：选中该复选框，可使被擦除区域的边缘变的柔和平滑。
- 【连续】复选框：选中该复选框，可以使擦除工具仅擦除与鼠标单击处相连接的区域。
- 【对所有图层取样】复选框：选中该复选框，可以使擦除工具的应用范围扩展到图像中所有可见图层。
- 【不透明度】：可以设置擦除图像颜色的程度。设置为100%时，被擦除的区域将变成透明色；设置为1%时，不透明度无效，将不能擦除任何图像画面。

3.1.6 使用【钢笔】工具

【钢笔】工具是一种高精度绘图工具，它可以根据对象边缘绘制直线或平滑的曲线，并可以通过【钢笔】工具的选项栏调整路径绘制的参数选项。

另外，在【钢笔】工具的选项栏中单击【几何选项】按钮，会打开【钢笔选项】对话框。在该对话框中，如果启用【橡皮带】复选框，将可以在创建路径过程中直接自动产生连接线段，而不是等到单击创建锚点后才在两个锚点间创建线段。还可以通过【钢笔】工具创建的路径转换为选区。

【例3-5】使用【钢笔】工具调整图像。

视频+素材 (光盘素材\第03章\例3-5)

步骤 01 选择【文件】|【打开】命令，打开素材照片。

步骤 02 选择【自由钢笔】工具，在选项栏中选中【磁性的】复选框，然后根据对象的轮廓创建路径。

实战技巧

使用【钢笔】工具绘制直线的方法比较容易，在操作是只能单击，不要拖动鼠标。如果要绘制水平、垂直或以45°角为增量的直线，可以按住Shift键操作。

步骤 03 在选项栏中单击【选区】按钮，在弹出的【建立选区】对话框中，设置【羽化半径】为1像素，然后单击【确定】按钮。

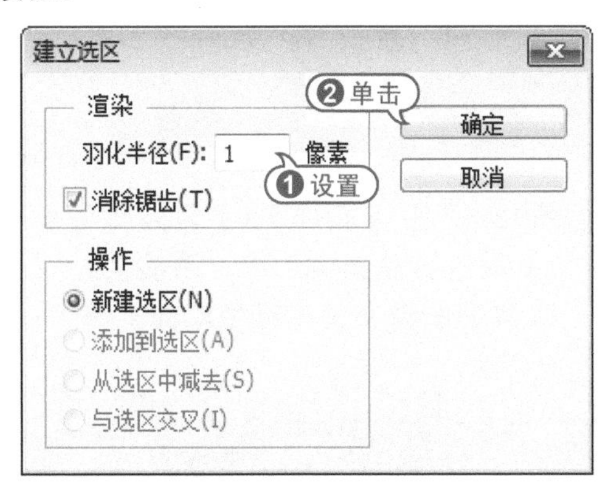

步骤 04 在【调整】面板中，单击【创建新的可选颜色调整图层】图标。在展开的【属性】面板中，设置红色的【青色】数值为20%，【洋红】数值为27%，【黄色】数值为-40%。

步骤 05 在【属性】面板中的【颜色】下拉列表中选择【黄色】选项，设置黄色的【洋红】为-100%，【黄色】为100%。

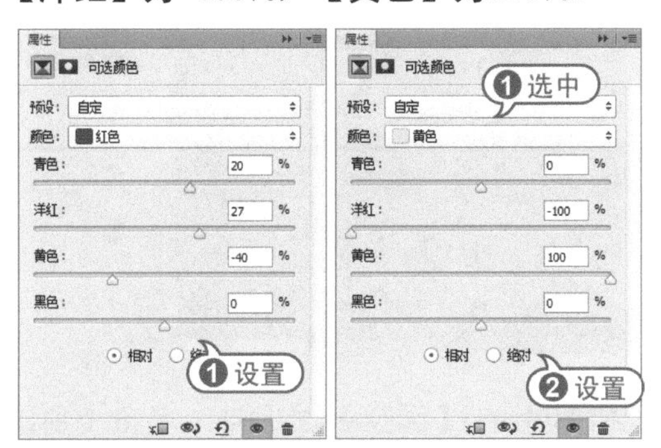

步骤 06 在【属性】面板中的【颜色】下拉列表中选择【洋红】选项，设置洋红色的【洋红】为100%。

3.1.7 使用【色彩范围】命令

在Photoshop中，使用【色彩范围】命令可以根据图像的颜色来确定整个图像的选取。它利用图像中的颜色变化关系来创建选区。使用【色彩范围】命令可以选定一个标准色彩或用吸管吸取一种颜色，然后在容差设定允许的范围内，图像中所有在这个范围的色彩区域都将成为选区。选择【选择】|【色彩范围】命令，打开【色彩范围】对话框。

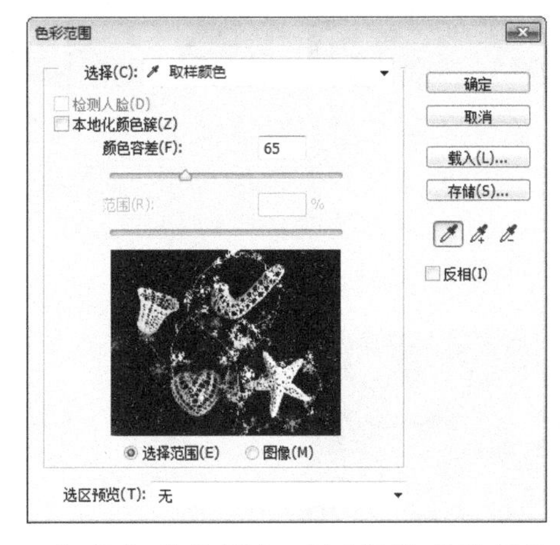

在【色彩范围】对话框的【选择】下拉列表框中，可以指定选中图像中的红、黄、绿等颜色范围，也可以根据图像颜色的亮度特性选择图像中的高亮部分，中间色调区域或较暗的颜色区域。选择该下拉列表框中的【取样颜色】选项，可以直接在对话框的预览区域中选择所需颜色，也可以在图像文件窗口中单击进行选择操作。

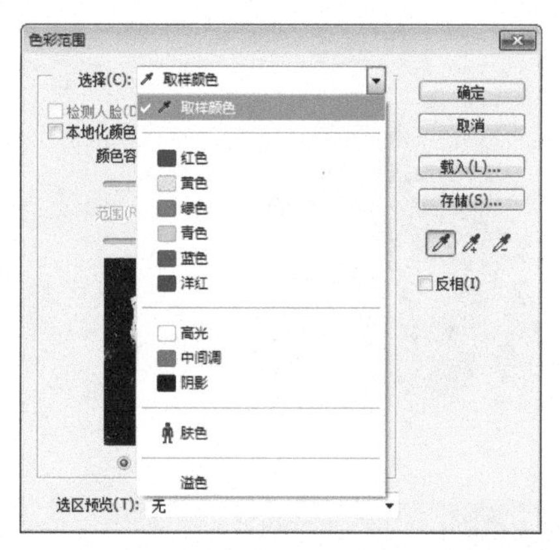

在该对话框中，通过移动【颜色容差】选项的滑块或在其文本框中输入数值的方法，可以调整颜色容差的参数数值。

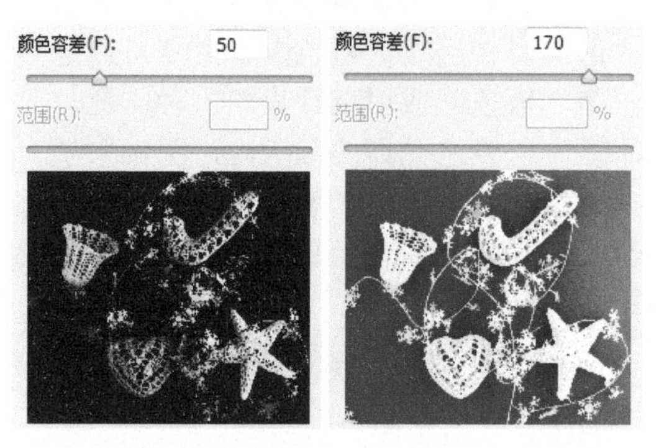

在【色彩范围】对话框中，选择【选择范围】或【图像】单选按钮，可以在预览区域预览选择的颜色区域范围，或者预览整个图像以进行选择操作。

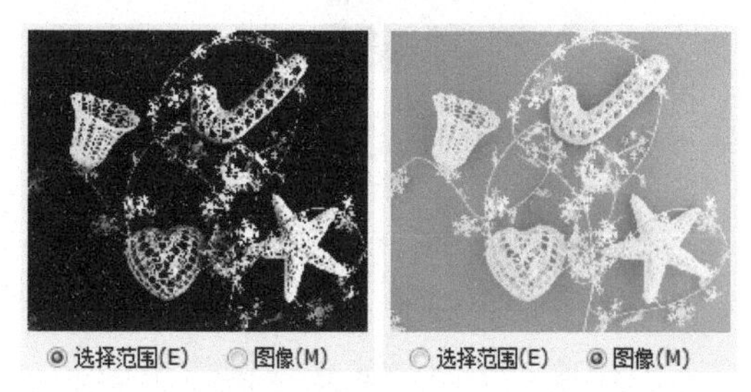

通过选择【选区预览】下拉列表框中的相关预览方式，可以预览操作时图像文件窗口的选区效果。

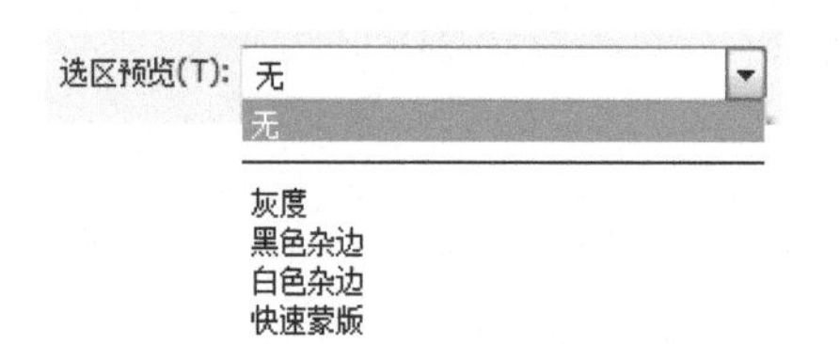

【例3-6】使用【色彩范围】命令调整图像。

视频+素材 (光盘素材\第03章\例3-6)

步骤 01 选择【文件】|【打开】命令，打开素材照片，并按Ctrl+J键复制背景图层。

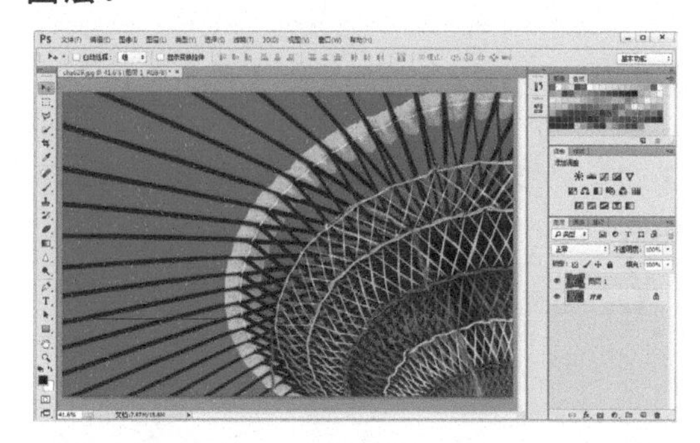

步骤 02 选择【选择】|【色彩范围】命令，【颜色容差】为120，然后使用【吸管】工具在图像文件中红色伞面上单击。

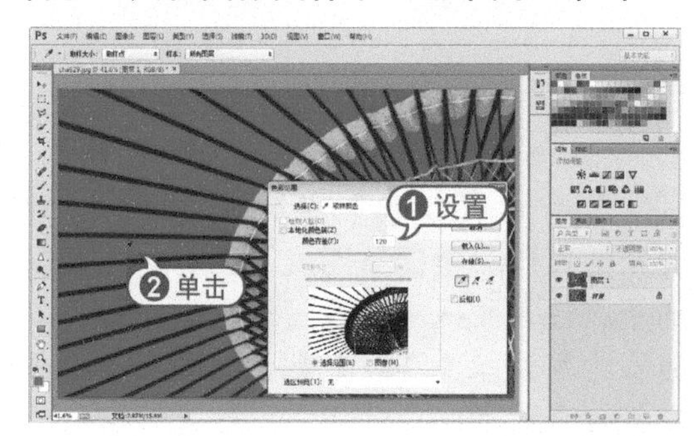

步骤 03 单击【确定】按钮，关闭对话框，在图像文件中创建选区。

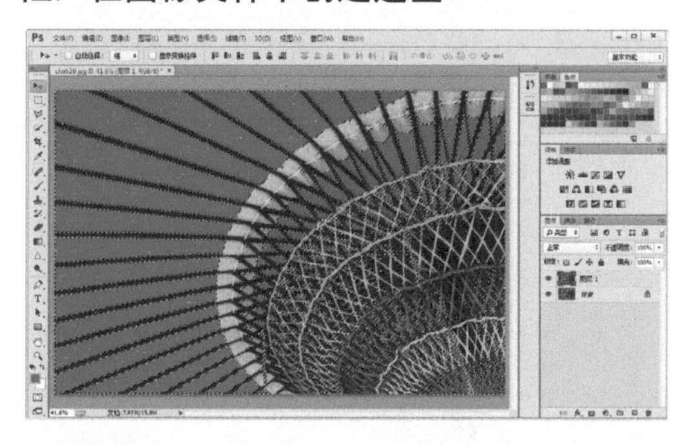

步骤 04 在【调整】面板中，单击【创建新的色相/饱和度调整图层】图标。在展开的【属性】面板中，选中【着色】复选框，设置【色相】为190，【饱和度】为30。

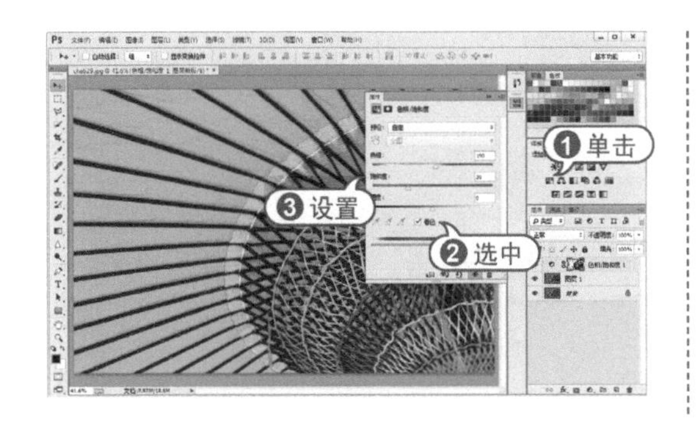

实战技巧

【色彩范围】命令适合在颜色对比度大的图像上创建选区。【色彩范围】命令的操作原理和【魔棒】工具基本相同，不同的是【色彩范围】命令能更清晰地显示选区内容，并可以按照通道选择选区。

3.2 蒙版在合成中的应用

蒙版主要用于对图像进行遮挡，能够快速地设置并保留复杂的图像选区，所有显示、隐藏图层的效果操作均在蒙版中进行。因此，蒙版能够保护照片的像素不被编辑，在绘制图像的过程中，有很大的应用空间。

3.2.1 使用快速蒙版

使用快速蒙版创建选区类似于使用快速选择工具的操作，即通过画笔的绘制方式来灵活创建选区。

创建选区后，单击工具箱中的【以快速蒙版模式编辑】按钮，可以看到选区外转换为红色半透明的蒙版效果。【以快速蒙版模式编辑】按钮位于工具箱的最下端，进入快速蒙版模式的快捷方式是直接按下Q键，完成蒙版的绘制后再次按下Q键切换回标准模式。在快速蒙版状态下，可以使用Photoshop中的工具或滤镜来修改蒙版，是最为灵活的选区编辑功能之一。

【例3-7】使用快速蒙版调整图像。

视频+素材 (光盘素材\第03章\例3-7)

步骤 01 在Photoshop中，选择【文件】|【打开】命令，打开一个照片文件，并按Ctrl+J键复制【背景】图层。

步骤 02 双击工具箱中的【以快速蒙版模式编辑】按钮，打开【快速蒙版选项】对话框。在对话框中，选中【所选区域】单选按钮，然后单击【确定】按钮应用。

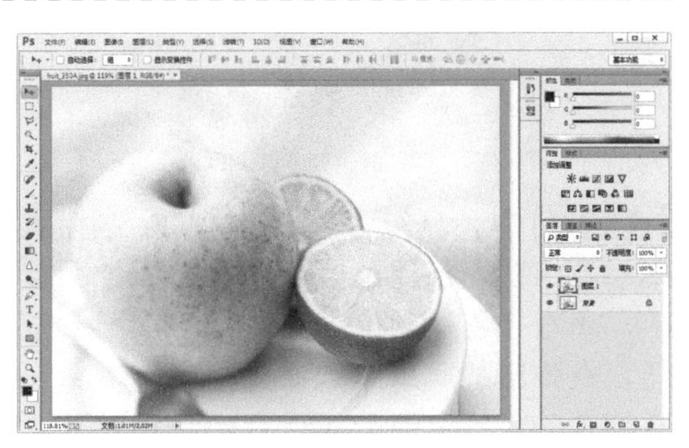

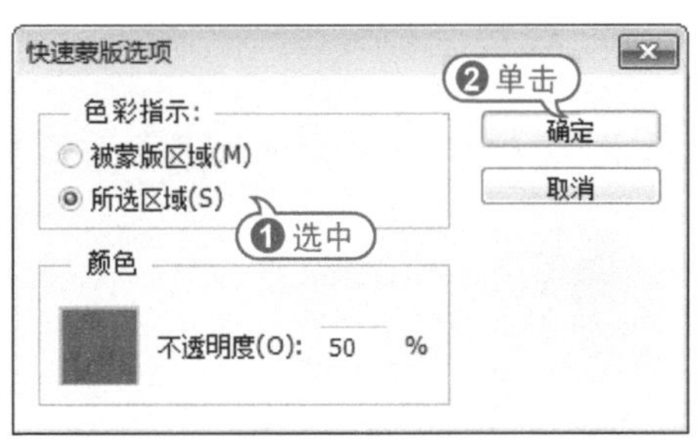

知识点滴

【色彩指示】选项区域中，选择【被蒙版区域】单选按钮时，所选区域显示为原图像，未选择的区域会覆盖蒙版颜色；选择【所选区域】时，所选区域会覆盖蒙版颜色。

步骤 03 在工具箱中选择【画笔】工具，在选项栏中设置画笔大小及硬度。

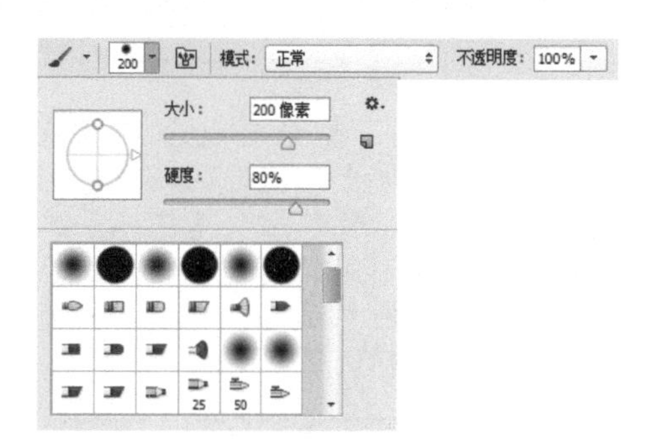

步骤 04 使用【画笔】工具，在图像中涂抹苹果对象，创建快速蒙版。

步骤 05 在工具箱中，单击【以标准模式编辑】按钮，创建选区。在【图层】面板中，单击【创建新的填充或调整图层】按钮，在弹出的菜单中选择【纯色】命令。在打开的【拾色器】对话框中，设置颜色为R:180、G:29、B:35。

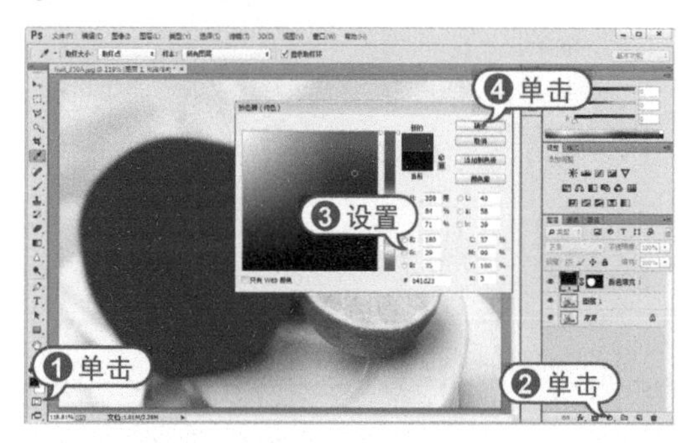

步骤 06 在【图层】面板中，设置【颜色填充1】图层混合模式为【叠加】，【不透明度】为50%。

步骤 07 在【图层】面板中，选中【颜色填充1】图层蒙版。在【画笔】工具选项栏中，设置柔边画笔样式，【不透明度】为20%。然后使用【画笔】工具在图像中调整填充颜色效果。

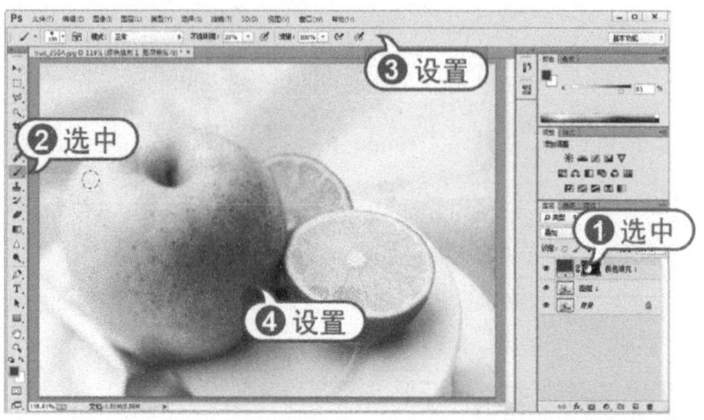

3.2.2 使用图层蒙版

图层蒙版是一种灰度图像，它可以隐藏全部或部分图层内容，以显示下面的图层内容。图层蒙版在图像合成中非常有用，也可以灵活地应用于颜色调整、应用滤镜和指定选择区域等。图层蒙版对图层中的图像无破坏性，不会破坏被隐藏区域的像素。

图层蒙版中的白色区域可以遮盖下面图层中的内容，只显示当前图层中的图像；黑色区域可以遮盖当前图层中的图像，显示出下面图层中的内容；蒙版中的灰色区域会根据其灰度值使当前图层中的图像呈现出不同层次的透明效果。

【例3-8】使用图层蒙版调整图像。

视频+素材 (光盘素材\第03章\例3-8)

步骤 01 在Photoshop中，选择打开一个照片文件。

步骤 02 选择【文件】|【打开】命令选择打开另一幅照片文件。按Ctrl+A键全选图像，并按Ctrl+C键复制选中图像。

步骤 03 返回风景照片文件，按Ctrl+V键粘贴蓝天白云图像，并在【图层】面板中设置【图层1】图层混合模式为【滤色】。然后按Ctrl+T键应用【自由变换】命令，调整图像大小。

知识点滴

选择【图层】|【图层蒙版】|【显示全部】命令，可以创建一个显示图层内容的白色图层蒙版；选择选择【图层】|【图层蒙版】|【隐藏全部】命令，可以创建一个隐藏图层内容的黑色蒙版。

步骤 04 在【图层】面板中，单击【添加图层蒙版】按钮。选择【画笔】工具，在选项栏中选中柔角画笔样式，设置不透明度为50%，然后使用【画笔】工具在图像中进行涂抹。

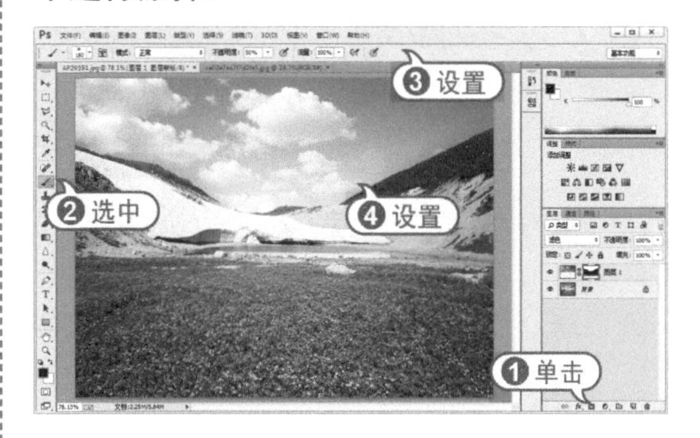

知识点滴

选择【图层】|【图层蒙版】命令，子菜单中包含了与蒙版有关的命令。选择【停用】命令，可暂时停用图层蒙版，图层蒙版缩览图上会出现一个红的×；选择【启用】命令，可重新启用蒙版；选择【应用】命令，可以将蒙版应用到图像中；选择【删除】命令，可删除图层蒙版。

3.2.3 使用矢量蒙版

矢量蒙版用于隐藏或显示指定的图像。矢量蒙版是通过【钢笔】工具或形状工具创建的蒙版。使用矢量蒙版创建分辨率较低的图像，并使图层内容与底层图像中间的过渡拥有光滑的形状和清晰的边缘。

要创建矢量蒙版，可以在图层绘制路径后，在工具选项栏中单击【蒙版】按钮，即可将绘制的路径转换为矢量蒙版。

也可以将绘制的路径创建为矢量蒙版。要将当前绘制的路径创建为矢量蒙版，只要在当前选中的图层中选择【图层】|【矢量蒙版】|【当前路径】命令，即可将当前路径创建为矢量蒙版。

【例3-9】使用矢量蒙版调整图像。

视频+素材 (光盘素材\第03章\例3-9)

步骤 01 在Photoshop中，选择打开一个照片文件。并按Ctrl+A键全选图像，再按Ctrl+C键复制图像。

步骤 02 选择【文件】|【打开】命令，打开另一个照片文件。

步骤 03 按Ctrl+V键粘贴之前复制的图像，生成【图层1】图层。选择【钢笔】工具，在选项栏中设置工具工作模式为【路径】，然后使用【钢笔】工具在图像中沿手部的边缘创建路径。

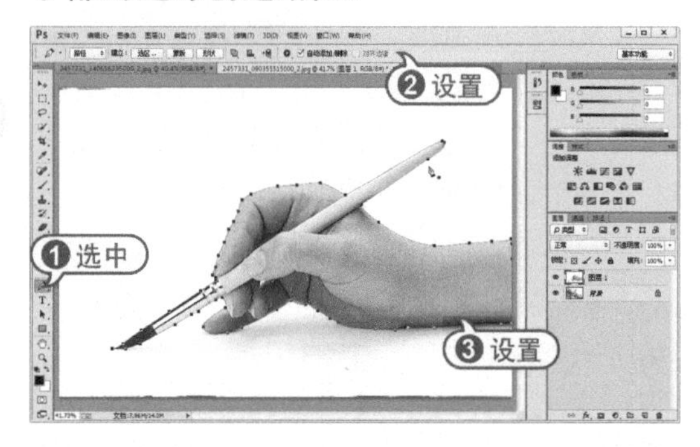

步骤 04 单击选项栏中的【蒙版】按钮创建矢量蒙版，并打开【属性】面板，设置【羽化】为4像素。

步骤 05 在【路径】面板空白处单击，然后按Ctrl+T键应用【自由变换】命令调整图像大小。

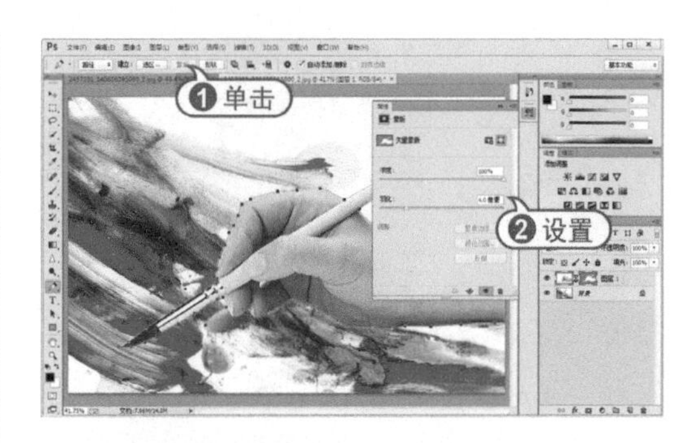

实战技巧

创建矢量蒙版后，蒙版缩览图和图像缩览图中间有个链接图标，它表示蒙版与图像处于链接状态，此时进行任何变换操作，蒙版都与图像一同变换。选择【图层】|【矢量蒙版】|【取消链接】命令或者单击该图标，可以取消链接。选择【图层】|【矢量蒙版】|【停用】命令，可以暂时停用矢量蒙版，蒙版缩览图上会出现一个红色的叉；如果要重新启用蒙版，可以选择【图层】|【矢量蒙版】|【启用】命令。

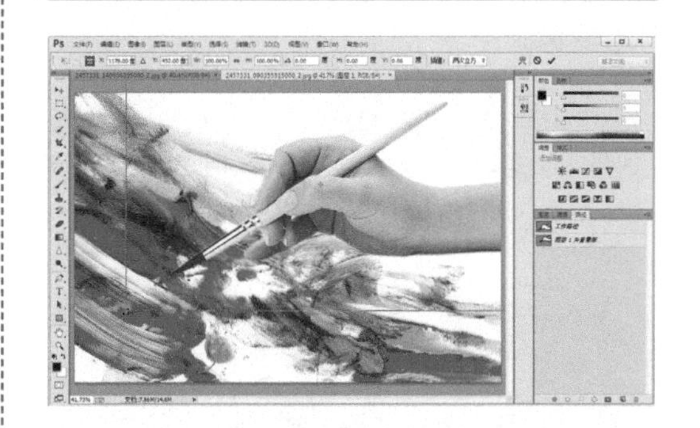

步骤 06 双击【图层1】图层，打开【图层样式】对话框。在对话框中，选中【投影】选项，设置【不透明度】为60%，【角度】为119度，【距离】为29像素，【大小】为35像素，然后单击【确定】按钮。

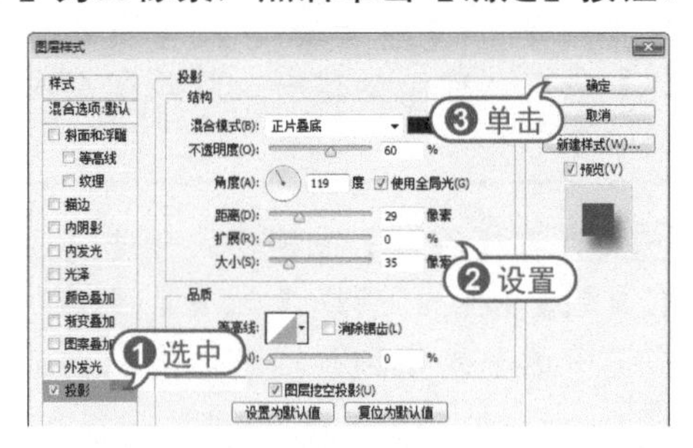

知识点滴

选择矢量蒙版所在的图层，选择【图层】|【栅格化】|【矢量蒙版】命令，可以栅格化矢量蒙版，将其转换为图层蒙版。

3.2.4 使用剪贴蒙版

剪贴蒙版包括基本图层和内容图层。基本图层位于下方，决定了图像的形状；内容图层位于上方，决定了图像显示内容。内容图层可以是复合通道图像，也可以是填充或调整图层等。创建剪贴蒙版之后，内容图层将以基本图层的轮廓显示出来。这样，图像的信息不会受到损坏，也可方便移动或编辑剪贴蒙版中的图像。

在【图层】面板中，选择【图层】|【创建剪贴蒙版】命令，或在要应用剪贴蒙版的图层上单击右键，在弹出的菜单中选择【创建剪贴蒙版】命令，或按Alt键，将光标放在【图层】面板中分隔两组图层的线上，然后单击鼠标也可以创建剪贴蒙版。

【例3-10】使用剪贴蒙版调整图像。

视频+素材 (光盘素材\第03章\例3-10)

步骤 01 在Photoshop中，选择打开一个照片文件。

步骤 02 选择【自由钢笔】工具，在选项栏中设置工具工作模式为【形状】，选中【磁性的】复选框。然后使用【自由钢笔】工具绘制形状。

步骤 03 在选项栏中单击【路径操作】按钮，在弹出的下拉列表中选择【合并形状】命令，然后绘制另一图形。

知识点滴

剪贴蒙版的内容图层不仅可以是普通的像素图层，也可以是调整图层、形状图层、填充图层等类型的图层。使用调整图层作为剪贴蒙版的内容图层是非常常见的，主要可以用作对某一图层的调整而不影响其他图层。

步骤 04 在【图层】面板中，设置【形状1】图层混合模式为【柔光】。

步骤 05 选择【文件】|【打开】命令，打开另一个照片文件。按Ctrl+A键全选图

像，再按Ctrl+C键复制图像。

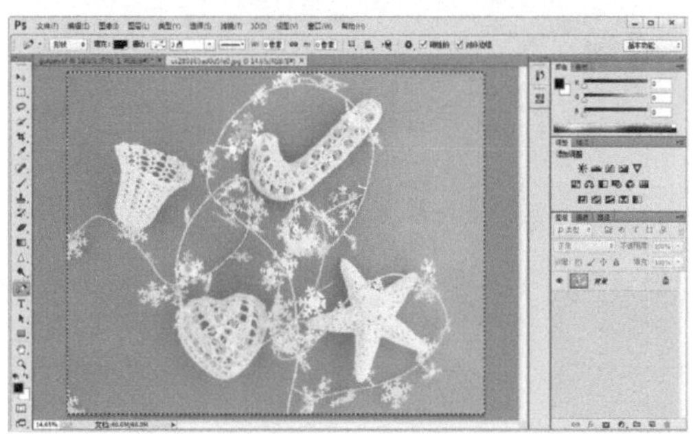

步骤 06 返回先前打开的照片文件，按Ctrl+V键粘贴图像。在【图层】面板中，设置【图层1】图层混合模式为【强光】，并按Ctrl+T键调整图像大小及位置。

步骤 07 在【图层】面板中，右击【图层1】图层，在弹出的菜单中选择【创建剪贴蒙版】命令。

3.3 使用通道技术

通道是图像的基础，它记录了图像的颜色信息。不同的颜色模式所对应的通道是不同的。利用通道抠取图像是一种重要且常见的抠图方式。

3.3.1 利用通道创建选区

一般情况下，在Photoshop中创建的新通道是保存选择区域信息的Alpha通道。单击【通道】面板中的【创建新通道】按钮，即可将选区存储为Alpha通道。在将选择区域保存为Alpha通道时，选择区域被保存为白色，而非选择区域给保存为黑色。如果选择区域具有不为0的羽化值，则选择区域将被保存为由灰色柔和过渡的通道。

【例3-11】利用通道创建选区。

视频+素材 (光盘素材\第03章\例3-11)

步骤 01 在Photoshop中，选择打开一个照片文件。

步骤 02 在【通道】面板中，单击【创建新通道】按钮，新建Alpha1通道，并单击打开RGB复合通道视图。

步骤 03 选择【画笔】工具，在工具箱中将前景色设置为白色，在选项栏中设置画笔大小及硬度。

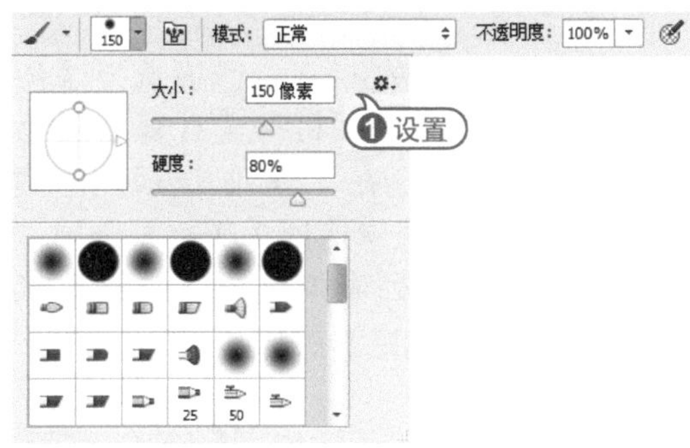

步骤 04 使用【画笔】工具在图像中背景部分进行涂抹。

知识点滴

选择【选择】|【载入选区】命令，也可以载入通道中的选区。

步骤 05 按Ctrl键，单击Alpha1通道缩览图，载入选区。关闭Alpha1通道视图，选中RBG复合通道。

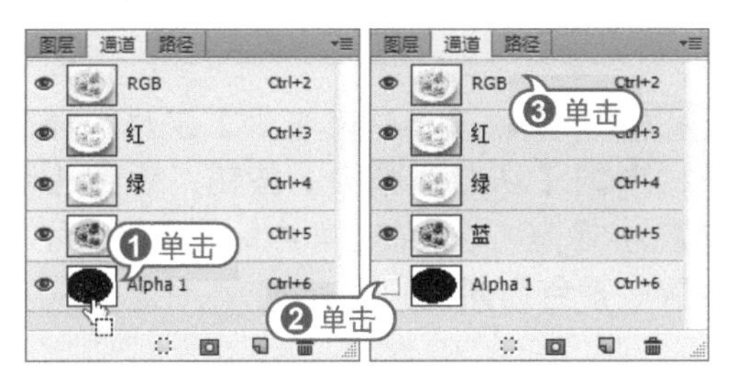

步骤 06 选择【选择】|【修改】|【扩展】命令，打开【扩展选区】对话框。在对话框中设置【扩展量】为4像素，然后单击【确定】按钮。

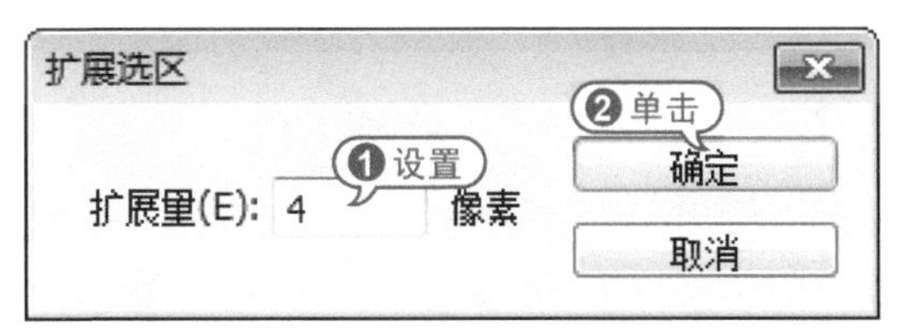

步骤 07 选择【文件】|【打开】命令，打开布纹图像文件，按Ctrl+A键将图像文件全选，并按Ctrl+C键进行拷贝。

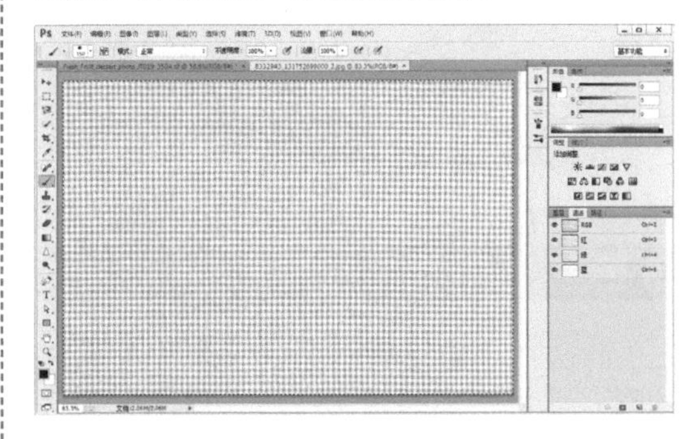

步骤 08 返回编辑的照片文件，选择【编辑】|【选择性粘贴】|【贴入】命令，并按Ctrl+T键应用【自由变换】命令放大图像，使其充满图像窗口。

步骤 09 在【图层】面板中，设置【图层1】图层混合模式为【正片叠底】。

步骤 10 按Ctrl键单击【图层1】图层蒙版，载入选区。在【调整】面板中，单击【创建新的色彩平衡调整图层】图标。在展开的【属性】面板中，设置中间调的色阶为77、-35、-65。

3.3.2 计算通道抠取图像

利用计算图像通道的方式抠出局部图像时，通过增强图像明度对比度来分离局部图像，从而达到抠取图像的目的。

【例3-12】计算通道抠取图像。

素材 (光盘素材\第03章\例3-12)

步骤 01 在Photoshop中，选择打开一个照片文件。

步骤 02 选择【图像】|【计算】命令，打开【计算】对话框。在对话框中，在【源1】选项区中，选中【反相】复选框，在【源2】选项区中的【通道】下拉列表中选择【绿】选项，在【混合】下拉列表中选择【叠加】选项，然后单击【确定】按钮。

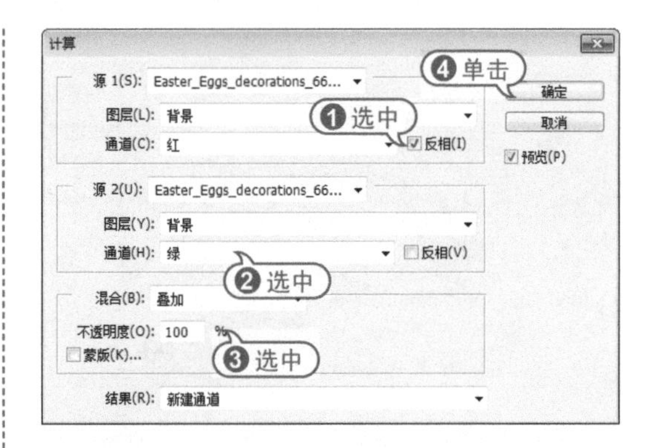

步骤 03 对生成的Alpha1通道选择【图像】|【计算】命令，打开【计算】对话框。在对话框中，在【源2】选项区中的【通道】下拉列表中选择【灰色】选项，在【混合】下拉列表中选择【强光】选项，然后单击【确定】按钮。

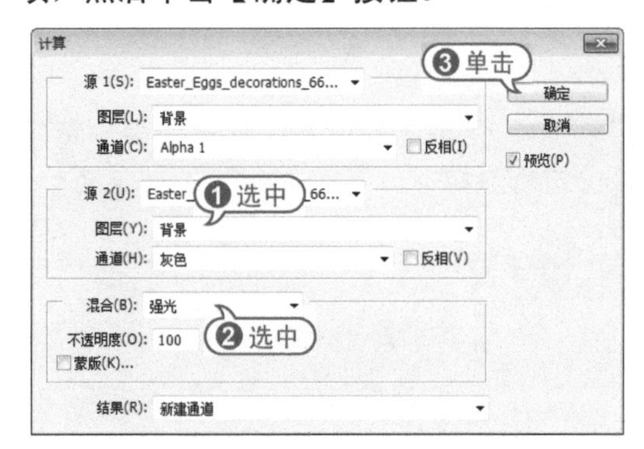

知识点滴

【计算】命令有两种控制混合范围的方法，一是选中【保留透明区域】选项，将混合效果限定在图层的不透明区域。二是选中【蒙版】选项，显示出扩展的选项，然后选择包含蒙版的图像和图层。【通道】选项可以选择任何颜色通道或Alpha通道以用作蒙版。也可以使用基于现用选区或选中图层(透明区域)边界的蒙版。选择【反相】可反转通道的蒙版区域和未蒙版区域。

步骤 04 选择【多边形套索】工具，在选项栏中的【从选区减去】按钮，设置【羽化】为2像素，然后在图像中勾选彩蛋部分。设置前景色为黑色，按Alt+Delete键填充。

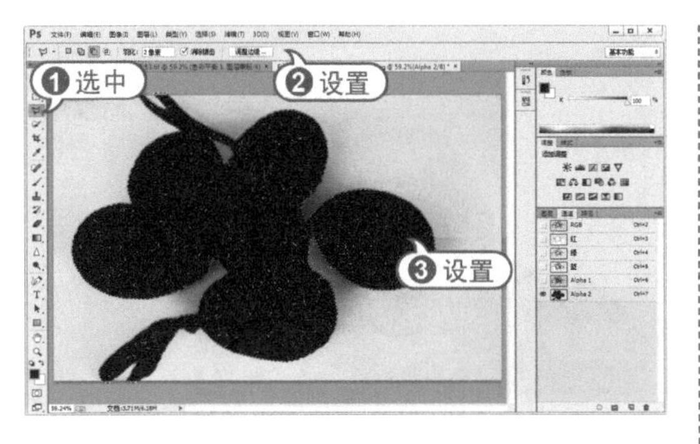

步骤 05 按Ctrl+D键取消选区，选择【图像】|【调整】|【色阶】命令，打开【色阶】对话框。在对话框中，设置【输入色阶】数值为0、2.63、56，然后单击【确定】按钮。

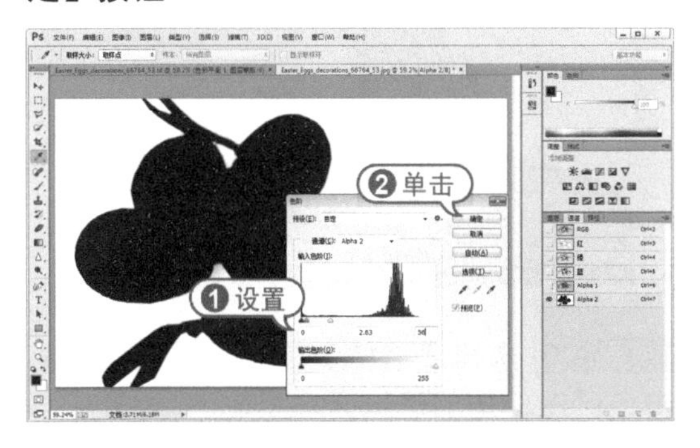

步骤 06 在【通道】面板中，按Ctrl键单击Alpha 2通道缩览图载入选区，并单击RGB复合通道。

步骤 07 在【调整】面板中，单击【创建新的色彩平衡调整图层】图标。在展开的【属性】面板中，设置中间值的色阶数值为95、100、-100。

步骤 08 在【属性】面板中的【色调】下拉列表中选择【阴影】选项，设置阴影的色阶数值为39、-5、-40。

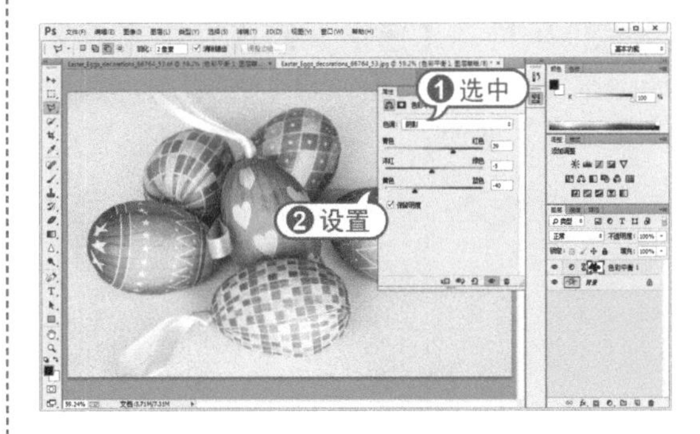

步骤 09 在【调整】面板中，单击【创建新的曝光度调整图层】图标。在展开的【属性】面板中，设置【位移】为-0.0248，【灰度系数校正】为1.12。

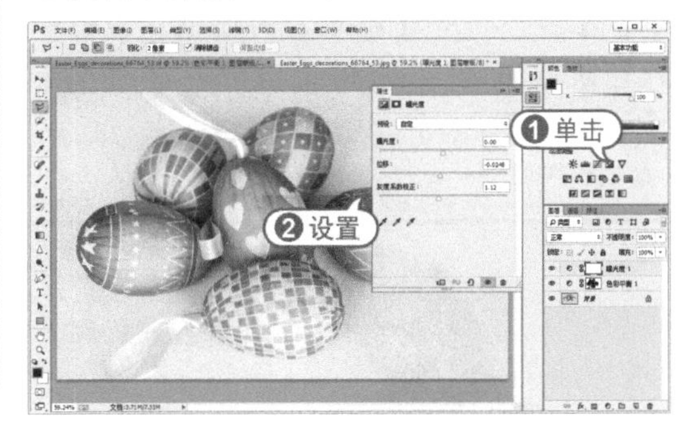

3.4 实战演练

本章实战演练通过使用通道抠取照片中人物的发丝为例，从而巩固本章所学知识。

【例3-13】更换人物背景。

视频+素材 (光盘素材\第03章\例3-13)

步骤 01 选择【文件】|【打开】命令，打开照片文件，并按Ctrl+J键复制【背景】图层。

步骤 02 打开【通道】面板，将【蓝】通道拖动至【创建新通道】按钮上，创建【蓝副本】通道。

步骤 03 选择【图像】|【调整】|【色阶】命令，打开【色阶】对话框。设置输入色阶数值为146、0.5、255，然后单击【确定】按钮。

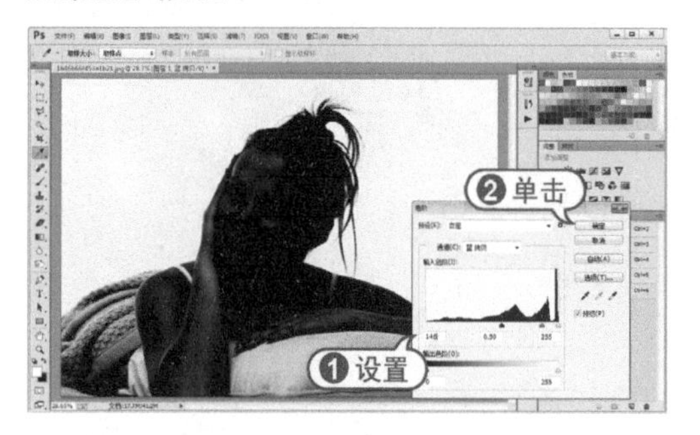

步骤 04 选择【画笔】工具，设置前景色为黑色，在图像中对需要抠出的区域进行涂抹。

步骤 05 按Ctrl+L键打开【色阶】对话框，设置输入色阶为0、1.49、145，然后单击【确定】按钮。

步骤 06 选择【魔棒】工具，在涂抹好的黑色区域单击创建选区。

步骤 07 单击【通道】面板中的RGB通道，打开【图层】面板，单击【创建新图层】按钮，生成【图层2】。

步骤 08 选择【选择】|【修改】|【扩展】命令，打开【扩展选区】对话框。在对话框中，设置【扩展量】为1像素，然后单击【确定】按钮。

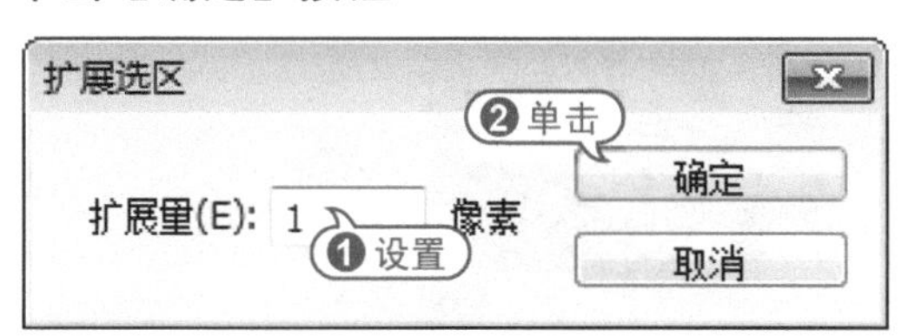

步骤 09 按Shift+Ctrl+I键反选选区，在【色板】面板中单击【蜡笔洋红红】色板，然后选择【油漆桶】工具在选区内单击。填充完成后，按Ctrl+D键取消选区。

专家答疑

» 问：如何使用Photoshop的选区运算功能？

答：选区的运算操作是非常重要的选区基本操作，也是最常用到的操作之一。在选择任意的选区创建工具后，选项栏中都会显示【新选区】按钮、【添加到选区】按钮、【从选区减去】按钮和【与选区交叉】按钮，这4个按钮用于设置当前选区工具的工作模式。

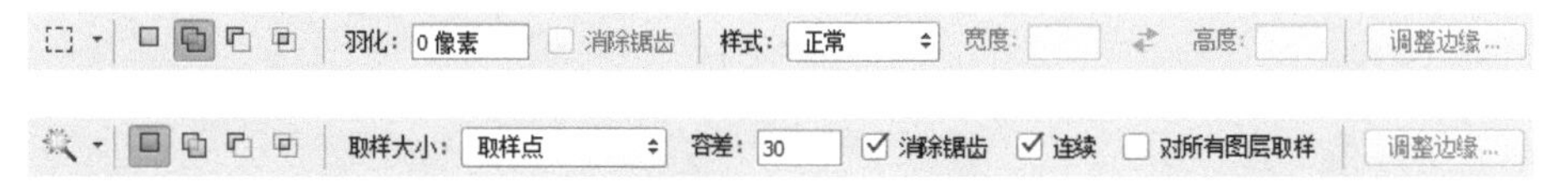

- 【新选区】工具：可以在图像文件中创建新的选区。如果在当前图像文件窗口中再次绘制选区，原图像文件窗口中的选区就会撤销，并被新创建的选区取代。
- 【添加到选区】：单击该按钮，可以在图像文件中，保留原有的选区的情况下绘制新的选区。
- 【从选区减去】：可以从已有的选区中去除当前绘制的选区与该选区的重合区域。
- 【与选区交叉】：可以在图像文件窗口中保留原选区与当前绘制选区的重合区域。

» 问：如何调整选区效果？

答：在Photoshop中，可以在选区激活的状态下更改选区。在【选择】|【修改】子菜单中，包含【边界】、【平滑】、【扩展】、【收缩】和【羽化】5个命令，可以对选区进行不同的修改编辑。

- 【边界】命令可以将选区的边界向内部和外部扩展，扩展后的边界与原来的边界形成新的选区。
- 【平滑】命令用于平滑选区的边缘。
- 【扩展】命令用于扩展选区范围。
- 【收缩】命令与【扩展】命令相反，用于收缩选区范围。
- 【羽化】命令可以通过扩展选区轮廓周围的像素区域，达到柔和边缘效果。

另外，选择【选择】|【调整边缘】命令，或是在选择了一种选区创建工具后，单击选项栏上的【调整边缘】按钮，即可打开【调整边缘】对话框。在该对话框中包含【半

径】、【对比度】、【平滑】、【羽化】等参数。

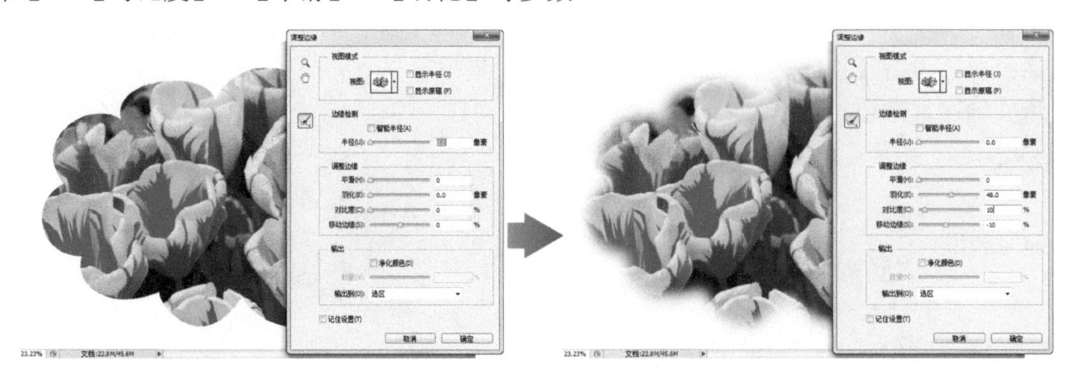

读书笔记

第4章

数码照片光影处理

对应光盘视频

例4-1　使用【亮度/对比度】命令
例4-2　使用【阴影/高光】命令
例4-3　使用【曝光度】命令
例4-4　使用【色阶】命令
例4-5　使用【曲线】命令
例4-6　使用【加深】工具
例4-8　消除照片反差
例4-9　修复曝光不足的照片
本章其他视频文件参建配套光盘

照片的影调直接影响人们的视觉感受。使用Photoshop，可以根据不同的数码照片来选择合适的调整命令调整照片的影调，还原照片拍摄效果。

4.1 调整照片影调

只有在数码照片拍摄时正确捕捉光线，才能使照片呈现出曼妙光彩。如果照片曝光不正确，则会造成拍摄出的图像太暗或太亮。此时，画面会缺乏层次感，这就需要通过后期对照片的影调进行调整。

4.1.1 【亮度/对比度】命令

【亮度/对比度】命令可以对图像的色调范围进行简单的调整。该命令对亮度和对比度差异不大的图像调整比较有效。

选择【图像】|【调整】|【亮度/对比度】命令，打开【亮度/对比度】对话框。在对话框中通过拖动【亮度】和【对比度】滑块或在数值框中输入数值，即可设置图像的亮度、对比度。将【亮度】滑块向右移动会增加色调值并扩展图像高光，相反会减少色调值并扩展阴影。【对比度】滑块可扩展或收缩图像中色调值的总体范围。

【例4-1】使用【亮度/对比度】命令调整图像效果。

视频+素材 (光盘素材\第04章\例4-1)

步骤 01 选择【文件】|【打开】命令，打开素材照片，并按Ctrl+J键复制【背景】图层。

步骤 02 选择菜单栏中的【图像】|【调整】|【亮度/对比度】命令，打开【亮度/对比度】对话框。在对话框中，设置【亮度】值为40，【对比度】值为15，然后单击【确定】按钮应用调整。

4.1.2 【阴影/高光】命令

【阴影/高光】命令适用于校正由强逆光而形成剪影的照片，或者校正由于太接近相机闪光灯而有些发白的焦点。在用其他方式采光的图像中，这种调整也可使阴影区域变亮。

选择【图像】|【调整】|【阴影/高光】命令，打开【阴影/高光】对话框。在【阴影/高光】对话框中，可以通过移动【数量】滑块，或在【阴影】或【高光】数值框中输入百分比数值，以此来调整光照的校正量。数值越大，为阴影提供的增亮程度或者为高光提供的变暗程度也就越大。这样就可以同时调整图像中的阴影和高光区域。启用【显示其他选项】复选框，【阴影/高光】对话框会提供更多的参数选项，从而可以更加精确地设置参数选项。

- 【阴影】选项组：可以将图像的阴影区域调亮。拖动【数量】滑块可以控制调整强度，该值越高，图像的阴影区域越亮；【色调宽度】可以控制色调的修改范围，较小的值会限制只对较暗的区域进行校正；【半径】可以控制每个像素周围的局部相邻像素的大小，相邻像素用于确定像素是在阴影中还是在高光中。

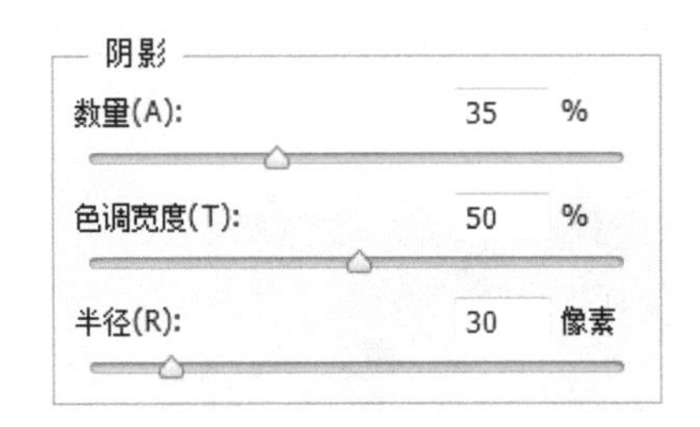

➢【高光】选项组：可以将图像的高光区域调暗。【数量】可以控制调整强度，该值越高，图像的高光区域越暗；【色调宽度】可以控制色调的修改范围，较小的值只对较亮的区域进行校正；【半径】可以控制每个像素周围的局部相邻像素的大小。

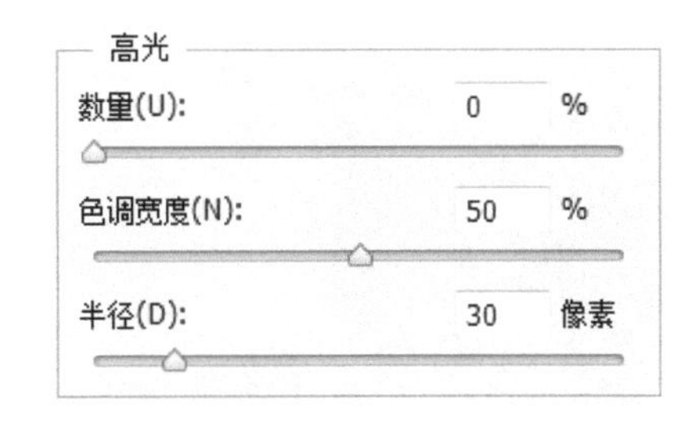

【例4-2】使用【阴影/高光】命令调整图像效果。

视频+素材 (光盘素材\第04章\例4-2)

步骤 01 选择【文件】|【打开】命令，打开素材照片，并按Ctrl+J键复制【背景】图层。

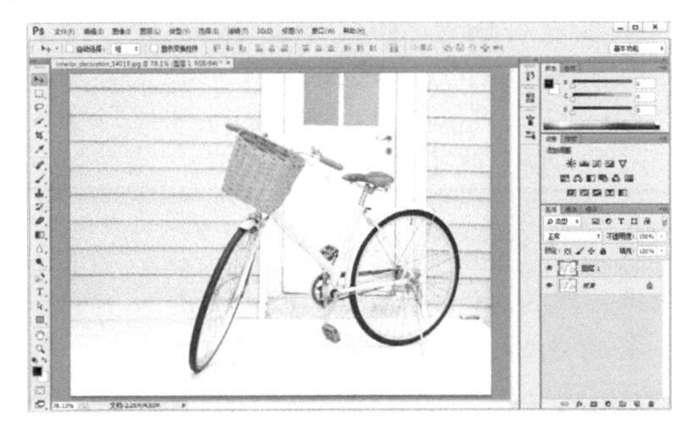

步骤 02 选择【图像】|【调整】|【阴影/高光】命令，打开【阴影/高光】对话框。在对话框中，设置高光的【数量】数值为35%。

步骤 03 选中【显示更多选项】复选框，在【高光】选项组中，设置【色调宽度】为72%。在【调整】选项区域中，设置【颜色校正】数值为35，【中间调对比度】数值为20，然后单击【确定】按钮。

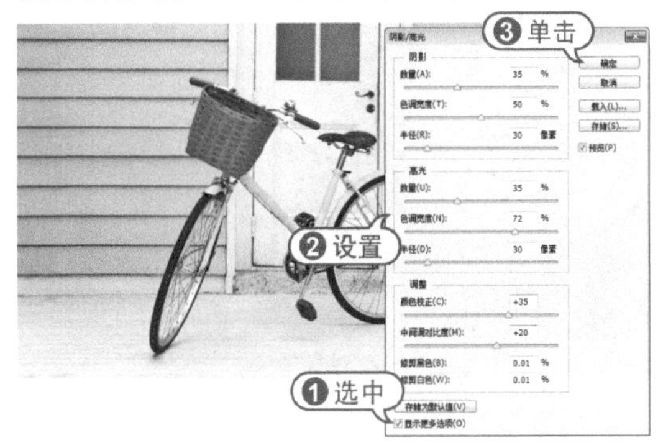

4.1.3 【曝光度】命令

【曝光度】命令可以用于调整曝光度不足的图像文件。选择【图像】|【调整】|【曝光度】命令，打开【曝光度】对话框。在对话框中，【曝光度】选项调整色调范围的高光端，对极限阴影的影响很轻微。【位移】选项使阴影和中间调变暗，对高光的影响很轻微。【灰度系数校正】选项使用简单的乘方函数调整图像灰度系数。

【例4-3】使用【曝光度】命令调整图像效果。

视频+素材 (光盘素材\第04章\例4-3)

步骤 01 选择【文件】|【打开】命令，打开素材照片，并按Ctrl+J键复制【背景】图层。

步骤 02 选择【图像】|【调整】|【曝光度】命令，打开【曝光度】对话框。在对话框中，设置【曝光度】数值为0.95，【位移】数值为-0.005，【灰度系数校正】数值为0.85，然后单击【确定】按钮。

实战技巧

在对话框中，使用【设置黑场吸管】工具在图像中单击，可以使单击点的像素变为黑色；【设置白场吸管】工具可以使单击点的像素变为白色；【设置灰场吸管】工具可以使单击点的像素变为中度灰色。

4.1.4 【色阶】命令

在Photoshop中，可以使用【色阶】命令调整图像的阴影、中间调和高光的强度级别，从而校正图像的色调范围和色彩平衡。【色阶】对话框中的直方图可以作为调整图像基本色调的直观参考。

【例4-4】使用【色阶】命令调整图像效果。

视频+素材 (光盘素材\第04章\例4-4)

步骤 01 选择【文件】|【打开】命令，打开素材照片，并按Ctrl+J键复制【背景】图层。

步骤 02 选择菜单栏中的【图像】|【调整】|【色阶】命令，打开【色阶】对话框。在对话框中，设置输入色阶数值为10、1.46、255。

知识点滴

【输入色阶】用于调节图像的色调对比度，它由【暗调】、【中间调】及【高光】3个滑块组成。滑块往右移动图像越暗，反之则越亮。下端文本框内显示设定结果的数值，也可通过改变文本框内的值对【色阶】进行调整。【输出色阶】可以调节图像的明度，使图像整体变亮或变暗。左边的黑色滑块用于调节深色系的色调，右边的白色的滑块用于调节浅色系的色调。

步骤 03 在【通道】下拉列表中选选定需要调节的【红】通道，然后设置输入色阶数值为10、1.43、255。

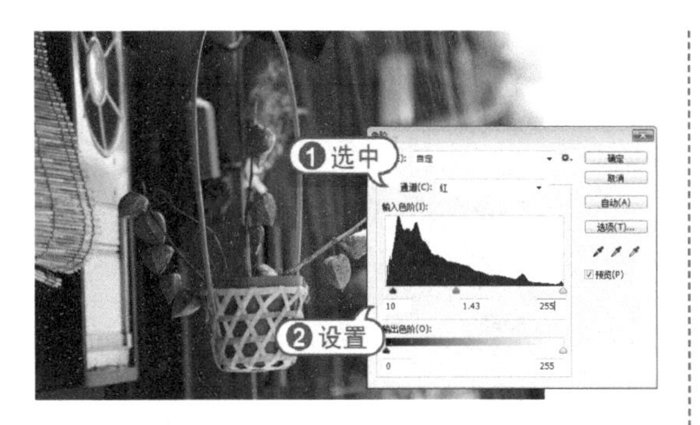

知识点滴

在对话框中还有3个吸管按钮，即【设置黑场】、【设置灰场】、【设置白场】。【设置黑场】按钮的功能是选定图像的某一色调。【设置灰点】按钮的功能是将比选定色调暗的颜色全部处理为黑色。【设置白场】按钮的功能是将比选定色调亮的颜色全部处理为白色，并将与选定色调相同的颜色处理为中间色。

步骤 04 在【通道】下拉列表中选定需要调节的【绿】通道，然后设置输入色阶数值为0、1.07、240，单击【确定】按钮。

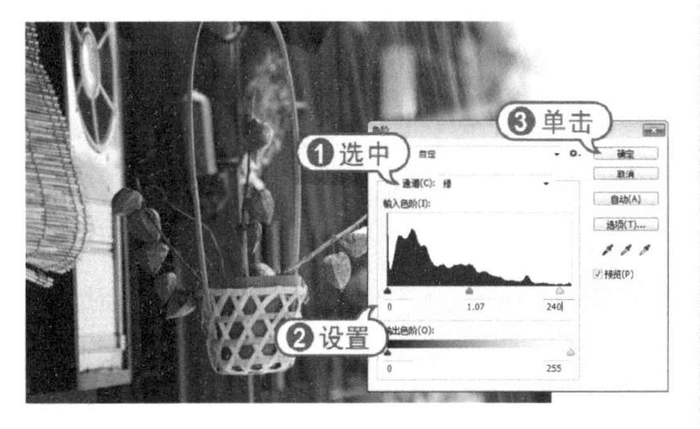

另外，在【色阶】对话框中还有一些参数选项按钮。

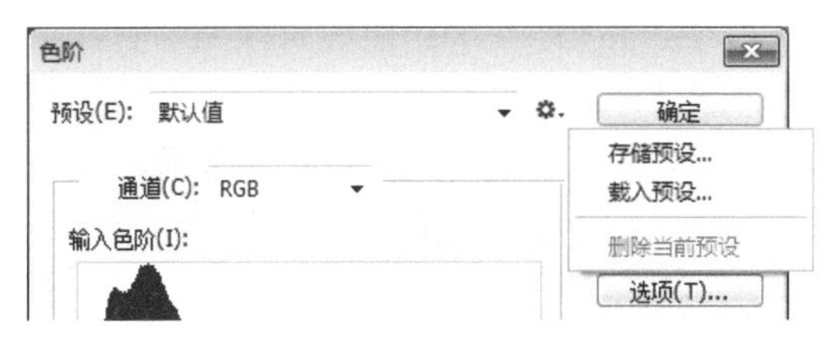

- 【预设选项】按钮：弹出菜单中的【存储预设】命令可以保存当前设置的色阶参数。【载入预设】命令可以加载已保存的色阶参数以进行应用。
- 【自动】按钮：单击该按钮，可以按照【自动颜色校正选项】对话框中所设置的参数自动调整图像的色调。
- 【选项】按钮：单击该按钮，可以打开【自动颜色校正选项】对话框。该对话框用于设置自动调整色阶的运算法则等参数选项。

4.1.5 【曲线】命令

与【色阶】命令相似，【曲线】命令也可以用来调整图像的色调范围。但是，【曲线】命令不是通过定义暗调、中间调和高光3个变量来进行色调调整的，它可以对图像的R(红色)、G(绿色)、B(蓝色)和RGB 4个通道中0~255范围内的任意点进行色彩调节，从而创造出更多种色调和色彩效果。在菜单中选择【图像】|【调整】|【曲线】命令，打开【曲线】对话框。

【例4-5】使用【曲线】命令调整图像效果。

视频+素材 (光盘素材\第04章\例4-5)

步骤 01 选择【文件】|【打开】命令，打开素材照片，并按Ctrl+J键复制【背景】图层。

步骤 02 选择【图像】|【调整】|【曲线】命令，打开【曲线】对话框。中间区域是曲线调节区。网格线的水平方向表示图像文件中像素的亮度分布。垂直方向表示调整后图像中像素的亮度分布，即输出色阶。在打开【曲线】对话框时，曲线是

一条倾斜45°的直线，表示此时输入与输出的亮度相等。通过调整曲线的形状，改变像素的输入、输出亮度，即可改变图像的色阶。在对话框的曲线调节区内，调整RGB通道曲线的形状。

实战技巧

在对话框中，单击【铅笔】按钮，可以使用【铅笔】工具随意在图表中绘制曲线形态。绘制完成后，还可以通过单击对话框中的【平滑】按钮，使绘制的曲线形态变得平滑。

步骤 03 【通道】下拉列表用于选取需要调整色调的通道，使用调整曲线调整色调，而不会影响其他的颜色通道色调分布。在【通道】下拉列表中选择【红】通道选项。然后在曲线调节区内，调整红通道曲线的形状。

步骤 04 在【通道】下拉列表中选择【蓝】通道选项。在曲线调节区内，调整蓝通道曲线的形状。

步骤 05 在【通道】下拉列表中选择【绿】通道选项。在曲线调节区内，调整绿通道曲线的形状，然后单击【确定】按钮。

4.1.6 使用【加深】、【减淡】工具

【减淡】工具通过提高图像的曝光度来提高图像的亮度，使用时在图像需要亮化的区域反复拖动即可亮化图像。选择【减淡】工具后，在选项栏中可以设置工具效果。

范围：中间调　曝光度：10%　保护色调

- 【范围】：在其下拉列表中，【阴影】表示仅对图像的暗色调区域进行亮化；【中间调】表示仅对图像的中间色调区域进行亮化；【高光】表示仅对图像的亮色调区域进行亮化。
- 【曝光度】：用于设定曝光强度。可以直接在数值框中输入数值或单击右侧 ▸ 的按钮，然后在弹出的滑杆上拖动滑块来调整。

【加深】工具用于降低图像的曝光度，通常用来加深图像的阴影或对图像中有高光的部分进行暗化处理。【加深】工具选项栏与【减淡】工具选项栏内容基本相同，但使用它们产生的图像效果刚好相反。

【例4-6】使用【加深】工具调整图像。

视频+素材 (光盘素材\第04章\例4-6)

步骤 01 选择【文件】|【打开】命令，打开

素材照片，并按Ctrl+J键复制【背景】图层。

步骤 02 选择【加深】工具，在选项栏中选择柔角画笔样式，设置【曝光度】为20%。

500 范围：中间调 曝光度：20%

步骤 03 使用【加深】工具在图像中涂抹加深图像，以改善曝光效果。

4.2 数码照片曝光问题处理

由于受拍摄光线影响，有些照片会出画面过暗、过亮，或是偏灰等各种问题。使用Photoshop可以修复数码照片的这些曝光问题。

4.2.1 消除照片的暗角

在使用大光圈拍摄时，照片画面可能会出现暗角效果。如果要去除暗角效果，可以使用【镜头校正】命令。

【例4-7】消除照片的暗角。

素材 (光盘素材\第04章\例4-7)

步骤 01 选择【文件】|【打开】命令，打开素材照片，并按Ctrl+J键复制【背景】图层。

步骤 02 选择【滤镜】|【镜头校正】命令，打开【镜头校正】对话框。在对话框中，选中【自定】选项卡。

步骤 03 在【晕影】选项组中，设置【数量】为100，然后单击【确定】按钮。

4.2.2 消除照片反差

在光源偏向一侧时，拍摄的照片常常会出现处于背光区域细节丢失的现象。在Photoshop应用程序中可以通过常用命令解决这一问题。

【例4-8】消除照片反差。

视频+素材 (光盘素材\第04章\例4-8)

步骤 01 选择【文件】|【打开】命令，打开素材照片，并按Ctrl+J键复制【背景】图层。

步骤 02 在【调整】面板中，单击【创建新的曲线调整图层】图标。在展开的【属性】面板中，调整RGB通道曲线形状。

步骤 03 选择【画笔】工具，在选项栏中设置柔边画笔样式，【不透明度】为20%，然后使用【画笔】工具在【曲线1】图层蒙版中涂抹人物面部暗色以外的区域。

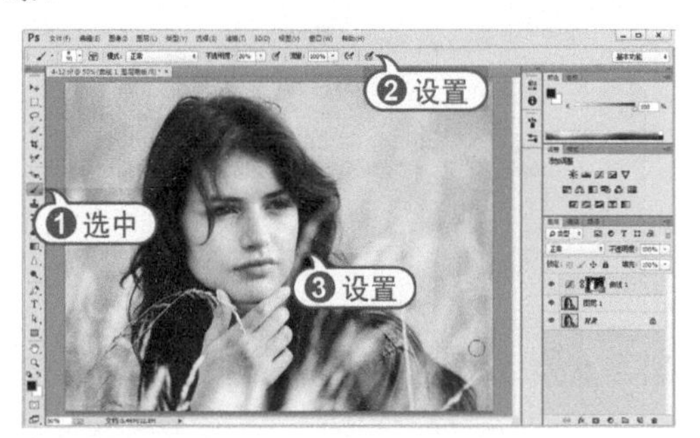

步骤 04 按Alt+Shift+Ctrl+E键盖印图层，生成【图层2】，然后选择【滤镜】|【锐化】|【USM锐化】命令，打开【USM锐化】对话框。设置【数量】为100%，【半径】为1像素，然后单击【确定】按钮应用。

步骤 05 在【调整】面板中，单击【创建新的色彩平衡调整图层】图标。在展开的【属性】面板中，设置中间调的色阶数值为20、6、6。

步骤 06 在【调整】面板中，单击【创建新的可选颜色调整图层】图标。在展开的【属性】面板中，设置红色的【青色】为-5%，【洋红】为30%，【黄色】为-20%，【黑色】为5%。

4.2.3 修复曝光不足的照片

照片曝光不足会使拍摄的主体发暗，

缺乏亮度和对比度，在逆光环境下拍摄照片、曝光补偿设置不当、拍摄大面积浅色物体以及光线不够等都是造成照片曝光不足的常见原因。

对于曝光不足而偏暗的照片，可通过对图层混合模式进行设置，再使用调整命令来提高照片整体亮度，再结合图层蒙版，遮盖不需要提高的区域，让照片需展现部分得以提高突出。

【例4-9】修复曝光不足的照片。

视频+素材 (光盘素材\第04章\例4-9)

步骤 01 选择【文件】|【打开】命令，打开素材照片，并按Ctrl+J键复制【背景】图层。

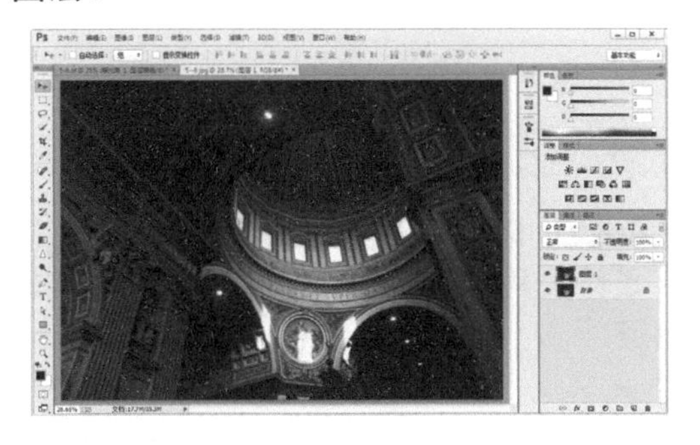

步骤 02 在【图层】面板中，设置【图层1】图层的混合模式为【滤色】。

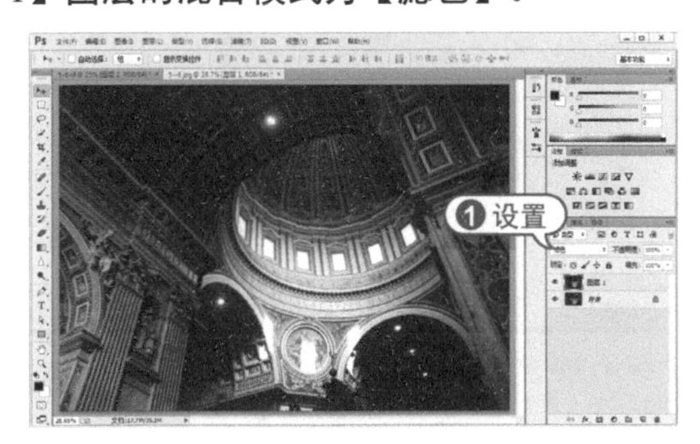

步骤 03 在【调整】面板中，单击【创建新的曝光度调整图层】图标。在展开的【属性】面板中，设置【曝光度】为2.80，【位移】为-0.0040，【灰度系数校正】为0.75。

步骤 04 选择【画笔】工具，在选项栏中设置柔边画笔样式，【不透明度】为20%。使用【画笔】工具，在图像上方较亮区域进行涂抹，利用调整图层蒙版遮盖图层区域被变亮的部分。

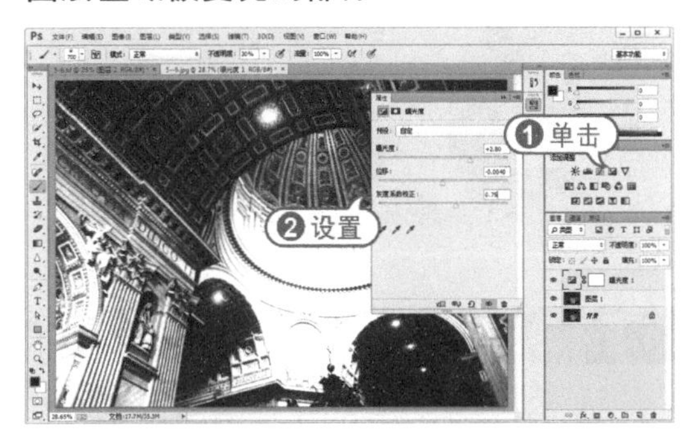

步骤 05 按Alt+Shift+Ctrl+E键盖印图层，选择【滤镜】|【其他】|【高反差保留】命令，打开【高反差保留】对话框。在对话框中，设置【半径】为2像素，然后单击【确定】按钮。

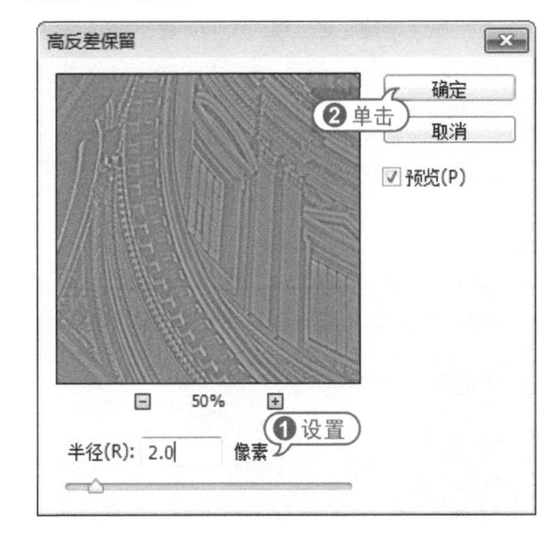

步骤 06 在【图层】面板中，设置【图层2】图层混合模式为【强光】。

4.2.4 修复曝光过度的照片

曝光过度的照片会使得局部过亮从而导致失真。要调整曝光过度的照片可以先对曝光过度的照片载入高光区域选区，降低其亮度，然后局部调整曝光度和色阶，恢复照片正常曝光下应有的效果。

【例4-10】修复曝光过度的照片。

视频+素材 (光盘素材\第04章\例4-10)

步骤 01 选择【文件】|【打开】命令，打开素材照片，并按Ctrl+J键复制【背景】图层。

步骤 02 选择【滤镜】|【风格化】|【曝光过度】命令。

步骤 03 在【图层】面板中，设置图层混合模式为【差值】，【不透明度】为50%。

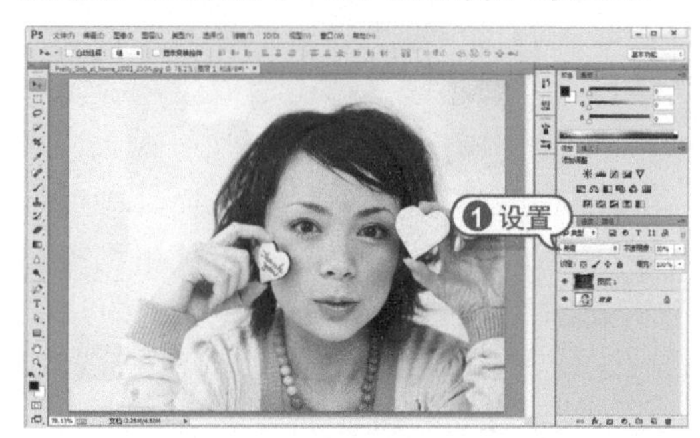

4.2.5 为逆光照片补光

逆光情况下拍摄的照片，常因为景物背后的强烈光源会使景物阴影部分细节损失。要修复逆光拍摄的照片，可以灵活的使用Photoshop应用程序中多个相关命令。

【例4-11】为逆光照片补光。

视频+素材 (光盘素材\第04章\例4-11)

步骤 01 选择【文件】|【打开】命令，打开素材照片，并按Ctrl+J键复制【背景】图层。

步骤 02 选择【图像】|【调整】|【阴影/高光】命令，打开【阴影/高光】对话框。在对话框中，设置阴影【数量】为60%，然后单击【确定】按钮。

步骤 03 在【调整】面板中，单击【创建新的色阶调整图层】图标。在展开的【属性】面板中，设置输入色阶数值为0、1.66、189。

步骤 04 选择【画笔】工具，在选项栏中设置柔边画笔样式，【不透明度】数值为20%，然后使用【画笔】工具在【色阶1】调整图层蒙版中涂抹。

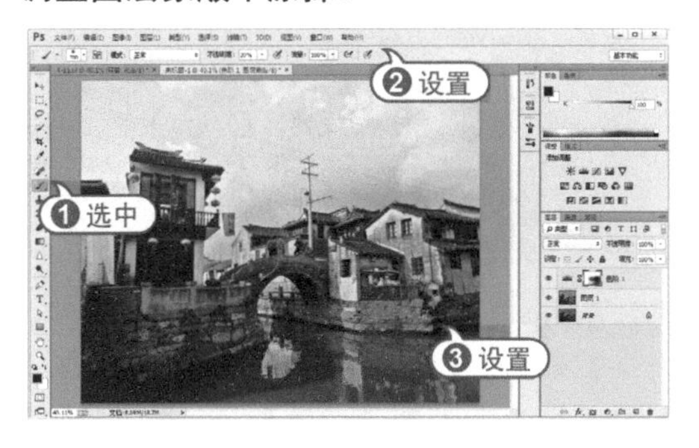

步骤 05 按Alt+Shift+Ctrl+E键盖印图层，选择【滤镜】|【锐化】|【USM锐化】命令，打开【USM锐化】对话框。设置【数量】为60%，【半径】为1像素，然后单击【确定】按钮。

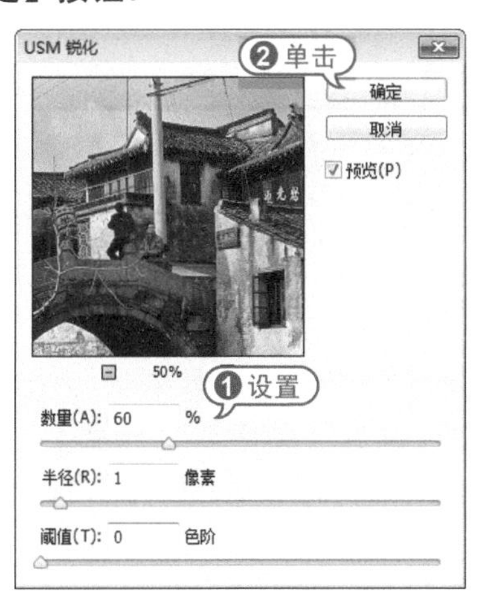

步骤 06 在【调整】面板中，单击【创建新的亮度/对比度调整图层】图标。在展开的【属性】面板中，设置【亮度】数值为25。

步骤 07 在【调整】面板中，单击【创建新的可选颜色调整图层】图标。在展开的【属性】面板中的【颜色】下拉列表中选择【青色】，设置【青色】为-75%，【洋红】为5%。

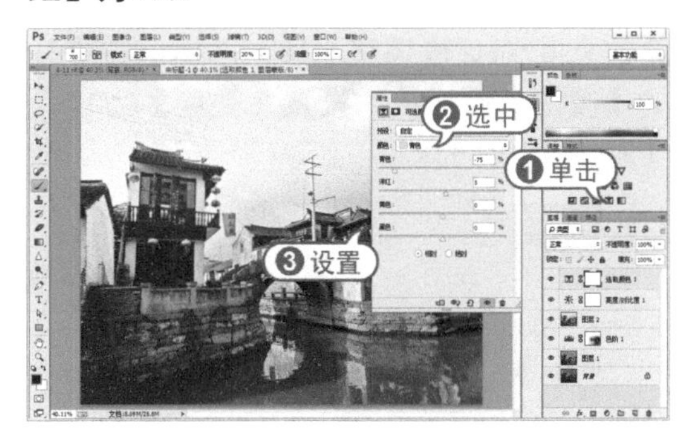

步骤 08 在【颜色】下拉列表中选择【黄色】，设置【青色】为-23%，【洋红】为35%。

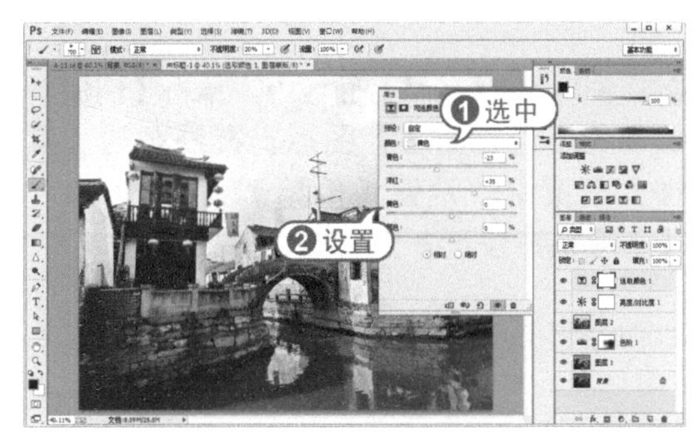

4.2.6 修复灰蒙蒙的照片

偏灰的照片会让画面显得灰蒙蒙而没有层次感，不能突显出照片的主体。可提高其对比度，及利用曝光度校正照片的灰度等方法，去除照片偏灰效果。

【例4-12】修复灰蒙蒙的照片。

视频+素材 (光盘素材\第04章\例4-12)

步骤 01 选择【文件】|【打开】命令，打开素材照片。

步骤 02 在【调整】面板中，单击【创建新的亮度/对比度调整图层】图标。在展开的【属性】面板中，设置【亮度】为12，【对比度】为38。

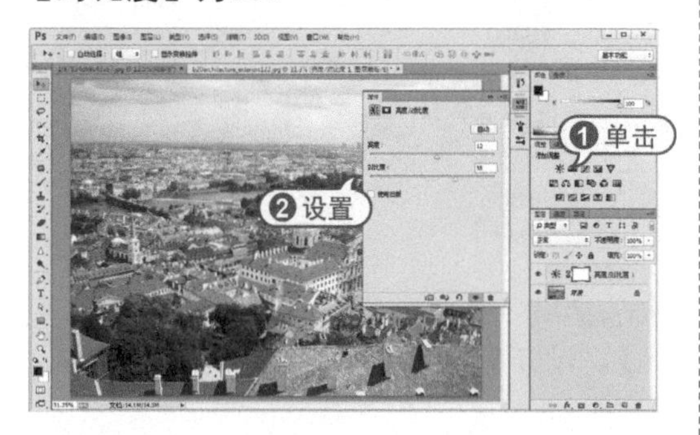

步骤 03 在【调整】面板中，单击【创建新的曝光度调整图层】图标。在展开的【属性】面板中，设置【位移】为-0.0082，【灰度系数校正】为0.92。

步骤 04 选择【图像】|【模式】|【Lab颜色】命令，在弹出的对话框中单击【拼合】按钮。

步骤 05 在【通道】面板中，选中【明度】通道，并打开Lab通道视图。

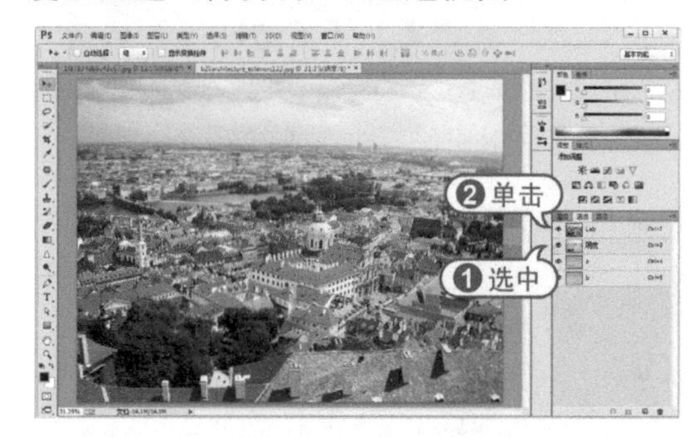

步骤 06 选择【滤镜】|【锐化】|【USM锐化】命令，打开【USM锐化】对话框。在对话框中，设置【数量】为100%，【半径】为1.5像素，然后单击【确定】按钮。

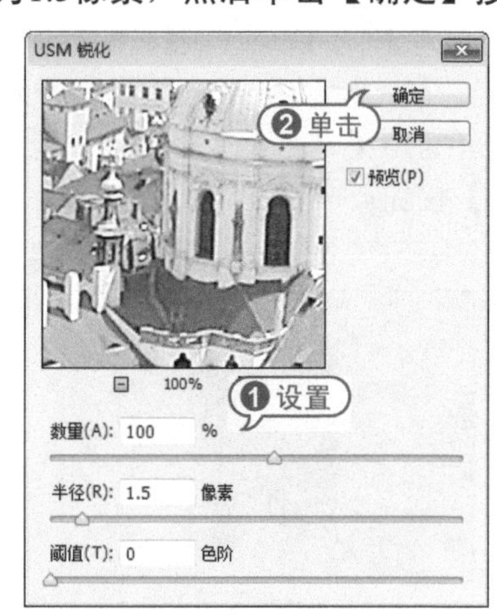

步骤 07 选择【图像】|【模式】|【RGB颜色】命令，将图像再次转换为RGB颜色模式。

4.2.7 修复局部曝光偏色

在拍摄数码照片的过程中，有时受环境光线的影响，相片中会出现意外的颜色偏差区域。使用Photoshop中通道混合器的动能就可以纠正这种局部偏色的问题。

【例4-13】修复局部曝光偏色。

视频+素材 (光盘素材\第04章\例4-13)

步骤 01 在Photoshop中，选择打开一幅照片文件，并按Ctrl+J键复制【背景】图层。

步骤 02 在工具箱中单击【以快速蒙版模式编辑】图标，选择【画笔】工具，在选项栏中设置柔边画笔样式，然后使用【画笔】工具对图像中偏色的部分进行涂抹。

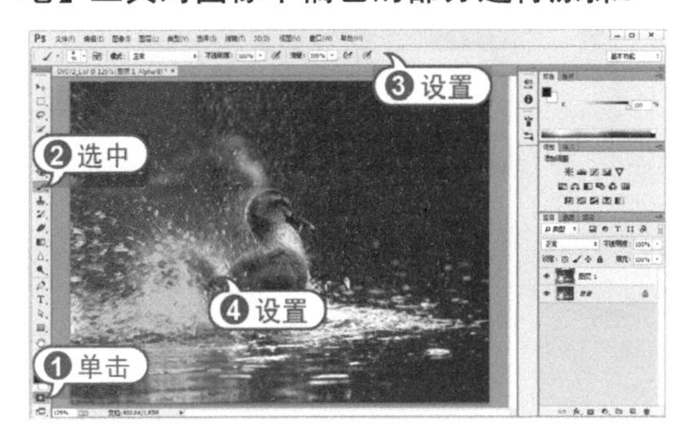

步骤 03 在工具箱中单击【以标准模式编辑】图标创建选区，并按Shift+Ctrl+I键反选选区。

步骤 04 选择【选择】|【调整边缘】命令，打开【调整边缘】对话框。在对话框中的【调整】选项组中，设置【羽化】为30像素，【移动边缘】为16%，然后单击【确定】按钮。

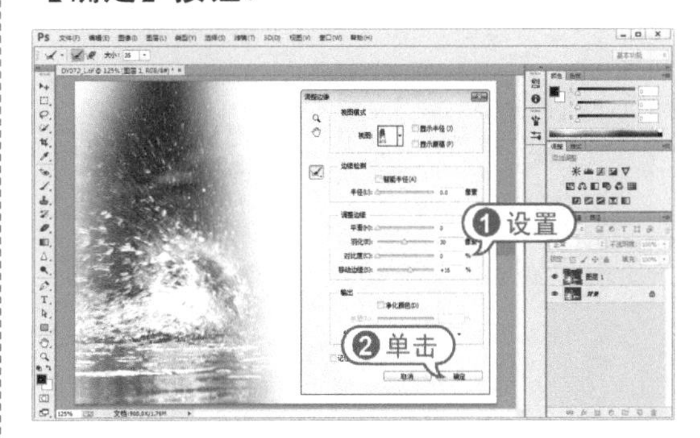

步骤 05 在【调整】面板中，单击【创建新的通道混合器调整图层】图标。在展开的【属性】面板中，选择【红】输出通道，设置【红色】为20%、【绿色】为92%、【蓝色】为-10%。

步骤 06 按Ctrl键，单击【通道混合器1】图层蒙版载入选区。在【调整】面板中，

单击创建新的色相/饱和度调整图层】图标。在展开的【属性】面板中，设置【色相】为-10，【饱和度】为-26。

步骤 07 按Ctrl键，单击【色相/饱和度1】图层蒙版载入选区。在【调整】面板中，单击创建新的色彩平衡调整图层】图标。在展开的【属性】面板中，设置中间调的色阶数值为-11、7、23。

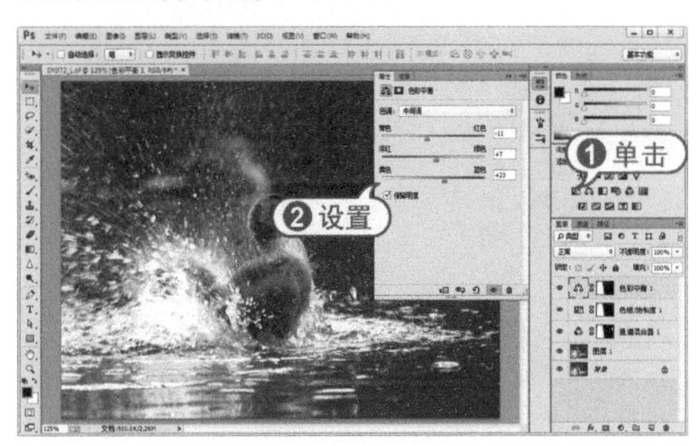

步骤 08 在【属性】面板中的【色调】下拉列表中选择【阴影】选项，设置阴影的色阶数值为-6、-1、1。

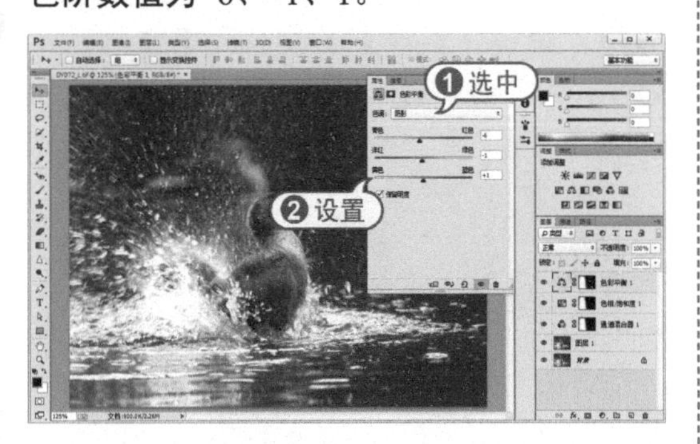

4.2.8 修复室内曝光偏色

在室内拍摄过程中，受环境或物体的影响，会造成拍摄照片的颜色与实际所见的颜色产生偏差。通过Photoshop可以修复照片色彩效果。

【例4-14】修复室内曝光偏色。

视频+素材 (光盘素材\第04章\例4-14)

步骤 01 在Photoshop中，选择打开一个照片文件。

步骤 02 在【调整】面板中，单击【创建新的色阶调整图层】图标。在展开的【属性】面板中，设置输入色阶数值为0、1.26、255。

步骤 03 在【调整】面板中，单击【创建新的曲线调整图层】图标。在展开的【属性】面板中，调整RGB通道曲线形状。

步骤 04 在【调整】面板中，单击【创建新的可选颜色调整图层】图标。在【属性】面板中的【颜色】下拉列表中选择【红色】选项，并设置【青色】为-17%，【洋红】为-17%，【黄色】为-26%。

步骤 05 在【属性】面板中的【颜色】下拉列表中选择【黄色】选项，并设置【青色】为-85%，【洋红】为-84%，【黄色】为-90%。

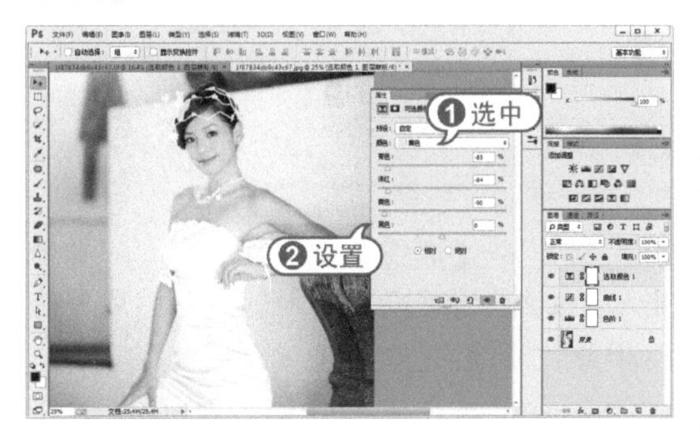

步骤 06 按Alt+Shift+Ctrl+E键盖印图层，选择【滤镜】|【其他】|【高反差保留】命令，打开【高反差保留】对话框。在对话框中，设置【半径】为2像素，单击【确定】按钮。

步骤 07 在【图层】面板中，设置【图层1】图层混合模式为【叠加】。

步骤 08 在【调整】面板中，单击【创建新的可选颜色调整图层】图标。在展开的【属性】面板的【颜色】下拉列表中选择【黄色】，并设置【青色】为-100%，【洋红】为-34%，【黄色】为-84%。

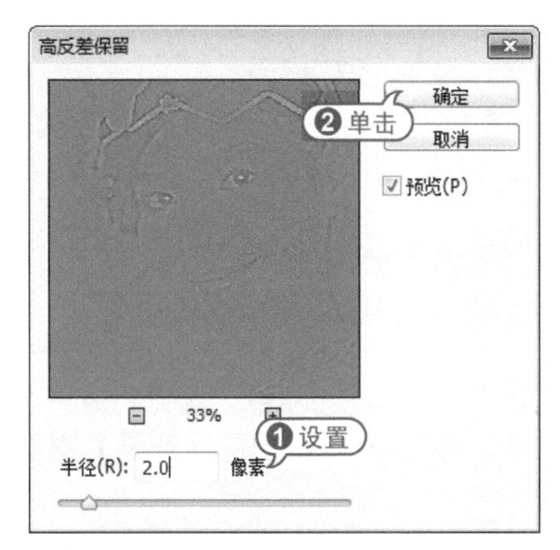

步骤 09 在【属性】面板的【颜色】下拉列表中选择【中性色】，并设置【青色】为-5%，【洋红】为-10%，【黄色】为-10%，【黑色】为10%。

4.3 实战演练

本章实战演练通过调整曝光过度的室外拍摄照片巩固本章所学知识。

【例4-15】室外照片曝光调整。

视频+素材 (光盘素材\第04章\例4-15)

步骤 01 在Photoshop中，选择打开一幅照片文件，并按Ctrl+J键复制【背景】图层。

步骤 02 选择【图像】|【计算】命令，打开【计算】对话框。在对话框中的【源2】选项区的【通道】下拉列表中选择【灰色】选项，并选中【反相】复选框，然后单击【确定】按钮。

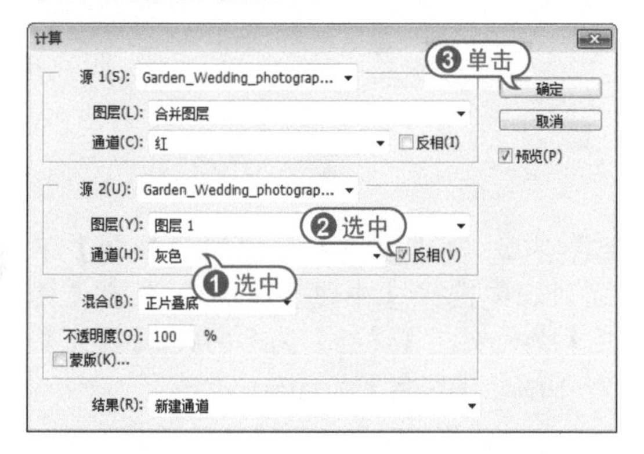

步骤 03 选择【图像】|【计算】命令，打开【计算】对话框。在对话框的【混合】下拉列表中选择【强光】选项，然后单击【确定】按钮。

步骤 04 对创建的Alpha2通道，选择【图像】|【调整】|【反相】命令。

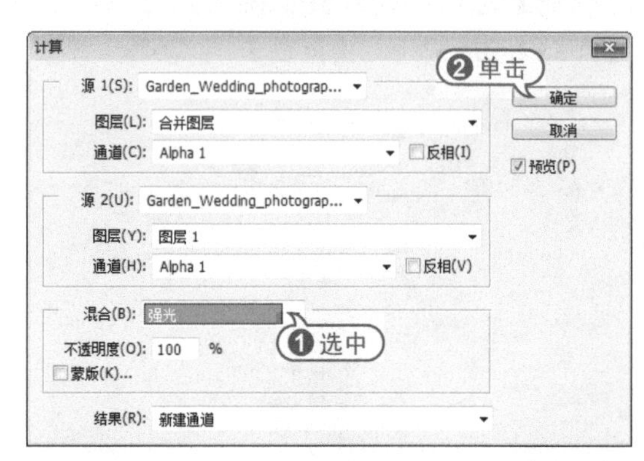

步骤 05 在【通道】面板中，按Ctrl键单击Alpha 2通道缩览图载入选区，然后单击RGB复合通道。

步骤 06 在【调整】面板中，单击【创建新的曲线调整图层】图标。在展开的【属性】面板中，调整RGB通道曲线形状。

步骤 07 按Alt+Shift+Ctrl+E键盖印图层，选择【滤镜】|【锐化】|【USM锐化】命令，打开【USM锐化】对话框。在对话框中，设置【数量】为220%，【半径】为1.5

像素，然后单击【确定】按钮。

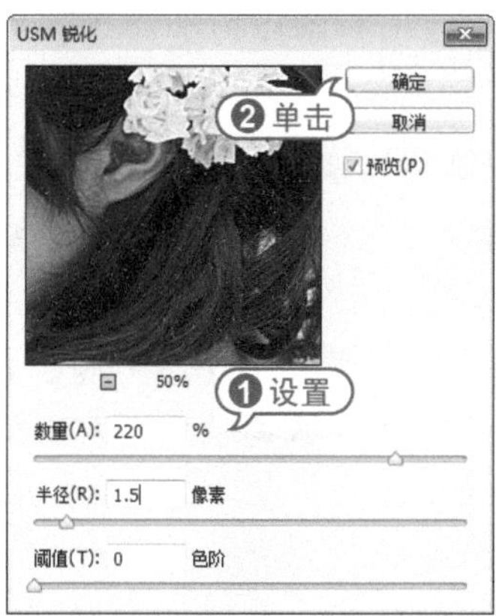

步骤 08 选择【加深】工具，在选项栏中设置柔边画笔样式，【曝光度】为20%。然后使用【加深】工具在花束处涂抹调整。

步骤 09 在【调整】面板中，单击【创建新的色彩平衡调整图层】图标。在展开的【属性】面板中，设置中间调的色阶数值为12、5、0。

步骤 10 在【属性】面板中的【色调】下拉列表中选择【高光】选项，设置高光的色阶数值为-4、-3、-3。

专家答疑

》问：如何创建、使用调整图层？

答：通过创建以【色阶】、【色彩平衡】、【曲线】等调整命令功能为基础的调整图层，可以单独对其下方图层中的图像进行调整处理，并且不会破坏其下方的原图像文件。在Photoshop中，可以通过单击【调整】面板中用于调整颜色和色调的命令图标，在展开的【属性】面板中调整参数选项，并创建非破坏性的调整图层。在【属性】面板的底部，还有一排工具按钮。

◎ 单击该按钮，此时调整图层可以用于下面所有图层的图像内容。

◎ 单击【切换图层可见性】按钮，可以显示或隐藏调整图层。按住【查看上一状态】按钮，可以查看调整前效果。

◎ 单击【复位到调整默认值】按钮，可将调整恢复到其原始设置。

◎ 单击【删除此调整图层】按钮，可以删除调整图层。也可以直接在【图层】面板中，单击【删除图层】按钮删除调整图层。

要创建调整图层，可选择菜单栏中【图层】|【新建调整图层】命令，在其子菜单中选择所需的调整命令；或在【图层】面板底部单击【创建新的填充或调整图层】按钮，在打开的菜单中选择相应调整命令，或直接在【调整】面板中单击需要命令图标进行创建。

读书笔记

第5章

数码照片调色技术

对应光盘视频

例5-1　快速调整照片色彩
例5-2　使用【自然饱和度】命令
例5-3　使用【色相/饱和度】命令
例5-4　使用【色彩平衡】命令
例5-5　使用【照片滤镜】命令
例5-6　使用【可选颜色】命令
例5-7　使用【变化】命令
例5-8　使用【匹配颜色】命令
本章其他视频文件参见配套光盘

Photoshop提供了多种不同的色彩调整命令，可根据数码照片的具体情况，选择合适的命令调整照片色彩。

5.1 调整照片色彩

Photoshop中的各项调整命令不仅可以快速调整数码照片的明暗影调，还可以根据画面的整体需要，对照片的色彩进行处理。

5.1.1 快速调整照片色彩

选择菜单栏中的【图像】|【自动色调】、【自动对比度】或【自动颜色】命令，即可自动调整图像效果。

【自动色调】命令主要用于调整图像的明暗度，定义每个通道中最亮和最暗的像素作为白和黑，然后按比例重新分配其间的像素值。

【自动对比度】命令可以自动调整一幅图像亮部和暗部的对比度。它将图像中最暗的像素转换成黑色，最亮的像素转换为白色，从而增大图像的对比度。

【自动颜色】命令通过搜索图像来标识阴影、中间调和高光，从而调整图像的对比度和颜色。默认情况下，【自动颜色】使用RGB128灰色这一目标颜色来中和中间调，并将阴影和高光像素剪切0.5%。可以在【自动颜色校正选项】对话框中更改这些默认值。

【例5-1】快速调整照片色彩。

视频+素材 (光盘素材\第05章\例5-1)

步骤 01 选择【文件】|【打开】命令，打开素材照片。并按Ctrl+J键复制【背景】图层。

步骤 02 选择菜单栏中的【图像】|【自动对比度】命令。

步骤 03 选择菜单栏中的【图像】|【自动颜色】命令。

步骤 04 选择菜单栏中的【图像】|【自动色调】命令。

5.1.2 【自然饱和度】命令

【自然饱和度】命令调整饱和度以便在颜色接近最大饱和度时最大限度地减少修剪。该调整增加与已饱和的颜色相比，不饱和的颜色的饱和度。【自然饱和度】命令还可防止肤色过度饱和。

【例5-2】使用【自然饱和度】命令调整图像。

视频+素材 (光盘素材\第05章\例5-2)

步骤 01 选择【文件】|【打开】命令，打开素材照片。并按Ctrl+J键复制【背景】图层。

步骤 02 选择菜单栏中的【图像】|【调整】|【自然饱和度】命令，打开【自然饱和度】对话框。在对话框中，拖动【自然饱和度】滑块至-10，【饱和度】滑块至-15，然后单击【确定】按钮。

5.1.3 【色相/饱和度】命令

【色相/饱和度】命令主要用于改变图像像素的色相、饱和度和明度，而且还可以通过给像素定义新的色相和饱和度，实现给灰度图像上色的功能，也可以创作单色调效果。选择【图像】|【调整】|【色相/饱和度】命令，打开【色相/饱和度】对话框进行参数设置。由于位图和灰度模式的图像不能使用【色相/饱和度】命令，所以，使用前必须先将其转化为RGB模式或其他颜色模式。

【例5-3】使用【色相/饱和度】命令调整图像。

视频+素材 (光盘素材\第05章\例5-3)

步骤 01 选择【文件】|【打开】命令，打开素材照片，并按Ctrl+J键复制【背景】图层。

步骤 02 选择【图像】|【调整】|【色相/饱和度】命令，打开【色相/饱和度】对话框。在对话框中，选中【着色】复选框，设置【色相】数值为333，【饱和度】数值为12，【明度】数值为10，然后单击【确定】按钮。

5.1.4 【色彩平衡】命令

使用【色彩平衡】命令可以调整彩色图像中颜色的组成。因此，【色彩平衡】命令多用于调整偏色图片，或者用于特意突出某种色调范围的图像处理。

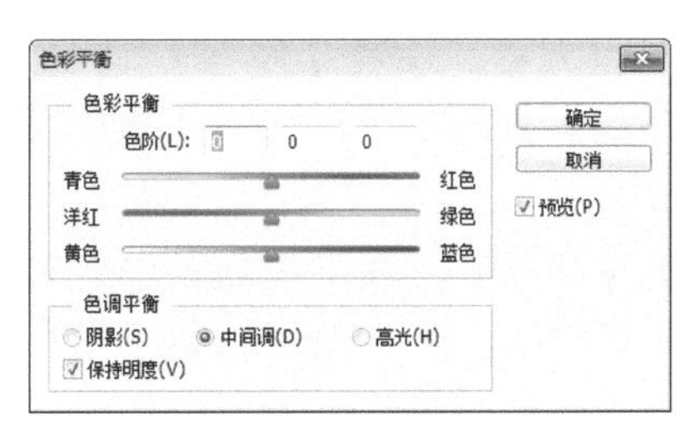

【色彩平衡】选项区中，【色阶】数值

框可以调整RGB到CMYK色彩模式键对应的色彩变化，其取值范围为-100~100。也可以直接拖动文本框下方的颜色滑块的位置来调整图像的色彩效果。【色调平衡】选项区中，可以选择【阴影】、【中间调】和【高光】3个色调调整范围。选中其中任一单选按钮后，可以对相应色调的颜色进行调整。而选中【保持明度】复选框则可以在调整色彩时保持图像明度不变。

【例5-4】使用【色彩平衡】命令调整图像。

视频+素材 (光盘素材\第05章\例5-4)

步骤 01 选择【文件】|【打开】命令，打开素材照片。并按Ctrl+J键复制【背景】图层。

步骤 02 选择【图像】|【调整】|【色彩平衡】命令，打开【色彩平衡】对话框。在对话框中，设置中间值的色阶数值为-32、5、100。

步骤 03 在对话框中，选中【阴影】单选按钮，并设置阴影的色阶数值为0、-5、0，然后单击【确定】按钮。

5.2 照片调色技巧

使用Photoshop中常用的调整色彩命令，不仅可以还原数码照片的偏色问题，还可以将数码照片设置为各种不同的色彩效果。

5.2.1 【照片滤镜】命令

【照片滤镜】命令可以模拟通过彩色校正滤镜拍摄照片的效果。该命令还允许选择预设的颜色或者自定义的颜色向图像应用色相调整。选择【图像】|【调整】|【照片滤镜】命令，可打开【照片滤镜】对话框。

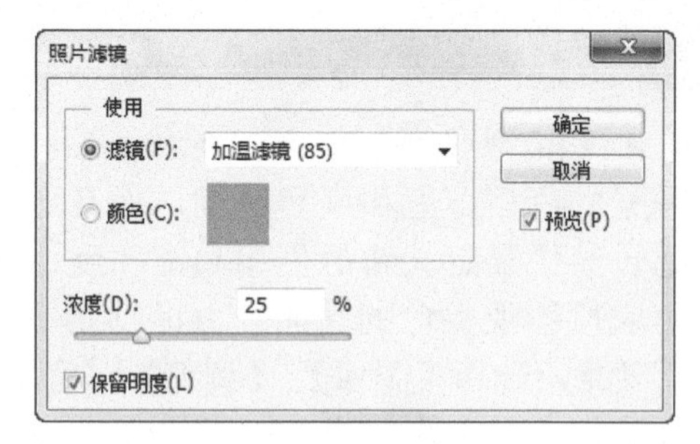

- 【滤镜】：在下拉列表中可以选择要使用的滤镜，Photoshop可以模拟在相机镜头前加彩色滤镜，以调整通过镜头传输光的色彩平衡和色温。
- 【颜色】：单击该选项右侧的颜色块，可以在打开的【拾色器】对话框中设置自定义的滤镜颜色。
- 【浓度】：可调整应用到图像中的颜

色数量，该值越高，颜色调整幅度越大。

➋ 【保留明度】：选中该项，不会因为添加滤镜效果而使图像变暗。

【例5-5】使用【照片滤镜】命令调整图像。

视频+素材 (光盘素材\第05章\例5-5)

步骤 01 选择【文件】|【打开】命令，打开素材照片。并按Ctrl+J键复制【背景】图层。

步骤 02 选择【图像】|【调整】|【照片滤镜】命令，打开【照片滤镜】对话框。在对话框中，选中【颜色】单选按钮。单击对话框中的颜色块，打开【选择滤镜颜色】对话框，设置颜色为R:218、G:184、B:79，然后单击【确定】按钮关闭【选择滤镜颜色】对话框。

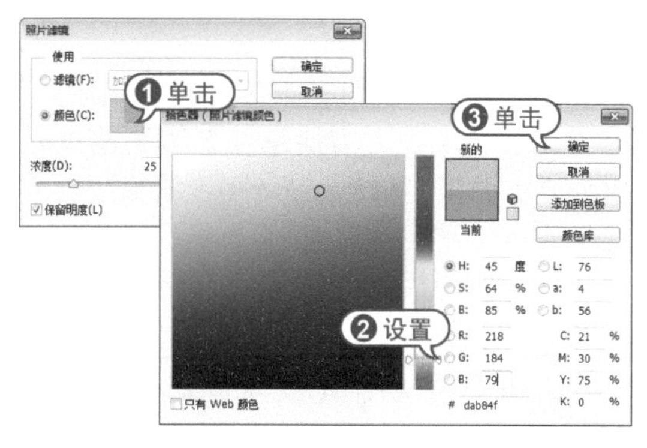

步骤 03 在【照片滤镜】对话框中，设置【浓度】为50%。设置完成后，单击对话框中的【确定】按钮应用设置。

5.2.2 【可选颜色】命令

【可选颜色】命令可以有选择地修改任何主要颜色中的印刷色数量，而不会影响其他主要颜色。选择【图像】|【调整】|【可选颜色】命令，可以打开【可选颜色】对话框进行设置。

【例5-6】使用【可选颜色】命令调整图像。

视频+素材 (光盘素材\第05章\例5-6)

步骤 01 选择【文件】|【打开】命令，打开素材照片。并按Ctrl+J键复制【背景】图层。

实战技巧

【可选颜色】对话框中【方法】选项用来设置色值的调整方式。选择【相对】时，可按照总量的百分比修改现有的青色、洋红、黄色或黑色的含量。选择【绝对】时，可采用绝对值调整颜色。

步骤 02 选择【图像】|【调整】|【可选颜色】命令，打开【可选颜色】对话框。在对话框中，设置红色的【青色】为31%，【洋红】为-26%，【黄色】为-62%，

【黑色】为10%。

步骤03 在【颜色】下拉列表中选择【黄色】选项，设置黄色的【青色】为48%，【黄色】为-28%。

步骤04 在【颜色】下拉列表中选择【中性色】选项，设置中性色的【青色】为20%，【洋红】为25%，然后单击【确定】按钮。

5.2.3 【变化】命令

【变化】命令通过预览图像或选区调整前和调整后的缩略图，更加准确、方便地调整图像或选区的色彩平衡、对比度和饱和度。

需要注意的是，【变化】命令不能应用于索引颜色模式的图像。

选择【图像】|【调整】|【变化】命令，可以打开【变化】命令对话框，在其中设置所需的相关参数选项。

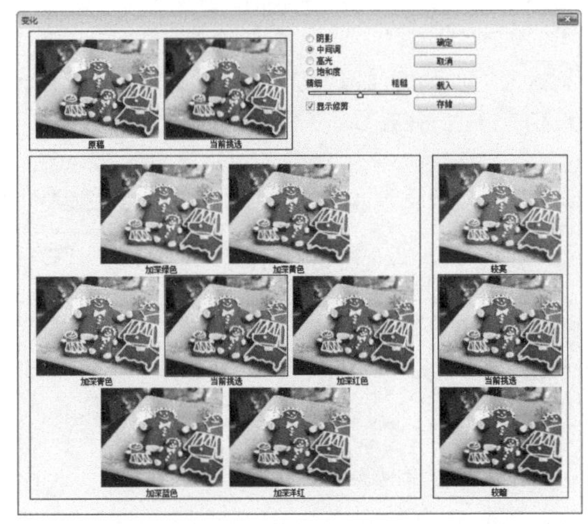

- 【原稿】、【当前挑选】：在对话框顶部的【原稿】缩览图中，可显示原始图像，【当前挑选】缩览图中显示图像的调整结果。第一次打开该对话框时，这两个图像是一样的，但【当前挑选】图像将随着调整的进行而实时显示当前处理结果。如果单击【原稿】缩览图，则可将图像恢复为调整前的状态。

- 缩览图：在对话框左侧的7个缩览图中，位于中间的【当前挑选】缩览图也是用来显示调整结果的，另外6个缩览图用来调整颜色，单击其中任何一个缩览图都可将相应的颜色添加到图像中，连续单击则可以累积添加颜色。

- 【阴影】、【中间色调】、【高光】：选择相应的选项，可以调整图像的阴影、中间色调和高光。

- 【饱和度】：用来调整图像的饱和度。勾选该选项，对话框左侧会出现3个缩览图，中间的【当前挑选】缩览图显示了调整结果，单击【减少饱和度】和【增加饱和度】缩览图可减少或增加饱和度。在增加饱和度时，则颜色会被剪切。

● 【精细】、【粗糙】：用来控制每次的调整量，每移动一格滑块，可以使调整量双倍增加。

● 【显示修剪】：如果想要显示图像中将由调整功能剪切(转换为纯白或纯黑)的区域的预览效果，可以选中【显示修剪】选项。

【例5-7】使用【变化】命令调整图像。

视频+素材 (光盘素材\第05章\例5-7)

步骤 01 选择【文件】|【打开】命令，打开素材照片。并按Ctrl+J键复制【背景】图层。

步骤 02 选择【图像】|【调整】|【变化】命令，打开【变化】对话框。在对话框中单击【加深红色】缩览图。

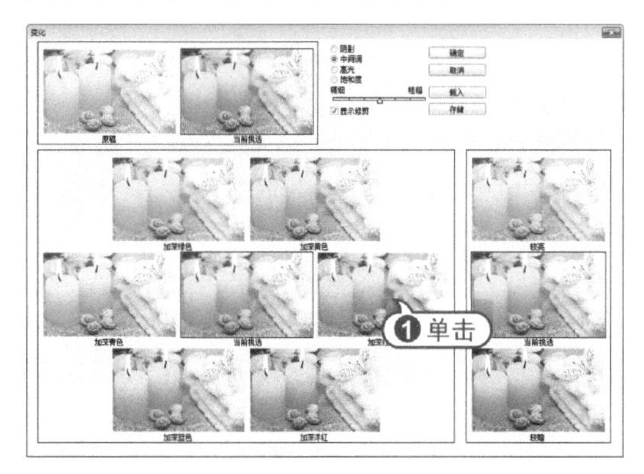

步骤 03 在对话框中，单击【加深洋红】缩览图。

步骤 04 在对话框中，单击【较暗】缩览图，然后单击【确定】按钮。

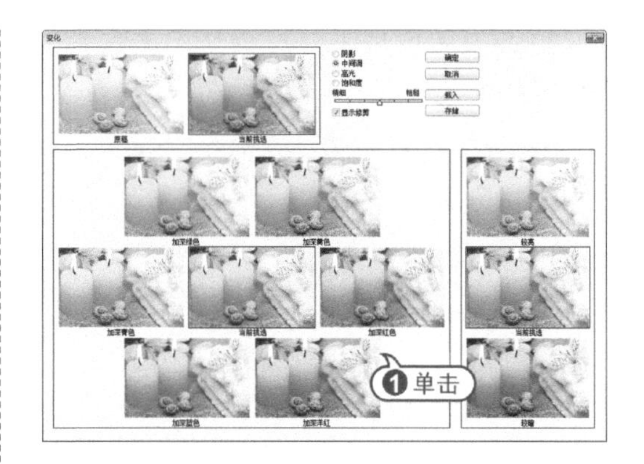

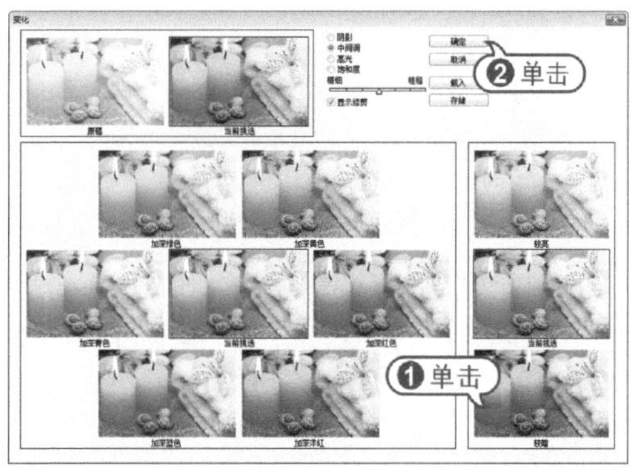

5.2.4 【匹配颜色】命令

【匹配颜色】命令可以将一个图像(源图像)的颜色与另一个图像(目标图像)中的颜色相匹配，它比较适合使多个图像的颜色保持一致。此外，该命令还可以匹配多个图层和选区之间的颜色。

选择【图像】|【调整】|【匹配颜色】命令，可以打开【匹配颜色】对话框。在【匹配颜色】对话框中，可以对其参数进行设置，使同样两张图像进行匹配颜色操作后，可以产生不同的视觉效果。

● 【明亮度】：拖动此选项下方滑块可以调节图像的亮度，设置的数值越大，得到的图像亮度越亮，反之则越暗。

● 【颜色强度】：拖动此选项下方滑块可以调节图像的颜色饱和度，设置的数值越大，得到的图像所匹配的颜色饱和度越大。

● 【渐隐】：拖动此选项下方滑块可以得到图像的颜色和图像的原色相近的程

度，设置的数值越大，得到的图像越接近颜色匹配前的效果。

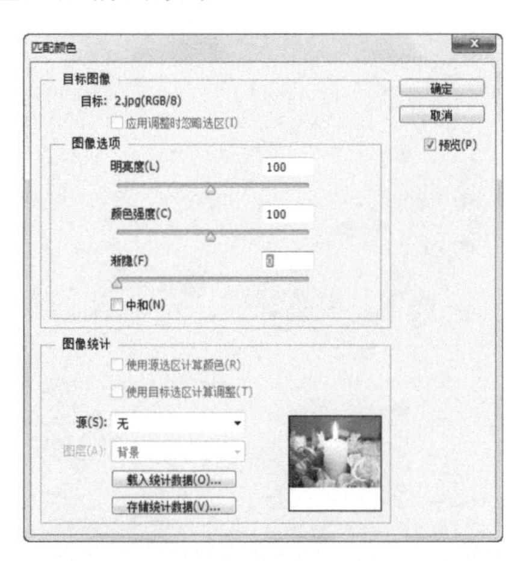

- 【中和】：选中此复选框，可以自动去除目标图像中的色痕。
- 【源】：在其下拉列表中可以选取要将颜色与目标图像中的颜色相匹配的源图像。
- 【图层】：在此下拉列表中，可以从要匹配其颜色的源图像中选取图层。
- 【载入统计数据】/【存储统计数据】：单击【载入统计数据】按钮，可以载入已存储的设置；单击【存储统计数据】按钮，可以将当前的设置进行保存。使用载入的统计数据时，无须在Photoshop中打开源图像就可以完成匹配目标图像的操作。

【例5-8】使用【匹配颜色】命令调整图像。
视频+素材 (光盘素材\第05章\例5-8)

步骤 01 在Photoshop中，选择【文件】|【打开】命令，打开两幅图像文件。

步骤 02 选中1.jpg图像文件，选择【图像】|【调整】|【匹配颜色】命令，打开【匹配颜色】对话框。在对话框的【图像统计】选项区的【源】下拉列表中选择2.jpg图像文件。

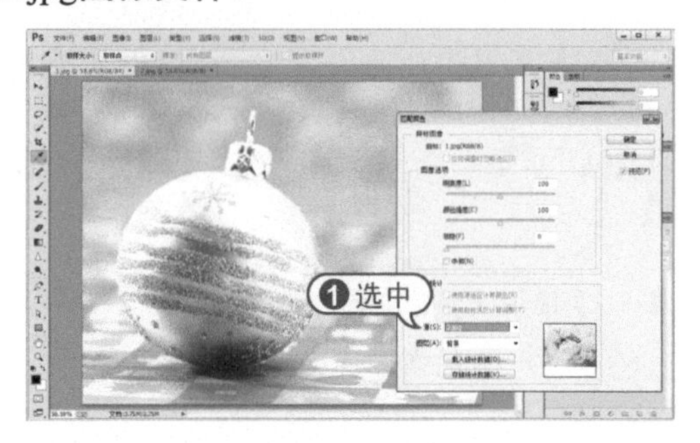

步骤 03 在【图像选项】区域中，选中【中和】复选框，设置【渐隐】数值为34，【明亮度】数值为70，然后单击【确定】按钮。

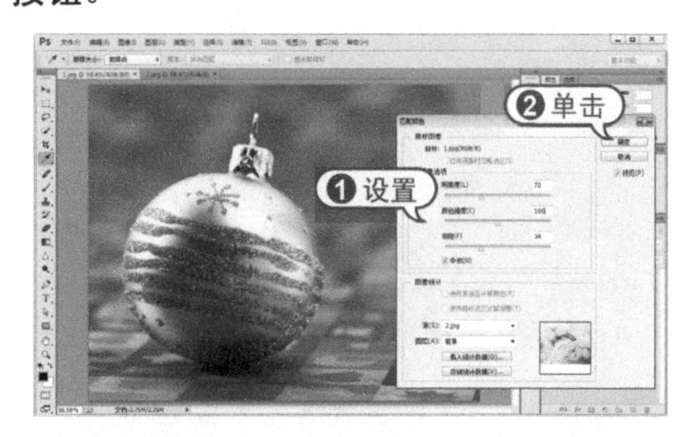

5.2.5 【替换颜色】命令

使用【替换颜色】命令，可以创建临时性蒙版，以选择图像中的特定颜色，然后替换颜色；也可以设置选定区域的色相、饱和度和亮度，或使用拾色器来选择需要的替换颜色。

【例5-9】使用【替换颜色】命令调整图像。
视频+素材 (光盘素材\第05章\例5-9)

步骤 01 选择【文件】|【打开】命令，打开素材照片。并按Ctrl+J键复制【背景】图层。

步骤 02 选择【图像】|【调整】|【替换颜色】命令，打开【替换颜色】对话框。在对话框中，设置【颜色容差】数值为200，然后使用【吸管】工具在图像中单击。

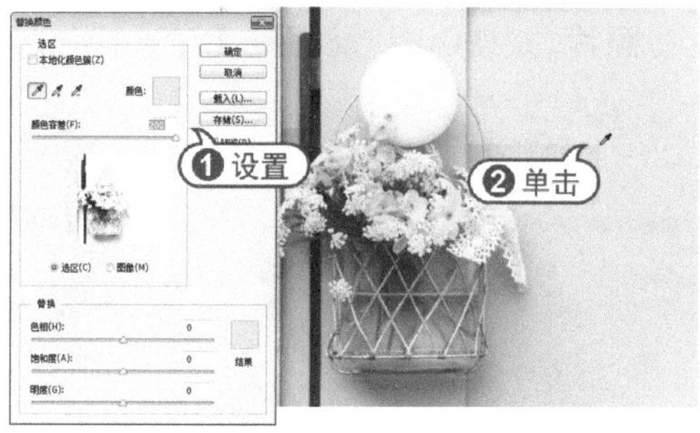

实战技巧

使用【吸管】工具在图像上单击，可以选择由蒙版显示的区域；使用【添加到取样】工具在图像中单击，可添加颜色；使用【从取样中减去】工具在图像中单击，可减少颜色。

步骤 03 在【替换】选项区中，设置【色相】数值为-180，【饱和度】数值为45。设置完成后，单击对话框中的【确定】按钮应用设置。

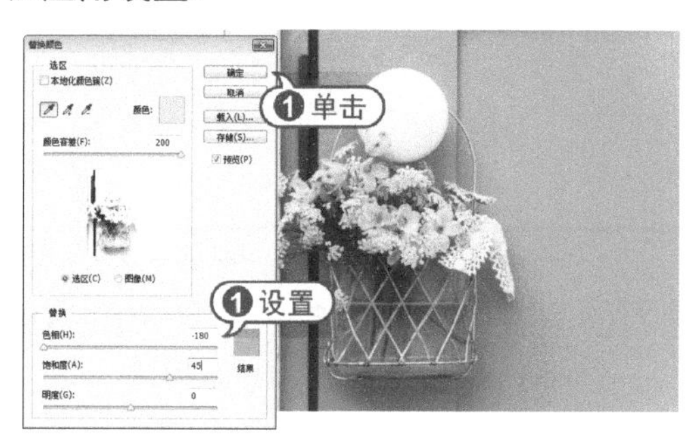

5.2.6 【通道混合器】命令

【通道混合器】命令主要是混合当前颜色通道中的像素与其他颜色通道中的像素，以此来改变主通道的颜色，创造其他颜色调整工具不易完成的效果。

选择【图像】|【调整】|【通道混合器】命令，可以打开【通道混合器】对话框。选择的图像颜色模式不同，打开的【通道混合器】对话框也会略有不同。【通道混合器】命令只能用于RGB和CMYK模式图像，并且在执行该命令之前，必须在【通道】面板中选择主通道，而不能选择分色通道。

【例5-10】使用【通道混合器】命令调整图像。

视频+素材 (光盘素材\第05章\例5-10)

步骤 01 选择【文件】|【打开】命令，打开素材照片。并按Ctrl+J键复制【背景】图层。

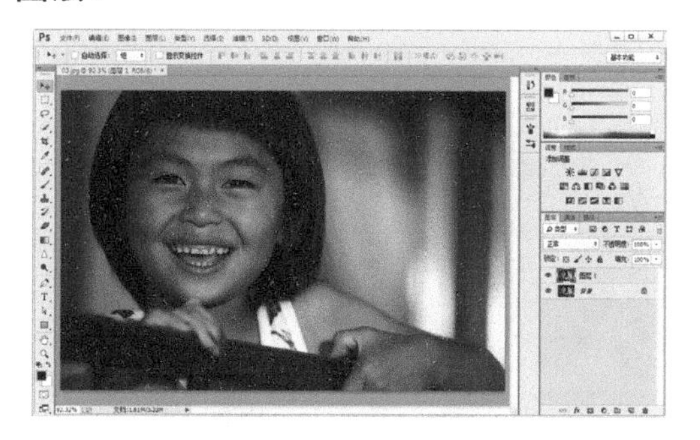

步骤 02 在【调整】面板中，单击【创建新的通道混合器调整图层】图标。在输出通道下拉列表中选择【绿】，然后设置【红色】为30%。

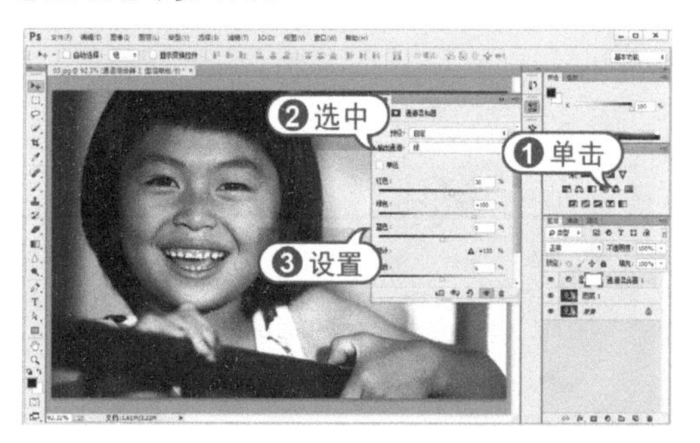

步骤 03 在输出通道下拉列表中选择【蓝】，设置【绿色】为100%。

步骤 04 在【调整】面板中，单击【创建新的色彩平衡调整】图标。在展开的【属性】面板中，设置中间调的色阶数值为

20、29、37。

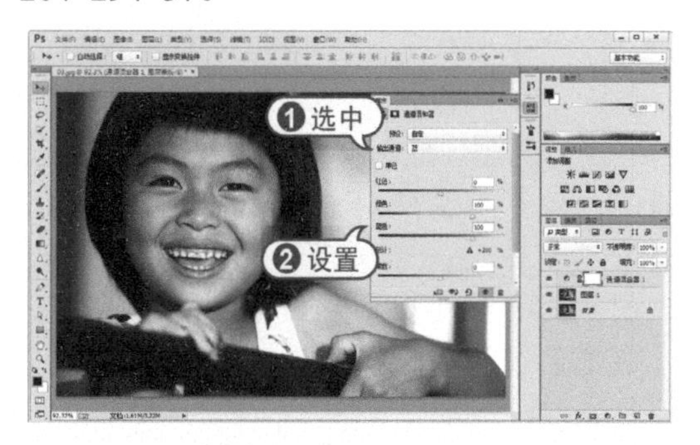

知识点滴

【常数】选项用于调整输出通道的灰度值，如果设置的是负数数值，会增加更多的黑色；如果设置的是正数数值，会增加更多的白色。选中【单色】复选框，可将彩色的图像变为无色彩的灰度图像。

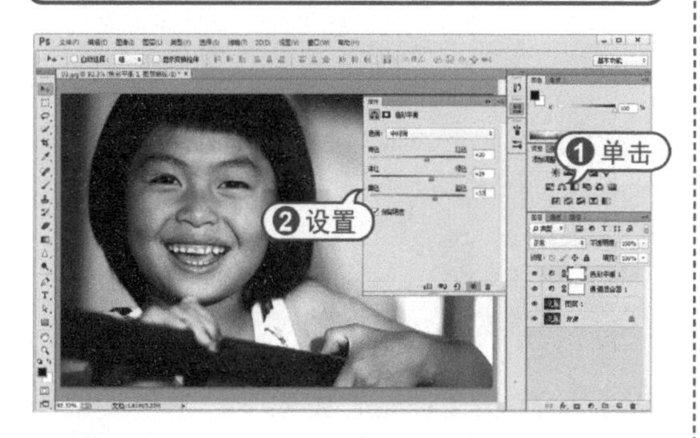

步骤 05 在【调整】面板中，单击【创建新的色相/饱和度调整图层】图标。在展开的【属性】面板中，设置【饱和度】数值为-10。

5.2.7 【计算】命令

【计算】命令可以混合两个来自一个或多个源图像的像的单色通道，并将结果应用到新图像新通道，或现用图像的选区。如果使用多个源图像，则这些图像的像素尺寸必须相同。

【例5-11】使用【计算】命令调整图像。

视频+素材 (光盘素材\第05章\例5-11)

步骤 01 选择【文件】|【打开】命令，打开素材照片。并按Ctrl+J键复制【背景】图层。

步骤 02 选择【图像】|【计算】命令，打开【计算】对话框。在对话框中，设置源1的【通道】为【绿】，源2的【通道】为【蓝】，【混合模式】为【柔光】，然后单击【确定】按钮，生成Alpha1通道。

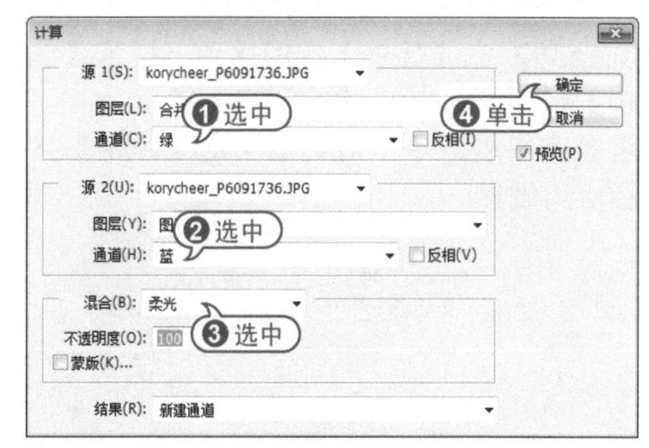

步骤 03 在【通道】面板中，按Ctrl+A键全选Alpha1通道，再按Ctrl+C键复制。

步骤 04 在【通道】面板中，选中【绿】通道，按Ctrl+V键将Alpha通道中图像粘贴到绿通道中。

步骤 05 在【通道】面板中，单击RGB复合通道。按Ctrl+D键取消选区。

步骤 06 选中【图层】面板，设置【图层1】图层混合模式为【深色】。

5.3 照片特殊色调处理

通过Photoshop对数码照片进行艺术色调的处理，可以将普通数码照片转换为色彩丰富、视觉效果强烈的艺术照片。

5.3.1 柔和的淡黄色

在Photoshop中使用调色命令，可以为日常生活照片添加淡黄色调使照片看上去更加温馨明快。

【例5-12】为照片添加柔和的淡黄色。

视频+素材 (光盘素材\第05章\例5-12)

步骤 01 选择【文件】|【打开】命令，打开素材照片。并按Ctrl+J键复制【背景】图层。

步骤 02 在【调整】面板中，单击【创建新的曲线调整图层】图标。在展开的【属性】面板中，调整RGB通道曲线形状。

步骤 03 在【调整】面板中，单击【创建新的亮度/对比度调整图层】图标。在展开的【属性】面板中，设置【对比度】为31。

步骤 04 在【调整】面板中，单击【创建新的可选颜色调整图层】图标。在展开的【属性】面板中的【颜色】下拉列表中选择【黄色】选项，设置【青色】为-100%，【洋红】为11%，【黄色】为-31%。

步骤 05 在【属性】面板中的【颜色】下拉列表中选择【青色】选项，设置【黄色】为-83%。

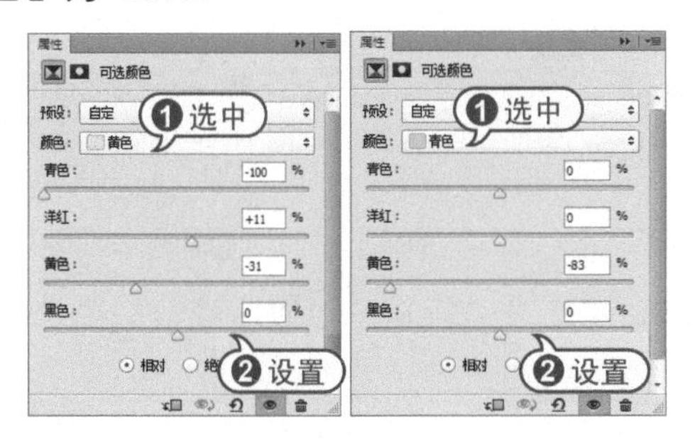

步骤 06 在【属性】面板中的【颜色】下拉列表中选择【中性色】选项，设置【青色】为-31%。

步骤 07 按Alt+Ctrl+Shift+E键盖印图层，生成【图层2】图层。选择【修补】工具去除人物黑眼圈部分。

步骤 08 在【调整】面板中，单击【创建新的可选颜色调整图层】图标。在展开的【属性】面板中的【颜色】下拉列表中选择【白色】选项，设置【青色】为-82%，【洋红】为-40%，【黄色】为-11%，【黑色】为38%。

步骤 09 在【调整】面板中，单击【创建新的照片滤镜调整图层】图标。在展开的【属性】面板中，选中【颜色】单选按钮，单击颜色块，在打开的【拾色器】对话框中，设置颜色为R:162、G:143、B:14。

步骤 10 在【调整】面板中，单击【创建新的渐变映射调整图层】图标。在展开的【属性】面板中，单击编辑渐变，在打开的【渐变编辑器】对话框中，选中【紫、橙渐变】预设渐变。并设置【渐变映射1】图层混合模式为【滤色】，【不透明度】为30%。

步骤 11 在【调整】面板中，单击【创建新的色相/饱和度调整图层】图标。在展开的【属性】面板中，设置【饱和度】为-25。

步骤 12 按Ctrl+Alt+2键调出高光区域，在【调整】面板中，单击【创建新的曲线调整图层】图标。在展开的【属性】面板中，调整RGB通道曲线形状。

5.3.2 小清新的青蓝色

使用Photoshop中，结合【可选颜色】命令和【曲线】命令，为照片添加清新的青蓝色调增加画面氛围。

【例5-13】为照片添加小清新的青蓝色。

视频+素材 (光盘素材\第05章\例5-13)

步骤 01 选择【文件】|【打开】命令，打开素材照片。并按Ctrl+J键复制【背景】图层。

步骤 02 在【调整】面板中，单击【创建新的可选颜色调整图层】图标。在展开的【属性】面板中的【颜色】下拉列表中选择【黄色】选项，设置【青色】为7%，【黄色】为-32%，【黑色】为-10%。

步骤 03 在【属性】面板中的【颜色】下拉列表中选择【绿色】选项，设置【青色】为74%，【洋红】为-10%，【黄色】为100%。

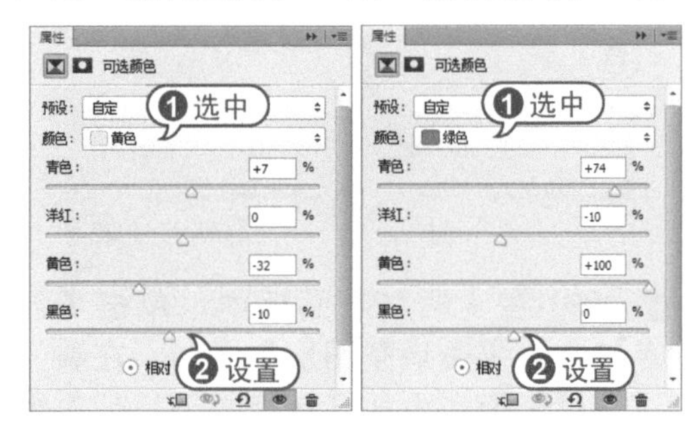

步骤 04 按Ctrl+J键复制【选取颜色1】图层，并在【图层】面板中设置图层混合模式为【滤色】，【不透明度】为50%。

步骤 05 在【调整】面板中，单击【创建新的曲线调整图层】图标。在展开的【属性】面板中，调整RGB通道曲线形状。

步骤 06 在【属性】面板中，选择【红】通道选项，并调整红通道曲线形状。

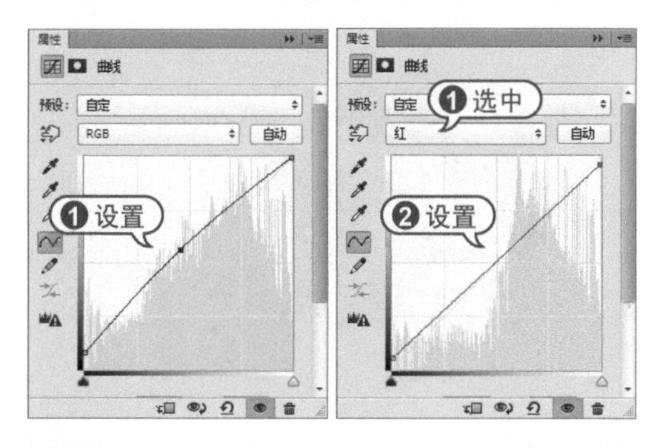

步骤07 在【属性】面板中，选择【绿】通道选项，并调整绿通道曲线形状。

步骤08 在【属性】面板中，选择【蓝】通道选项，并调整蓝通道曲线形状。

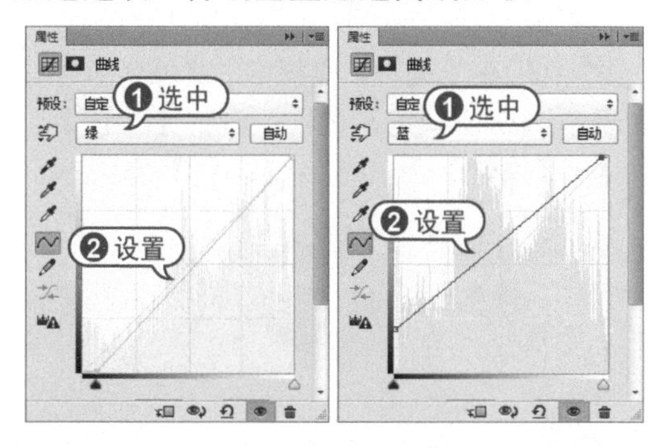

步骤09 在【调整】面板中，单击【创建新的色彩平衡调整图层】图标。在展开的【属性】面板中的【色调】下拉列表中选择【阴影】选项，设置阴影色阶数值为-10、8、15。

步骤10 在【属性】面板中的【色调】下拉列表中选择【高光】选项，设置高光色阶数值为-10、0、10。

步骤11 在【调整】面板中，单击【创建新的可选颜色调整图层】图标。在展开的【属性】面板中的【颜色】下拉列表中选择【红色】选项，设置【青色】为-47%，【洋红】为-29%，【黄色】为27%，【黑色】为-49%。

步骤12 在【属性】面板中的【颜色】下拉列表中选择【黄色】选项，设置【青色】为-32%。

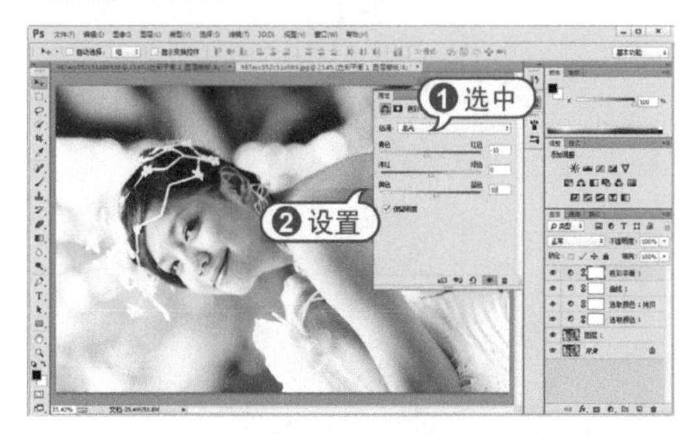

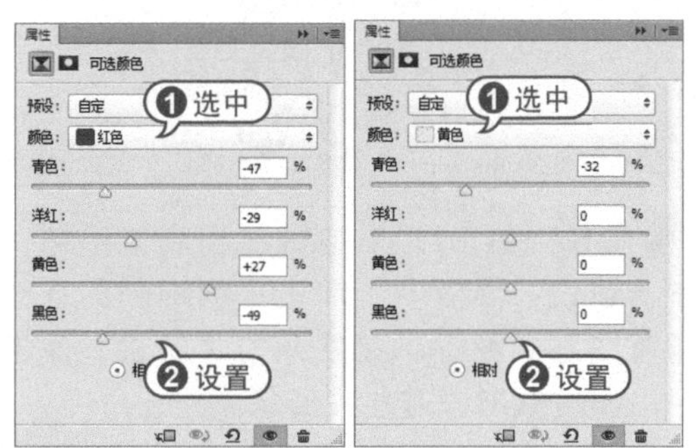

步骤13 在【属性】面板中的【颜色】下拉列表中选择【绿色】选项，设置【青色】为-21%，【洋红】为-23%，【黄色】为-17%，【黑色】为-65%。

步骤14 在【属性】面板中的【颜色】下拉列表中选择【青色】选项，设置【青色】为-15%，【洋红】为-22%，【黄色】为-17%，【黑色】为-70%。

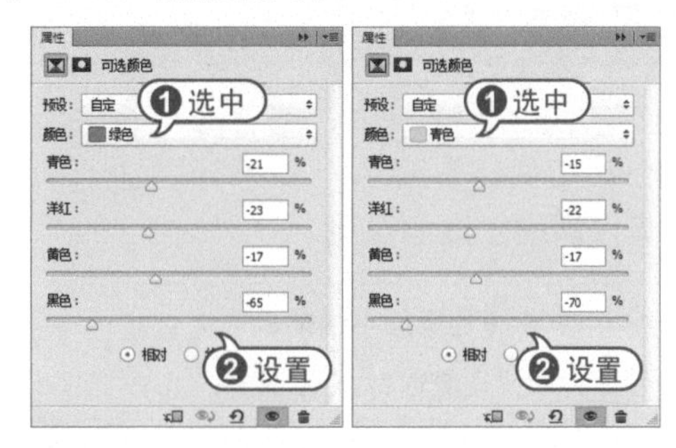

步骤15 在【属性】面板中的【颜色】下拉列表中选择【蓝色】选项，设置【青

色】为-45%，【洋红】为12%，【黄色】为-7%。

步骤 16 在【属性】面板中的【颜色】下拉列表中选择【白色】选项，设置【青色】为-19%，【洋红】为-2%，【黄色】为-6%。

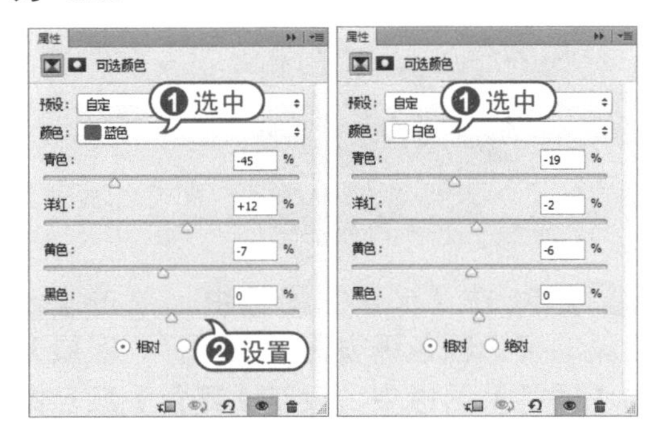

步骤 17 在【通道】面板中，按Ctrl键单击【蓝】通道缩览图载入选区。在【调整】面板中，单击【创建新的色彩平衡调整图层】图标。在展开的【属性】面板中，设置中间调的色阶数值为12、0、-13。

步骤 18 在【属性】面板中的【色调】下拉列表中选择【阴影】选项，设置阴影的色阶数值为-13、0、-19。

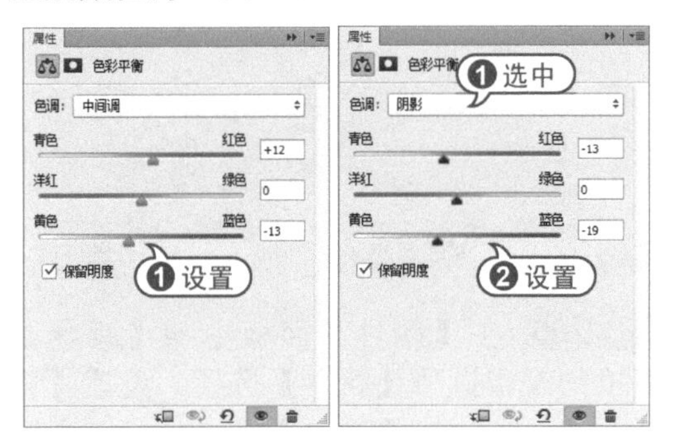

步骤 19 在【属性】面板中的【色调】下拉列表中选择【高光】选项，设置高光的色阶数值为5、-5、0。

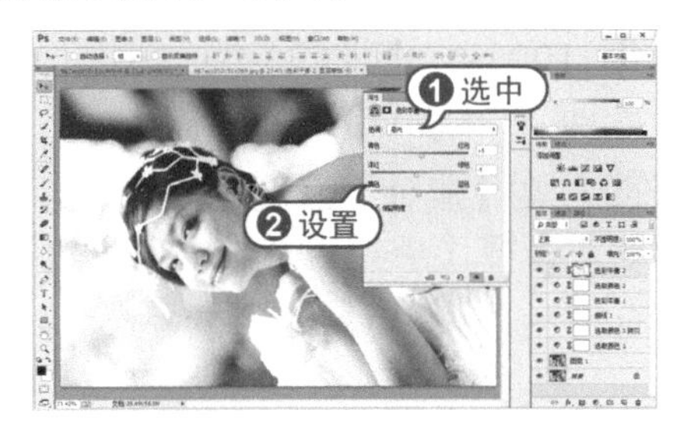

步骤 20 按Alt+Ctrl+Shift+E键盖印图层，在【调整】面板中单击【创建新的曲线调整图层】图标。在展开的【属性】面板中，调整RGB通道曲线形状。

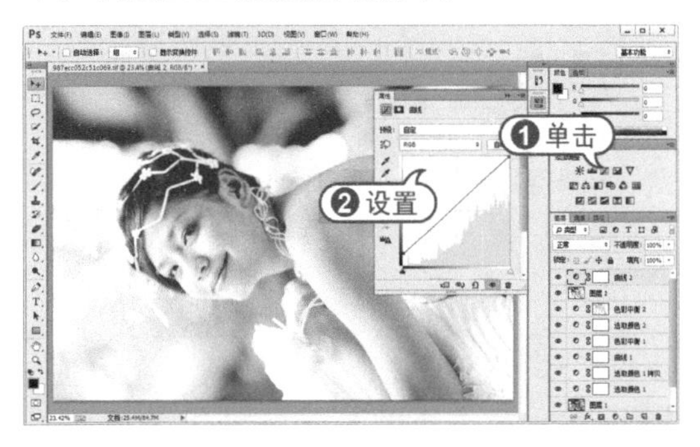

步骤 21 在【属性】面板中，选择【红】通道选项，并调整【红】通道曲线形状。在【属性】面板中，选择【绿】通道选项，并调整【绿】通道曲线形状。

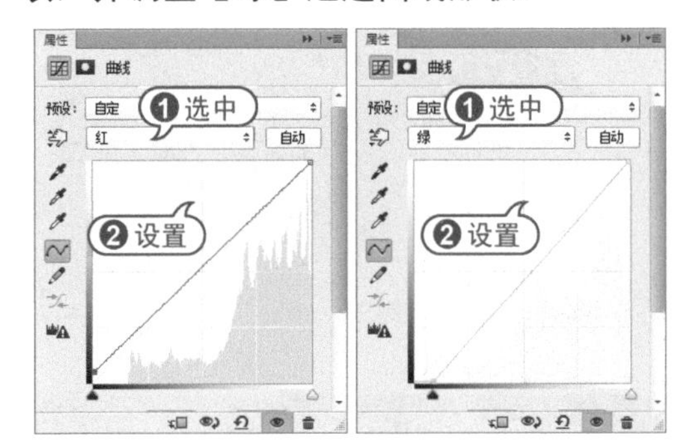

步骤 22 在【属性】面板中，选择【蓝】通道选项，并调整【蓝】通道曲线形状。

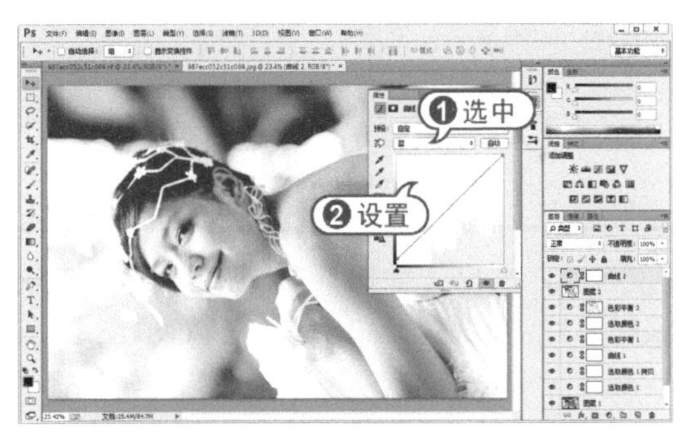

步骤 23 在【调整】面板中，单击【创建新的可选颜色调整图层】图标。在展开的【属性】面板中的【颜色】下拉列表中选择【红色】选项，设置【青色】为-7%，【洋红】为-64%，【黑色】为-2%。

步骤 24 在【属性】面板中的【颜色】下拉列表中选择【洋红】选项，设置【洋红】为-30%，【黄色】为10%，【黑色】为-5%。

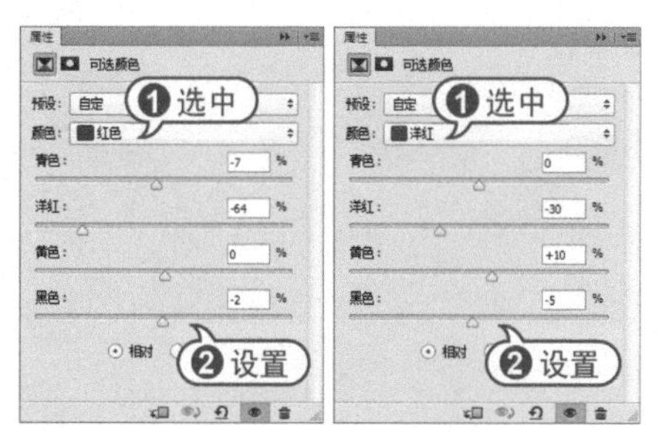

步骤 25 在【属性】面板中的【颜色】下拉列表中选择【白色】选项，设置【洋红】为-10%，【黄色】为-20%。

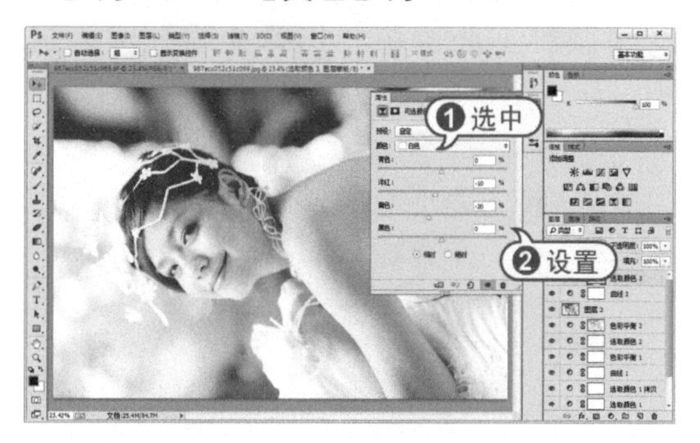

5.3.3 复古的暗金色

在Photoshop中，通过颜色调整为人像照片添加复古的暗金调。该处理方法可以用于商业广告中。

【例5-14】为照片添加复古的暗金色。

视频+素材 (光盘素材\第05章\例5-14)

步骤 01 选择【文件】|【打开】命令，打开素材照片。并按Ctrl+J键复制【背景】图层。

步骤 02 选择【污点修复画笔】工具，在选项栏中设置柔边画笔样式，然后使用【污点修复画笔】工具去除人物面部高光。

步骤 03 在【调整】面板中，单击【创建新的可选颜色调整图层】图标。在展开的【属性】面板中，设置【红色】颜色的【青色】为-29%，【黄色】为9%，【黑色】为7%。

步骤 04 在【属性】面板中的【颜色】下拉列表中选择【黄色】选项，设置【青色】为-12%，【洋红】为15%，【黄色】为-60%。

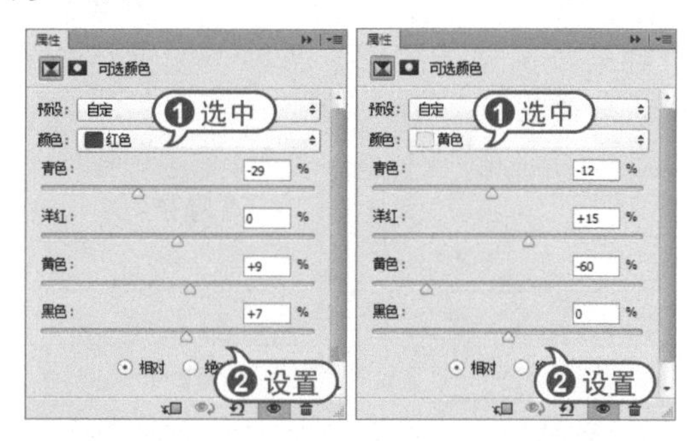

步骤 05 在【属性】面板中的【颜色】下拉列表中选择【青色】选项，设置【青色】为-36%，【洋红】为-28%，【黄色】为21%，【黑色】为84%。

步骤 06 在【属性】面板中的【颜色】下拉列表中选择【蓝色】选项，设置【青色】为-100%，【洋红】为-20%，【黄色】为98%，【黑色】为41%。

步骤 07 在【属性】面板中的【颜色】下拉列表中选择【中性色】选项，设置【青色】为13%，【黄色】为-15%。

步骤 08 在【属性】面板中的【颜色】下拉列表中选择【黑色】选项，设置【青色】为-12%，【洋红】为20%，【黄色】为-13%，【黑色】为4%。

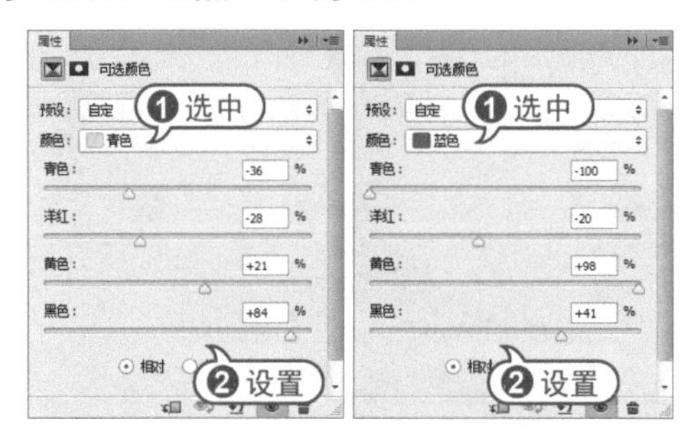

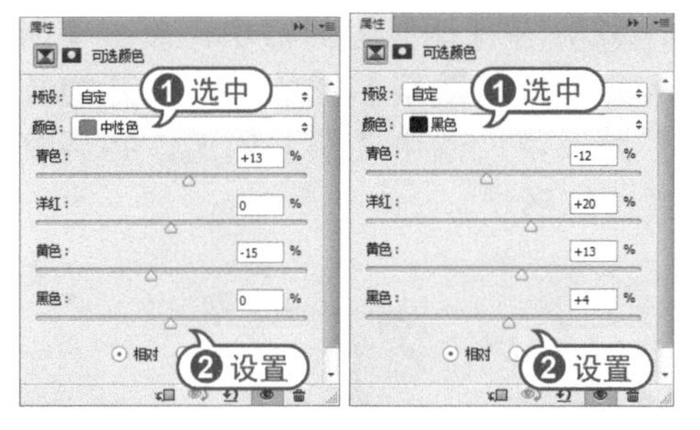

步骤 09 在【调整】面板中，单击【创建新的自然饱和度调整图层】图标。在展开的【属性】面板中，设置【自然饱和度】为-25。

步骤 10 在【调整】面板中，单击【创建新的曲线调整图层】图标。在展开的【属性】面板中，调整RGB通道曲线形状。

步骤 11 在【属性】面板中，选中【蓝】通道，并调整蓝通道曲线形状。

步骤 12 在【图层】面板中，单击【创建新的填充或调整图层】按钮，在弹出的菜单中选择【纯色】命令，在打开的【拾色器】对话框中，设置填充颜色为R:212、G:231、B:229，然后单击【确定】按钮。并在【图层】面板中，设置【颜色填充1】图层混合模式为【正片叠底】，【不透明度】为50%。

步骤 13 在【图层】面板中，单击【创建新的填充或调整图层】按钮，在弹出的菜单中选择【纯色】命令，在打开的【拾色器】对话框中，设置填充颜色为R:201、G:195、B:175，然后单击【确定】按钮。并在【图层】面板中，设置【颜色填充2】图层混合模式为【色相】，【不透明度】为30%。

步骤 14 在【调整】面板中，单击【创建新的可选颜色调整图层】图标。在展开的【属性】面板中的【颜色】下拉列表中选择【红色】选项，设置【黄色】为-16%，【黑色】为-15%。

步骤 15 在【调整】面板中，单击【创建新的曲线调整图层】图标。在展开的【属性】面板中，调整RGB通道曲线形状。

步骤 16 在【属性】面板中，选中【红】通道，并调整红通道曲线形状。

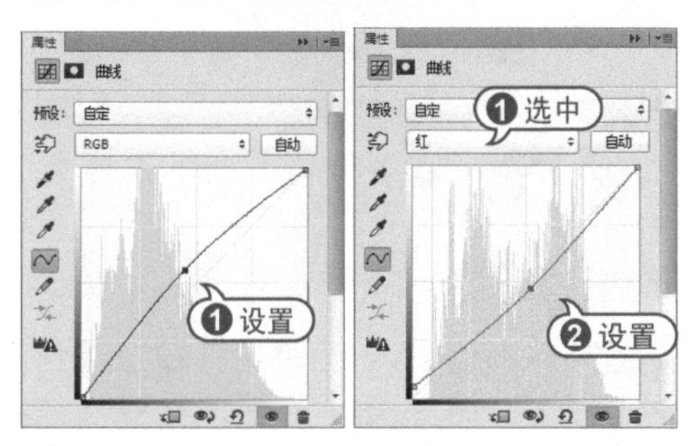

步骤 17 在【属性】面板中，选中【绿】通道，并调整绿通道曲线形状。

步骤 18 在【属性】面板中，选中【蓝】通道，并调整蓝通道曲线形状。

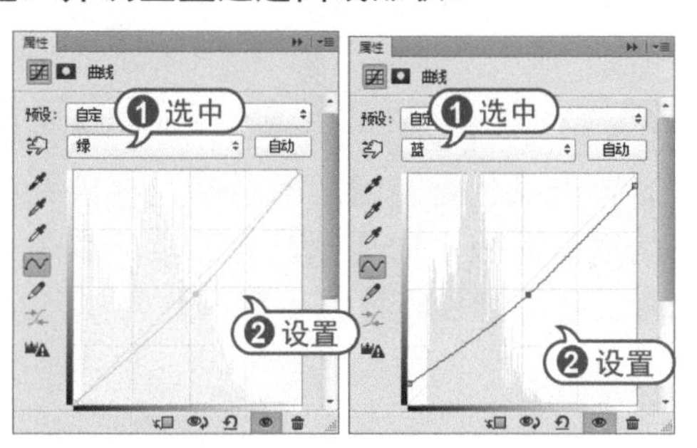

步骤 19 在【调整】面板中，单击【创建新的色相/饱和度调整图层】图标。在展开的【属性】面板中，设置【色相】为9。

步骤 20 在【调整】面板中，单击【创建新的曲线调整图层】图标。在展开的【属性】面板中，选中【蓝】通道，并调整蓝通道曲线形状。

步骤 21 在【图层】面板中，单击【创建新的填充或调整图层】按钮，在弹出的菜单中选择【纯色】命令，在打开的【拾色器】对话框中，设置填充颜色为R:200、G:155、B:143，然后单击【确定】按钮。并在【图层】面板中，设置【颜色填充3】图层混合模式为【柔光】，【不透明度】为20%。

步骤 22 在【调整】面板中，单击【创建新的可选颜色调整图层】图标。在展开的【属性】面板中的【颜色】下拉列表中选择【绿色】选项，设置【青色】为56%，【洋红】为76%，【黄色】为86%，【黑色】为78%。

步骤 23 在【属性】面板中的【颜色】下拉列表中选择【洋红】选项，设置【青色】为37%，【洋红】为-35%，【黄色】为-7%，【黑色】为43%。

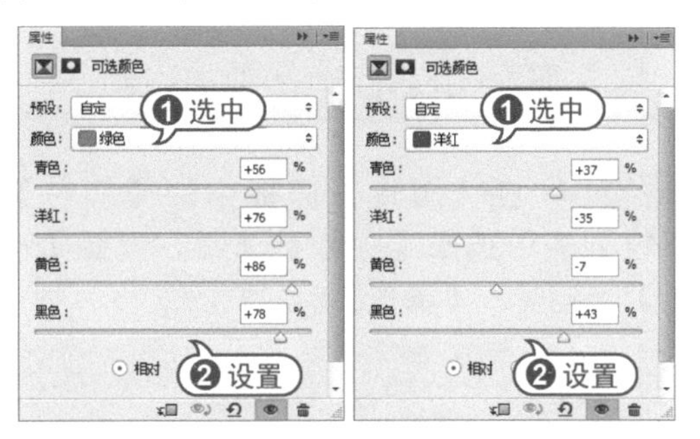

步骤 24 在【属性】面板中的【颜色】下拉列表中选择【黑色】选项，设置【青色】为4%，【黄色】为-7%，【黑色】为5%。

步骤 25 在【调整】面板中，单击【创建新的亮度/对比度调整图层】图标。在展开的【属性】面板中，设置【亮度】为-8，【对比度】为25。

步骤 26 在【调整】面板中，单击【创建新的可选颜色调整图层】图标。在展开的【属性】面板中的【颜色】下拉列表中选择【黑色】选项，设置【青色】为7%，【洋红】为3%，【黄色】为-7%。

步骤 27 在【调整】面板中，单击【创建新的色相/饱和度调整图层】图标。在展开的【属性】面板中，设置【饱和度】为-15。

步骤 28 在【调整】面板中，单击【创建新的曲线调整图层】图标。在展开的【属性】面板中，选中【红】通道，并调整红通道曲线形状。

步骤 29 在【属性】面板中，选中【蓝】通道，并调整蓝通道曲线形状。

5.3.4 甜美的淡紫色

在Photoshop中，对数码照片整体色调进行调整，并使用双曲线来调节暗部及高光制作出典雅、精致的画面效果。

【例5-15】为照片添加甜美淡紫色。

视频+素材 (光盘素材\第05章\例5-15)

步骤 01 选择【文件】|【打开】命令，打开素材照片。

步骤 02 在【调整】面板中，单击【创建新的曲线调整图层】图标。在展开的【属性】面板中，选中【红】通道，并调整红通道曲线形状。

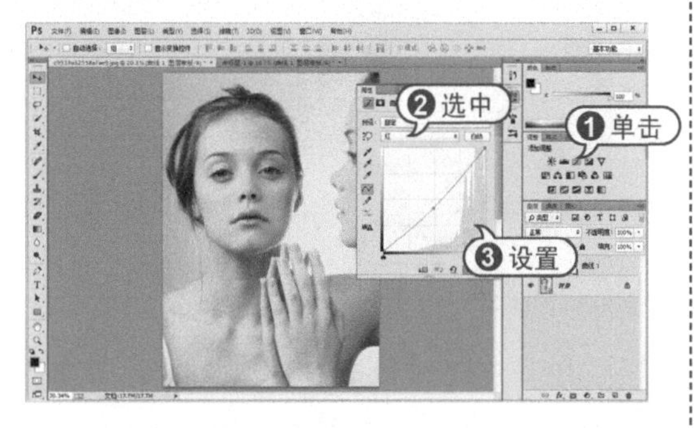

步骤 03 在【调整】面板中，单击【创建新的可选颜色调整图层】图标。在展开的【属性】面板中的【颜色】下拉列表中选择【红色】选项，设置【青色】为55%，【洋红】为-3%，【黄色】为-47%，【黑色】为10%。

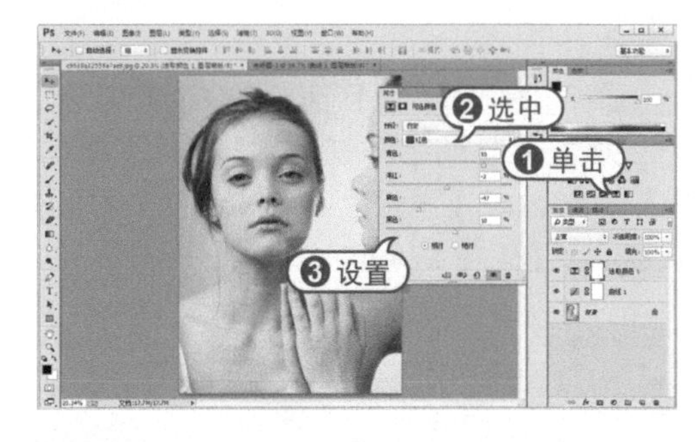

步骤 04 在【属性】面板中的【颜色】下拉列表中选择【白色】选项，设置【青色】为83%，【黑色】为-31%。

步骤 05 在【调整】面板中，单击【创建新的照片滤镜调整图层】图标。在展开的【属性】面板中的【滤镜】下拉列表中选择【蓝】选项，设置【浓度】为33%。

步骤 06 按Shift+Ctrl+E键合并图层，选择【图像】|【模式】|【Lab颜色】命令，在【通道】面板中，选中【明度】通道，按Ctrl+A键全选明度通道中图像，按Ctrl+C键复制。

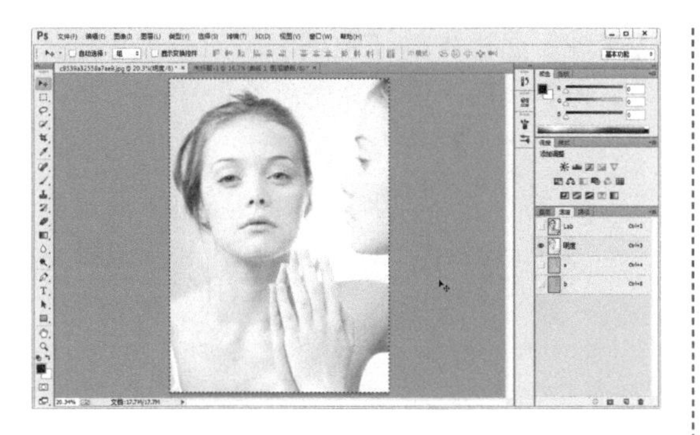

步骤07 选中Lab复合通道，选择【图像】|【模式】|【RGB颜色】命令，选中【图层】面板，按Ctrl+V键粘贴明度通道，并设置图层【不透明度】为50%。

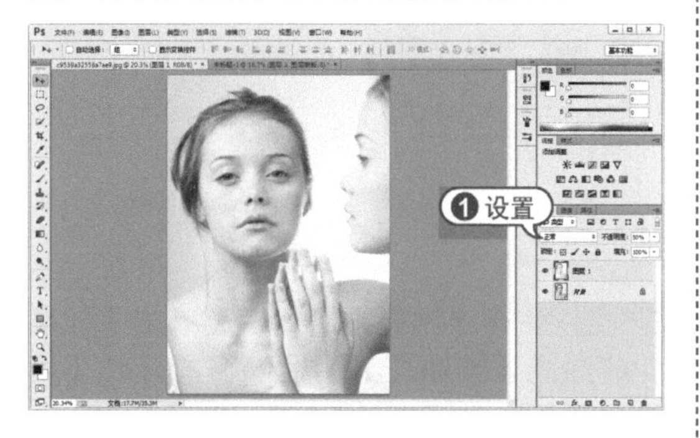

步骤08 在【图层】面板中，单击【添加图层蒙版】按钮。选择【画笔】工具，在选项栏中设置柔边画笔样式，【不透明度】为40%。然后使用【画笔】工具，在图像中擦出人物妆容色彩。

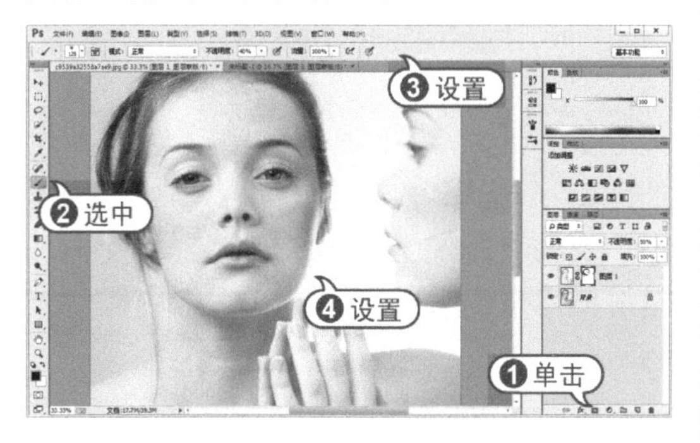

步骤09 按Alt+Shift+Ctrl+E键合并图层，选择【滤镜】|【锐化】|【USM锐化】命令，打开【USM锐化】对话框。在对话框中，设置【数值】为150%，【半径】为2像素，然后单击【确定】按钮。

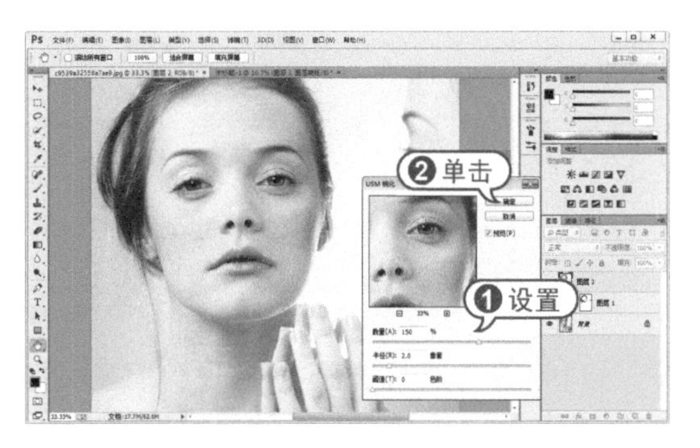

步骤10 在【调整】面板中，单击【创建新的色彩平衡调整图层】图标。在展开的【属性】面板中的【色调】下拉列表中选择【阴影】选项，设置阴影色阶为0、0、24。

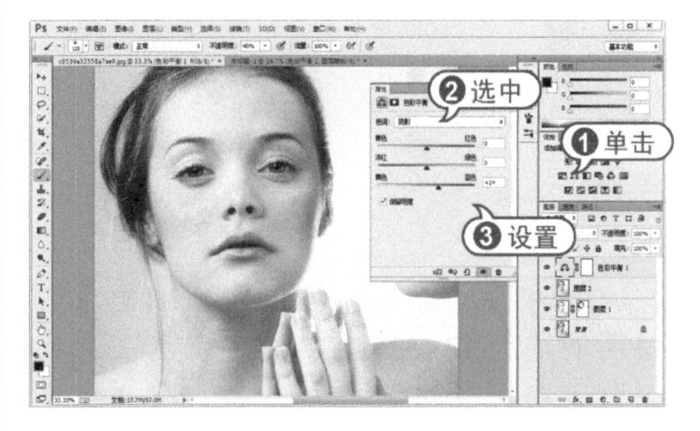

步骤11 在【属性】面板中的【色调】下拉列表中选择【高光】选项，设置高光色阶为0、0、-9。

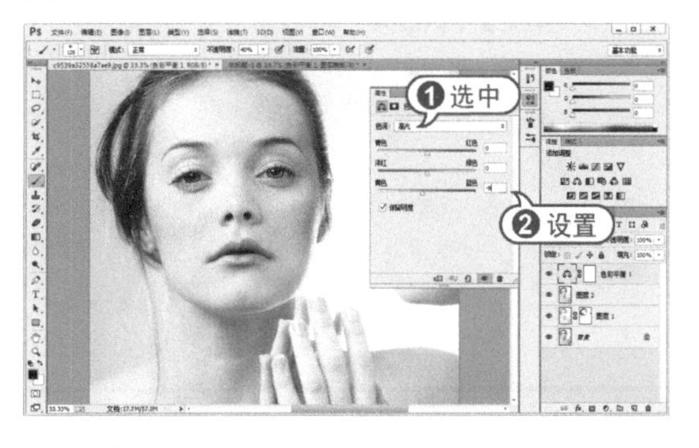

步骤12 在【调整】面板中，单击【创建新的色彩平衡调整图层】图标。在展开的【属性】面板中，设置中间调色阶为8、0、-8。

步骤13 在【属性】面板中的【色调】下拉列表中选择【阴影】选项，设置阴影色阶为0、0、8。

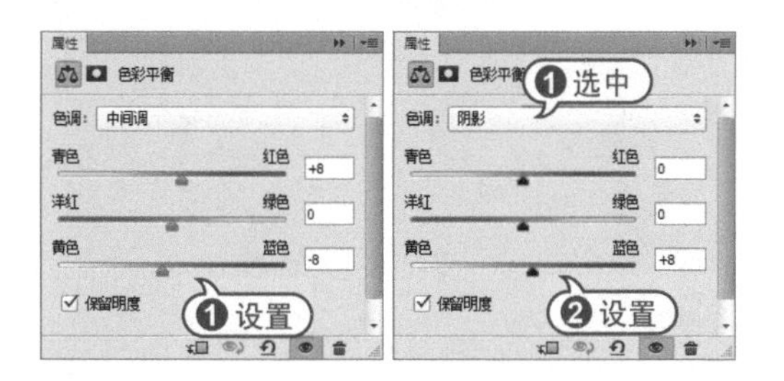

步骤 14 在【属性】面板中的【色调】下拉列表中选择【高光】选项，设置高光色阶为-9、5、0。

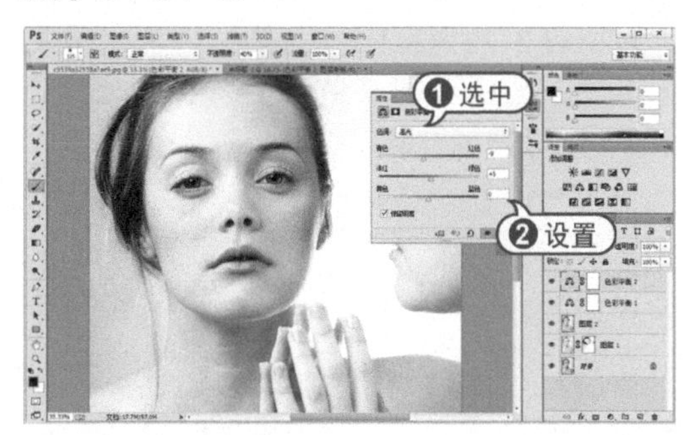

步骤 15 在【图层】面板中，单击【创建新的填充或调整图层】按钮，在弹出的菜单中选择【纯色】命令。在弹出的【拾色器】对话框中，设置颜色为R:251、G:151、B:255，然后单击【确定】按钮填充。并设置图层混合模式为【叠加】，【不透明度】为6%。

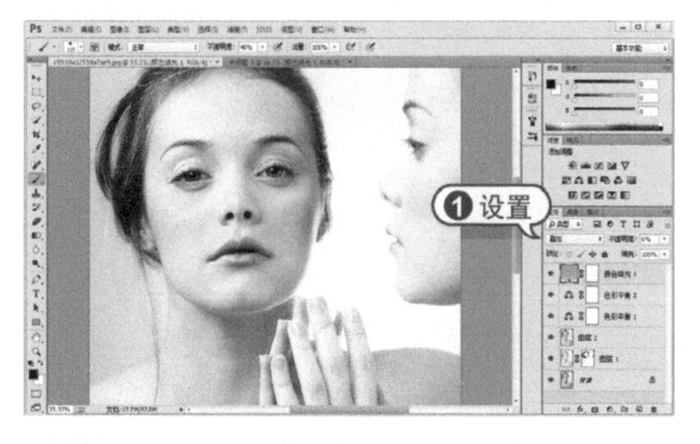

步骤 16 在【调整】面板中，单击【创建新的照片滤镜调整图层】图标。在展开的【属性】面板中单击颜色色板，在打开的【拾色器】对话框中设置颜色为R:193、G:134、B:64，然后设置【浓度】为14%。

步骤 17 在【调整】面板中，单击【创建新的色彩平衡调整图层】图标。在展开的【属性】面板中的【色调】下拉列表中选择【高光】选项，设置高光色阶为-1、3、0。

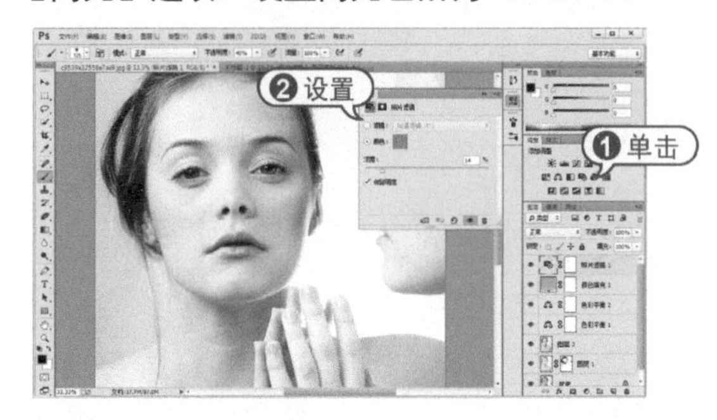

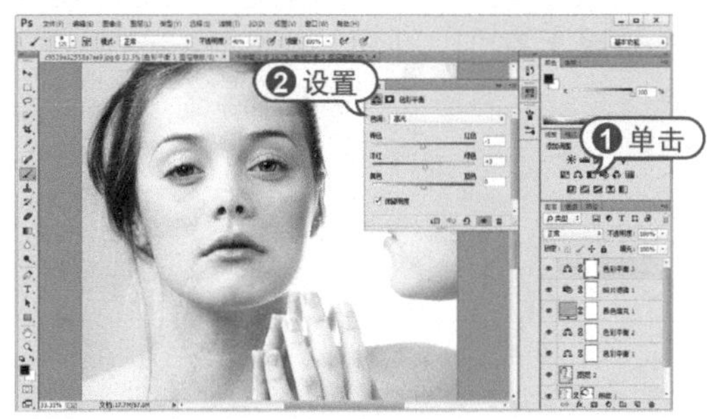

步骤 18 在【调整】面板中，单击【创建新的曲线调整图层】图标。在展开的【属性】面板中，调整RGB通道曲线形状。

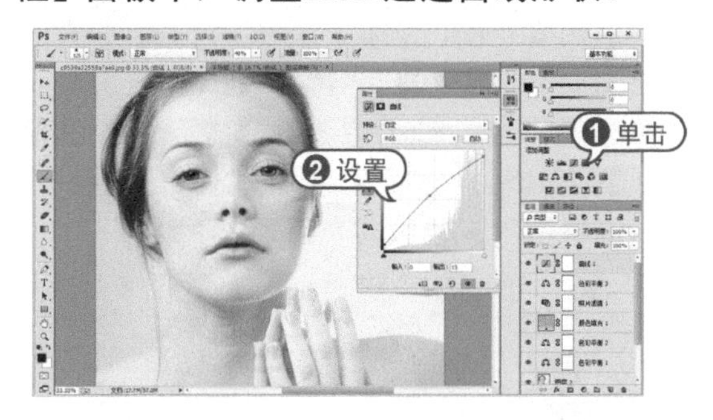

步骤 19 选中【曲线1】图层蒙版缩览图，选择【画笔】工具，调整画笔大小，然后使用【画笔】工具，在图像中擦出人物阴影。

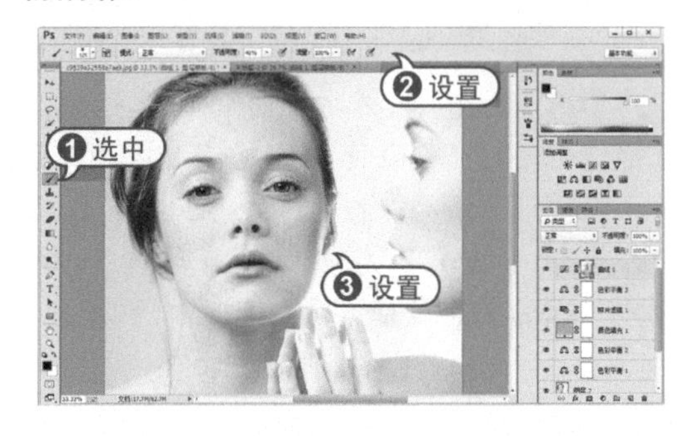

5.3.5 梦幻的淡红色

通过Photoshop可以将平常的家居照制作出甜美梦幻的淡红色调效果。

【例5-16】为照片添加梦幻的淡红色。

视频+素材 (光盘素材\第05章\例5-16)

步骤 01 选择【文件】|【打开】命令，打开素材照片。并按Ctrl+J键复制【背景】图层。

步骤 02 在【调整】面板中，单击【创建新的可选颜色调整图层】图标。在展开的【属性】面板中的【颜色】下拉列表中选择【黄色】选项，设置【青色】为-100%，【洋红】为24%。

步骤 03 在【属性】面板中的【颜色】下拉列表中选择【绿色】选项，设置【青色】为-100%。

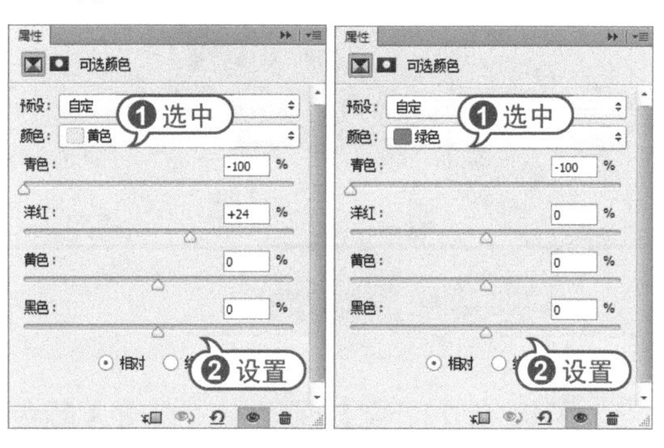

步骤 04 在【属性】面板中的【颜色】下拉列表中选择【中性色】选项，设置【青色】为-11%，【黄色】为4%。

步骤 05 在【调整】面板中，单击【创建新的可选颜色调整图层】图标。在展开的【属性】面板中的【颜色】下拉列表中选择【红色】选项，设置【青色】为-72%，【洋红】为-9%。

步骤 06 在【属性】面板中的【颜色】下拉列表中选择【黄色】选项，设置【青色】为-50%，【洋红】为-6%。

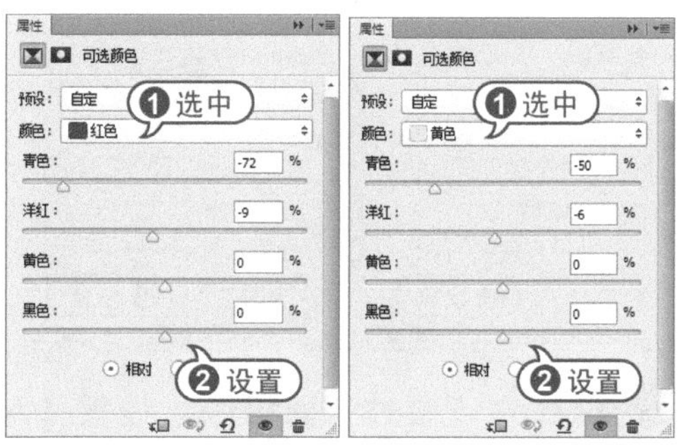

步骤 07 在【属性】面板中的【颜色】下拉列表中选择【白色】选项，设置【洋红】为-4%，【黄色】为-3%。

步骤 08 在【调整】面板中，单击【创建新的曲线调整图层】图标。在展开的【属性】面板中，选中【蓝】通道，并调整蓝通道曲线形状。

步骤 09 在【调整】面板中，单击【创建新的色彩平衡调整图层】图标。在展开的【属性】面板中，设置中间调的色阶数值为4、-2、1。

步骤 10 在【属性】面板中，设置【色调】为【阴影】选项，并设置阴影的色阶数值为0、-4、0。

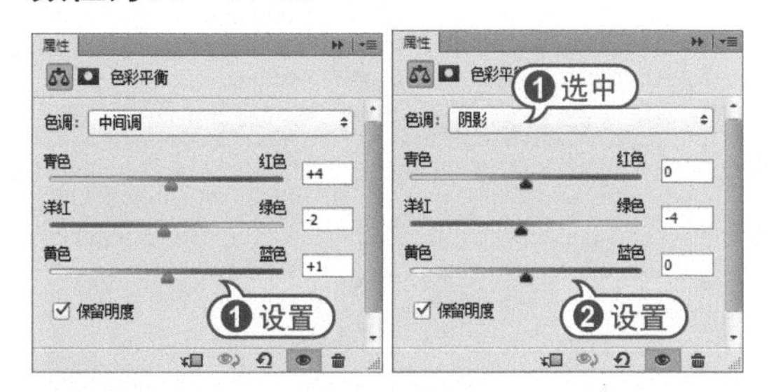

步骤 11 在【属性】面板中，设置【色调】为【高光】选项，并设置高光的色阶数值为-2、0、-4。

步骤 12 在【调整】面板中，单击【创建新的可选颜色调整图层】图标。在展开的【属性】面板的【颜色】下拉列表中选择【红色】选项，设置【青色】为-10%，【洋红】为2%。

步骤 13 在【属性】面板中的【颜色】下拉列表中选择【黄色】选项，设置【青色】为30%，【洋红】为-10%，【黄色】为8%。

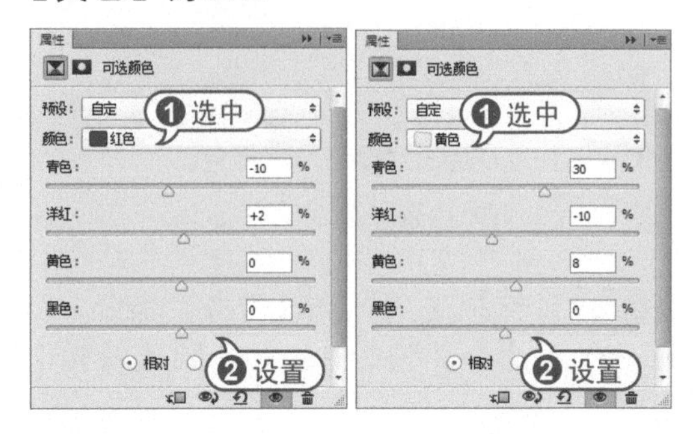

步骤 14 按Ctrl+Alt+2键调出照片中高光选区，按Ctrl+Shift+I键反选选区。

步骤 15 在【图层】面板中，单击【创建新的填充或调整图层】按钮，在弹出的菜单中选择【纯色】命令。在打开的【拾色器】对话框中，设置填充颜色为R:131、G:14、B:99，然后单击【确定】按钮。

步骤 16 在【图层】面板中，设置【颜色填充1】图层混合模式为【滤色】，【不透明度】为20%。

步骤 17 在【调整】面板中，单击【创建新的可选颜色调整图层】图标。在展开的【属性】面板中的【颜色】下拉列表中选择【白色】选项，设置【青色】为29%，【黄色】为-7%。

步骤 18 在【图层】面板中，单击【创建新的填充或调整图层】按钮，在弹出的菜单中选择【纯色】命令。在打开的【拾色器】对话框中，设置填充颜色为R:211、G:237、B:192，然后单击【确定】按钮。并设置【颜色填充2】图层混合模式为【滤色】，【不透明度】为30%。

步骤 19 在【图层】面板中，选中【颜色填充2】图层蒙版缩览图，选择【画笔】工具，在选项栏中设置柔边画笔样式，【不透明度】为20%，然后使用【画笔】工具在图像中涂抹人物部分。

步骤 20 按Alt+Shift+Ctrl+E键盖印图层，选择【滤镜】|【镜头校正】命令，打开【镜头校正】对话框。在对话框中，选中【自定】选项卡，在【晕影】选项区中设置【数量】为25，【中点】为14，然后单击【确定】按钮。

步骤 21 按Ctrl+Alt+2键调出照片中高光选区，按Ctrl+Shift+I键反选选区。在【调整】面板中，单击【创建新的曲线调整图层】图标。在展开的【属性】面板中，调整RGB通道曲线形状。

步骤 22 在【图层】面板中，选中【曲线2】图层蒙版缩览图，使用【画笔】工具在图像中涂抹人物高光部分。

步骤 23 在【图层】面板中，选中【图层2】图层，选择【滤镜】|【锐化】|【USM

锐化】命令，打开【USM锐化】对话框。在对话框中，设置【数量】为130%，【半径】为1像素，然后单击【确定】按钮。

5.3.6 个性的冷褐色

使用Photoshop，可以制作个冷褐色调的数码照片，增加照片个性、中性感。

【例5-17】为照片添加个性的冷褐色。

素材 (光盘素材\第05章\例5-17)

步骤 01 选择【文件】|【打开】命令，打开素材照片。并按Ctrl+J键复制【背景】图层。

步骤 02 选择【仿制图章】工具，在选项栏中设置柔边画笔样式，【不透明度】为35%，接着按Alt键在图像中单击设置取样点，然后使用【仿制图章】工具在图像中涂抹去除人物面部的皱纹、眼袋和面部阴影。

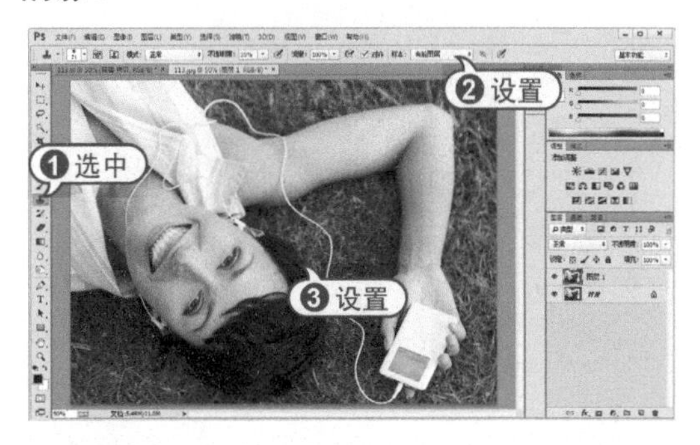

步骤 03 在【调整】面板中，单击【创建新的可选颜色调整图层】图标。在展开的【属性】面板中【颜色】下拉列表中选择【红色】选项，设置【青色】为-26%，【洋红】为-48%，【黄色】为-42%，【黑色】为-17%。

步骤 04 在【属性】面板中的【颜色】下拉列表中选择【黄色】选项，设置【青色】为-26%，【洋红】为7%，【黄色】为-18%。

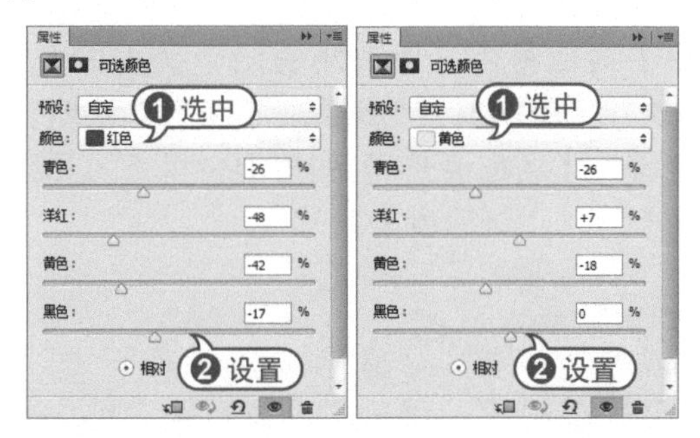

步骤 05 在【属性】面板中的【颜色】下拉列表中选择【绿色】选项，设置【青色】为-71%，【洋红】为11%，【黄色】为-13%，【黑色】为60%。

步骤 06 在【属性】面板中的【颜色】下拉列表中选择【黑色】选项，设置【黑色】为10%。

步骤 07 在【调整】面板中，单击【创建新的色阶调整图层】图标。在展开的【属性】面板中，设置RGB通道输入色阶为0、0.95、255。

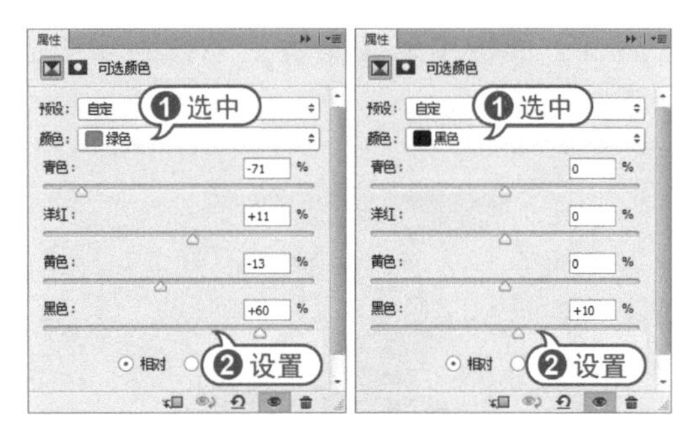

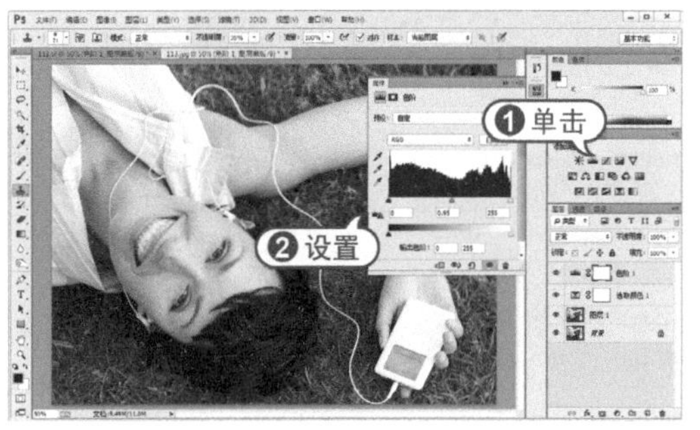

步骤08 在【属性】面板中，选中【蓝】通道，并设置蓝通道输入色阶为0、0.97、255。

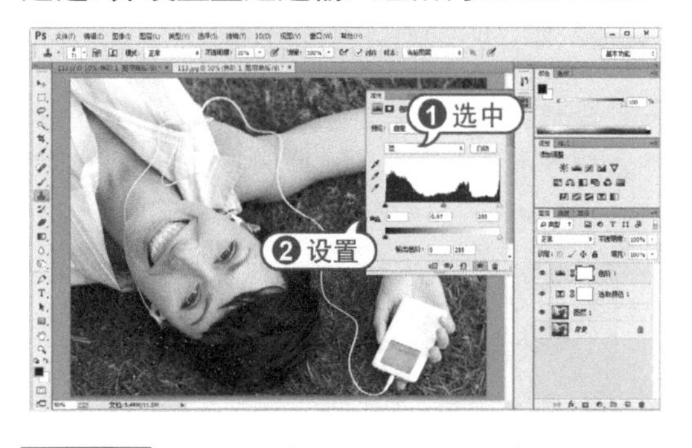

步骤09 在【调整】面板中，单击【创建新的亮度/对比度调整图层】图标。在展开的【属性】面板中，设置【亮度】为6，【对比度】为35。

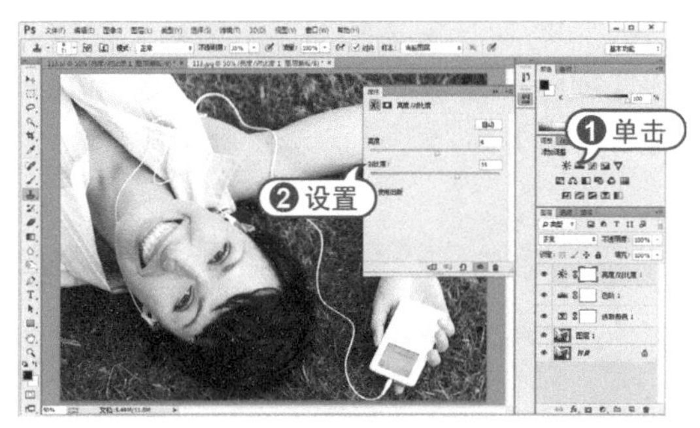

步骤10 在【调整】面板中，单击【创建新的可选颜色调整图层】图标。在展开的【属性】面板中【颜色】下拉列表中选择【红色】选项，设置【青色】为-16%，【洋红】为-6%，【黄色】为-26%，【黑色】为-32%。

步骤11 在【属性】面板中的【颜色】下拉列表中选择【黄色】选项，设置【青色】为-29%，【洋红】为-7%，【黄色】为-36%，【黑色】为-18%。

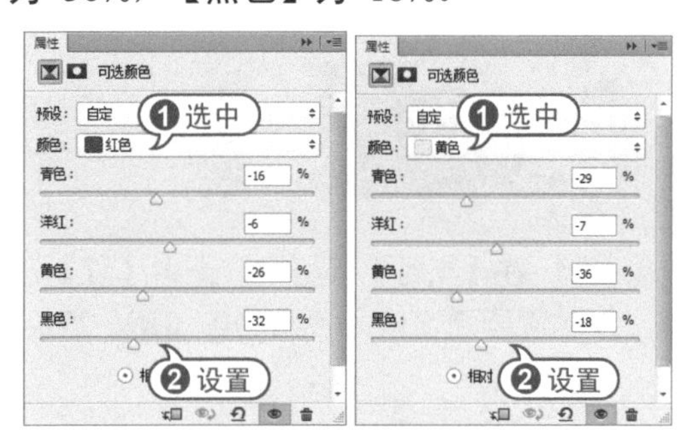

步骤12 在【属性】面板中的【颜色】下拉列表中选择【中性色】选项，设置【洋红】为-4%，【黄色】为9%，【黑色】为5%。

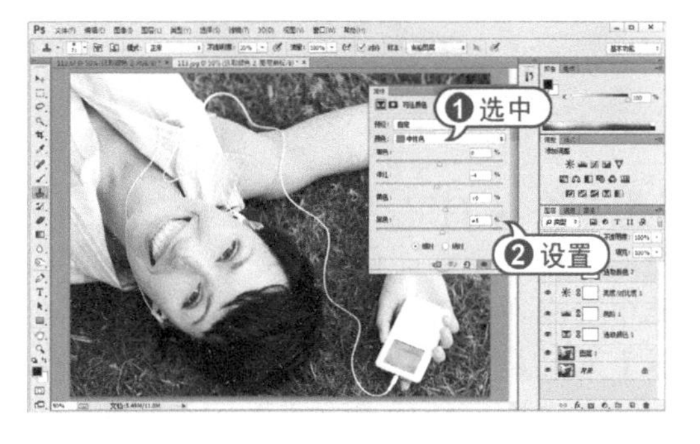

步骤13 在【调整】面板中，单击【创建新的色相/饱和度调整图层】图标。在展开的【属性】面板中，设置【饱和度】为-17，【明度】为-6。

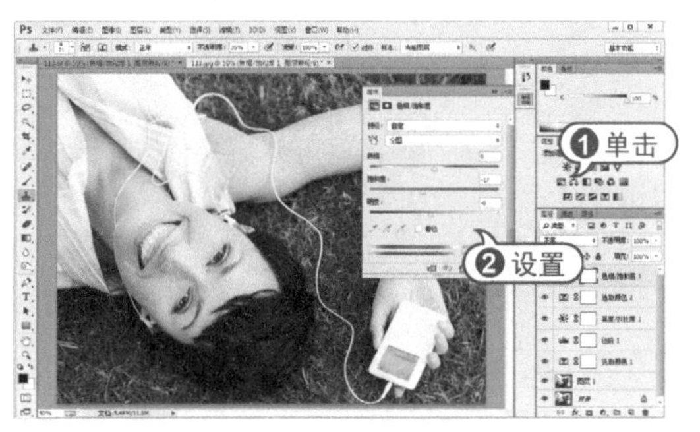

步骤 14 在【调整】面板中，单击【创建新的色阶调整图层】图标。在展开的【属性】面板中，设置RGB通道输入色阶为0、0.85、249。

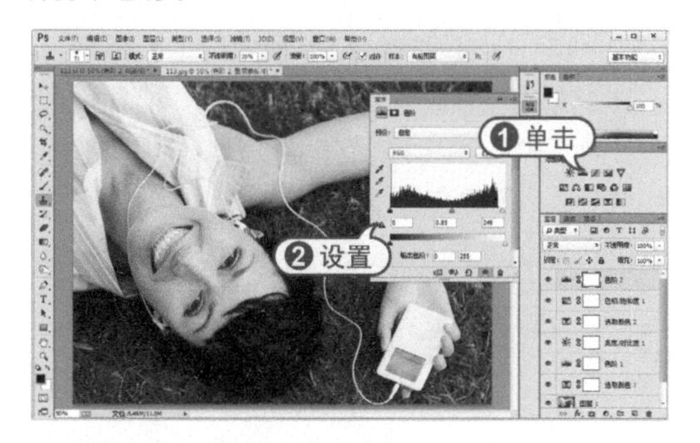

步骤 15 在【属性】面板中，选中【红】通道，并设置蓝通道输入色阶为0、0.89、255。

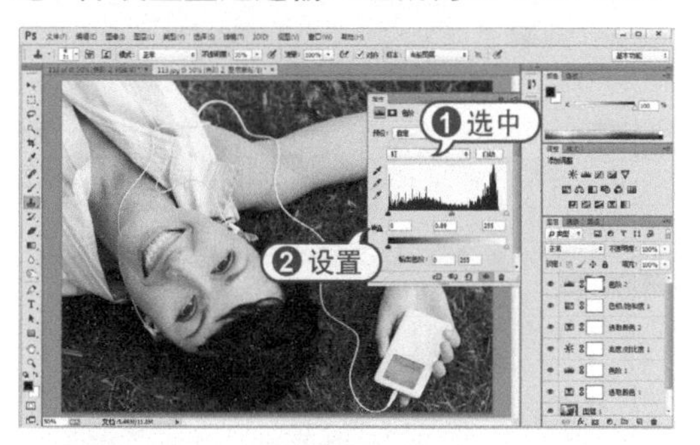

步骤 16 在【图层】面板中，单击【创建新的填充或调整图层】按钮，在弹出的菜单中选择【纯色】命令。在打开的【拾色器】对话框中，设置填充颜色为R:109、G:82、B:17，然后单击【确定】按钮。并在【图层】面板中，设置【颜色填充1】图层混合模式为【变亮】，【不透明度】为30%。

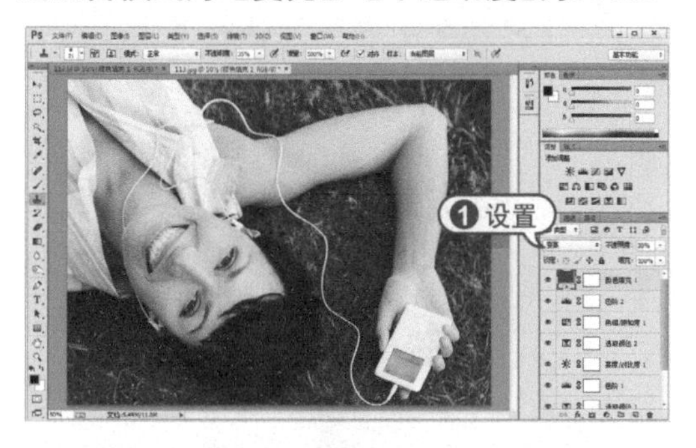

步骤 17 在【调整】面板中，单击【创建新的照片滤镜调整图层】图标。在展开的【属性】面板中的【滤镜】下拉列表中选择【深褐】。

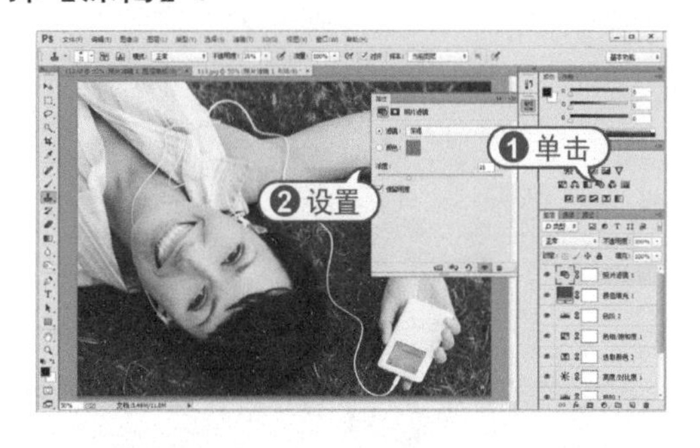

5.3.7 Lomo风格色调

Lomo是一种手动拍摄像机的名称。Lomo相机所拍摄的照片能产生特殊色彩效果，在年轻人中备受欢迎。在Photoshop中，可以轻松制作Lomo照片效果。

【例5-18】为照片添加Lomo风格色调。

视频+素材 (光盘素材\第05章\例5-18)

步骤 01 选择【文件】|【打开】命令，打开素材照片。

步骤 02 在【调整】面板中，单击【创建新的亮度/对比度调整图层】图标。在展开的【属性】面板中，设置【亮度】为20，【对比度】为75。

步骤 03 在【图层】面板中,单击【创建新组】按钮,并设置图层混合模式为【排除】。

步骤 04 在【图层】面板中，单击【创建新的填充或调整图层】按钮，在弹出的菜单中选择【纯色】命令，在打开的【拾色器】对话框中，设置填充颜色为R:255、G:0、B:0，然后单击【确定】按钮。

步骤 05 在【调整】面板中，单击【创建新的色相/饱和度调整图层】图标。在展开的【属性】面板中，设置【色相】为-115，【明度】为-70。

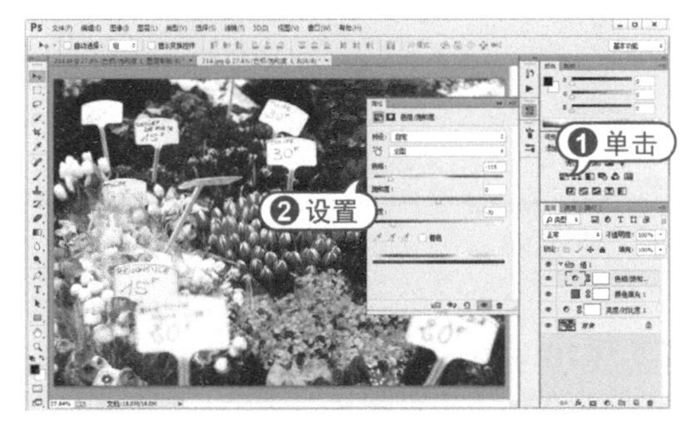

步骤 06 在【图层】面板中，选中【组1】图层组，并按Alt+Shift+Ctrl+E键盖印图层。选择【滤镜】|【镜头校正】命令，打开【镜头校正】对话框。在对话框中，选中【自定】选项卡，在【晕影】选项区中设置【数量】为-100，【中点】为45，然后单击【确定】按钮。

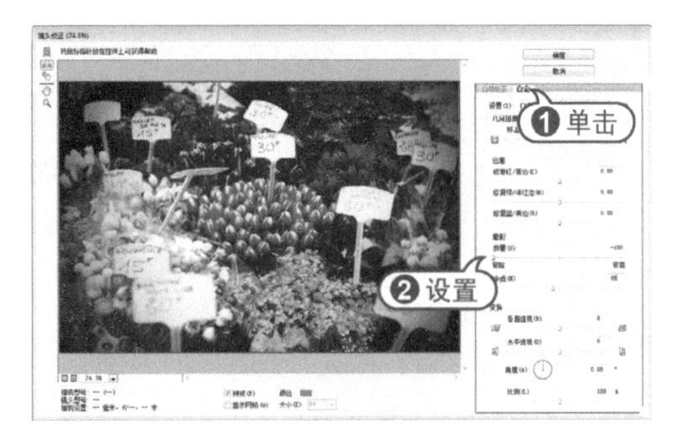

5.3.8 欧美流行艺术色

在Photoshop中，使用【应用图像】命令结合【曲线】命令，可以制作出色彩艳丽的照片效果。

【例5-19】为照片添加欧美流行艺术色。

视频+素材 (光盘素材\第05章\例5-19)

步骤 01 选择【文件】|【打开】命令，打开素材照片。

步骤 02 选择【魔棒】工具，在照片中的天空部分单击，创建选区。

步骤 03 选择【文件】|【打开】命令，

打开云朵素材照片。选择Ctrl+A键全选图像，并按Ctrl+C键复制。

步骤 04 返回风景照片，选择【编辑】|【选择性粘贴】|【贴入】命令。并按Ctrl+T键应用【自由变换】命令来调整云朵图像。

步骤 05 在【图层】面板中，设置【图层1】图层混合模式为【正片叠底】，【不透明度】为30%。

步骤 06 按Ctrl键单击【图层1】图层蒙版缩览图，载入选区。在【调整】面板中，单击【创建新的曲线调整图层】图标，在展开的【属性】面板中调整RGB通道曲线形状。

步骤 07 在【属性】面板中，选中【红】通道，并调整红通道曲线形状。

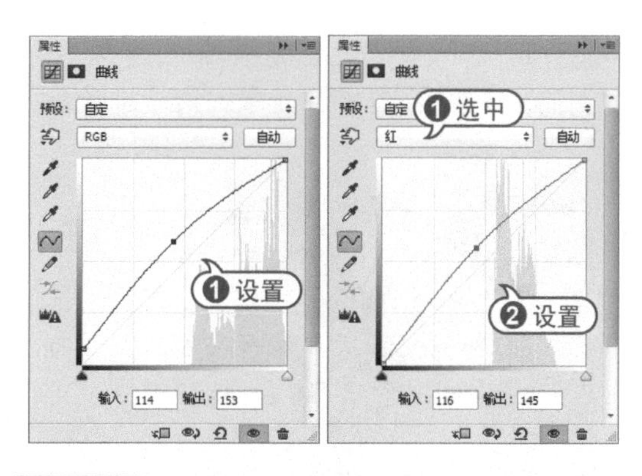

步骤 08 在【属性】面板中，选中【蓝】通道，并调整蓝通道曲线形状。

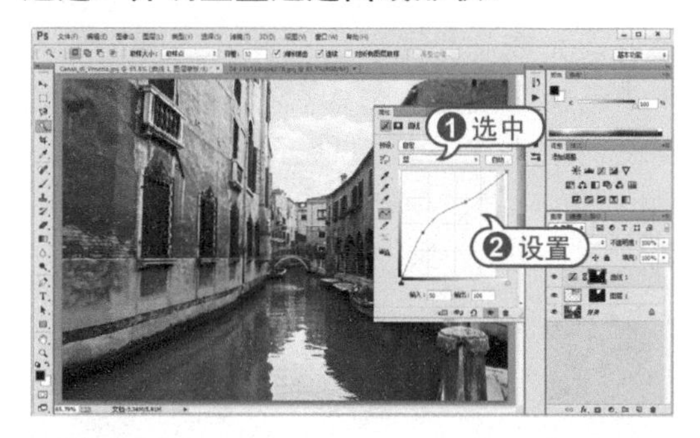

步骤 09 按Alt+Shift+Ctrl+E键盖印图层，选择【图像】|【应用图像】命令，打开【应用图像】对话框。在对话框中，选中【蒙版】复选框，单击【确定】按钮。

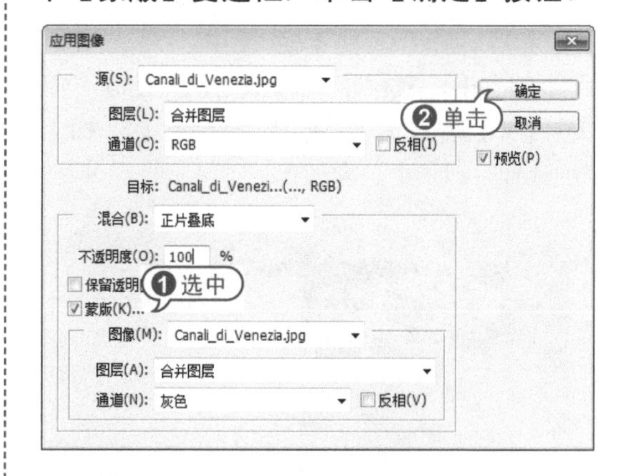

步骤 10 按Alt+Shift+Ctrl+E键盖印图层，选择【图像】|【应用图像】命令，打开【应用图像】对话框。在对话框中，设置【混合】为【柔光】选项，选中【蒙版】复选框，并选中【图像】选项区中的【反相】复选框，然后单击【确定】按钮。

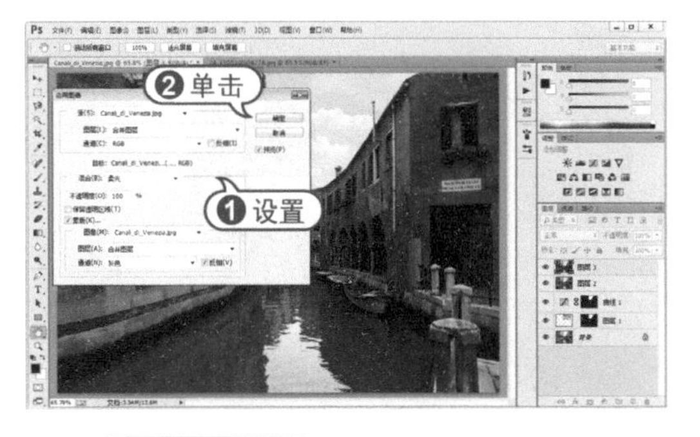

知识点滴

在一个图像中，可以利用Photoshop中的【应用图像】命令，通过混合模式合成图像。合成不同的图像时，图像的尺寸必须保持准确一致。选择【图像】|【应用图像】命令，打开【应用图像】对话框，在该对话框中可以设置【应用图像】的各项参数。

步骤 11 在【调整】面板中，单击【创建新的曲线调整图层】图标，在展开的【属性】面板中调整RGB通道曲线形状。

步骤 12 在【属性】面板中，选中【红】通道，并调整红通道曲线形状。

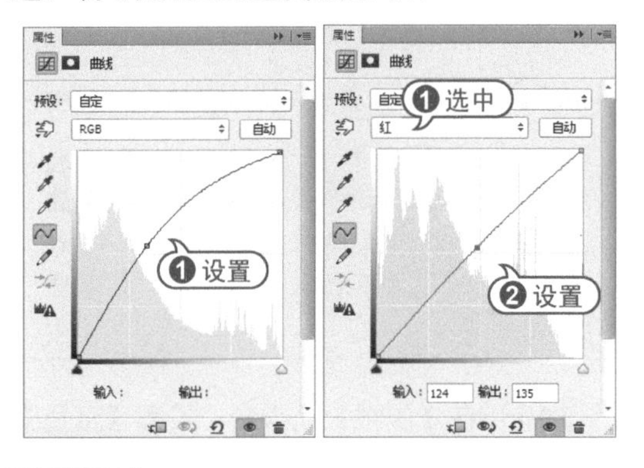

步骤 13 在【属性】面板中，选中【绿】通道，并调整绿通道曲线形状。

步骤 14 在【属性】面板中，选中【蓝】通道，并调整蓝通道曲线形状。

步骤 15 按Alt+Shift+Ctrl+E键盖印图层，选择【图像】|【应用图像】命令，打开【应用图像】对话框。在对话框中，设置【混合】为【正片叠底】选项，选中【蒙版】复选框，取消选中【图像】选项区中的【反相】复选框，单击【确定】按钮。

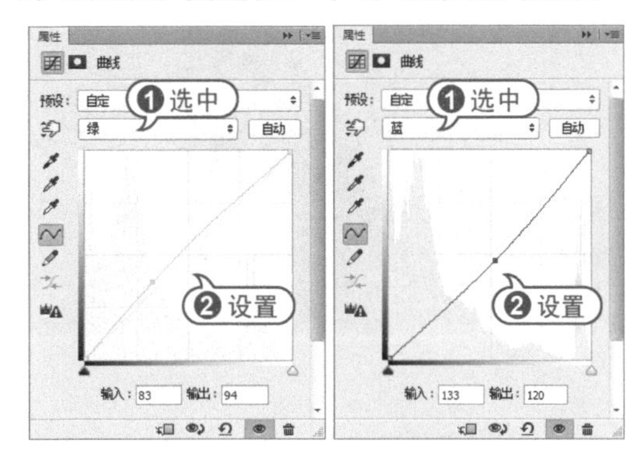

步骤 16 在【图层】面板中，单击【添加图层蒙版】按钮。选择【画笔】工具，在选项栏中设置柔边画笔样式，【不透明度】为20%，然后使用【画笔】工具在图像中涂抹。

步骤 17 按Alt+Shift+Ctrl+E键盖印图层，选择【图像】|【应用图像】命令，打开【应用图像】对话框。在对话框中，选中【蒙版】复选框，然后单击【确定】按钮。

步骤 18 按Alt+Shift+Ctrl+E键盖印图层，选择【滤镜】|【锐化】|【USM锐化】命令，打开【USM锐化】对话框。在对话框中，设置【数量】为80%，【半径】为0.9像素，然后单击【确定】按钮。

5.4 制作高质量黑白照片

黑白照片具有独特的视觉效果。在Photoshop中，要将彩色照片转换为黑白照片，可以通过应用【去色】命令快速转换为黑白照片，也可以通过降低图像饱和度，或使用【黑白】命令，设置渐变映射等多种不同的操作方法来完成。

1. 使用【黑白】命令

Photoshop中使用【黑白】命令可以制作出各种高质量的黑白照片，应用【黑白】命令可分别对黑白照片中的色彩饱和度进行调整。

【例5-20】使用【黑白】命令制作黑白照片。

视频+素材 (光盘素材\第05章\例5-20)

步骤 01 选择【文件】|【打开】命令，打开素材照片。

步骤 02 在【调整】面板中，单击【创建新的黑白调整图层】图标。在展开的【属性】面板的【预设】下拉列表中选择【最黑】选项。

知识点滴

在【预设】下拉列表中可以选择一个预设的调整设置。如果要存储当前的调整设置结果，可单击选项右侧的按钮，在下拉菜单中选择【存储预设】命令。

步骤 03 在【属性】面板中，设置【红色】为13，【黄色】为5，【绿色】为20，【青色】为5，【蓝色】为17，【洋红】为15。

实战技巧

按住Alt键单击某一个颜色块，可以将其滑块复位到其初始设置。另外，按住Alt键时，对话框中的【取消】按钮会变为【复位】按钮，单击该按钮可以复位所有颜色滑块。

2. 使用【通道混合器】命令

在【通道混合器】命令对话框中，不仅可以调整照片色彩，还可以将其制作成黑白照片。

【例5-21】使用【通道混合器】命令制作黑白照片。

素材 (光盘素材\第05章\例5-21)

步骤01 选择【文件】|【打开】命令，打开素材照片。

步骤02 在【调整】面板中，单击【创建新的通道混合器调整图层】图标。在展开【属性】面板中，选中【单色】复选框，设置【红色】为26%，【绿色】为60%，【蓝色】为31%，【常数】为-12%。

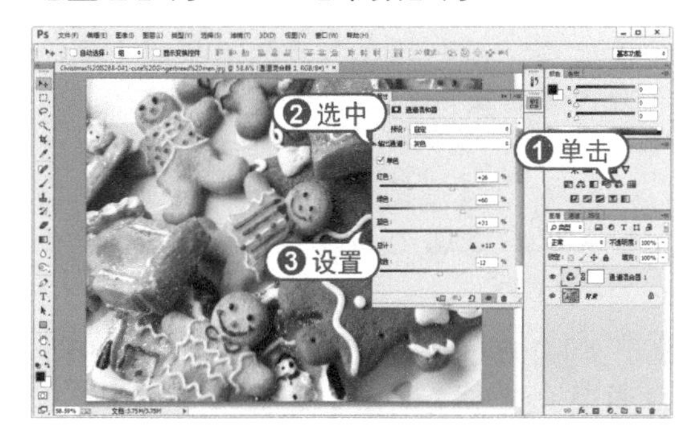

步骤03 在【调整】面板中，单击【创建新的亮度/对比度调整图层】图标。在展开的【属性】面板中，设置【亮度】为-20，【对比度】为48。

3. 使用【渐变映射】命令

应用【渐变映射】命令能够获得更加生动的高对比度的黑白照片效果，通过在【渐变映射编辑器】对话框中拖拽色标滑块和设置【平滑度】参数，还能对照片的黑白对比度进行精细的调整，以得到艺术黑白照片效果。

【例5-22】使用【渐变映射】命令制作黑白照片。

视频+素材 (光盘素材\第05章\例5-22)

步骤01 选择【文件】|【打开】命令，打开素材照片。

步骤02 在【调整】面板中，单击【创建新的渐变映射调整图层】图标。在展开的【属性】面板中显示渐变映射选项，单击渐变预览条，打开【渐变编辑器】对话框。

步骤03 在【渐变编辑器】对话框中，选中黑色色标，设置【位置】为20%。

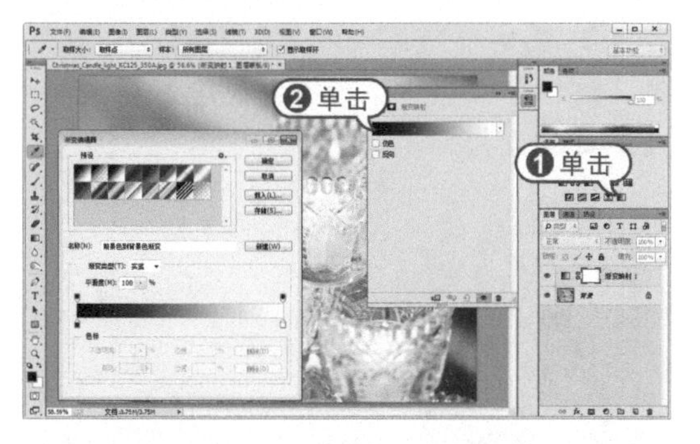

步骤 04 选中【颜色中点】，设置【位置】为57%，然后单击【确定】按钮关闭【渐变编辑器】对话框。

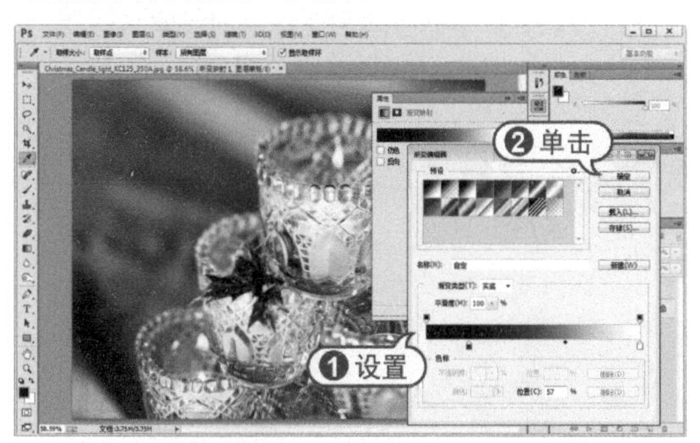

知识点滴

选中【仿色】复选框可以添加随机的杂色来平衡渐变填充的外观，减少带宽效应；选中【反相】复选框，可切换渐变填充的方向。

4. 使用【计算】命令

使用【计算】命令计算通道，可以制作黑白照片效果。

【例5-23】使用【计算】命令制作黑白照片。

素材 (光盘素材\第05章\例5-23)

步骤 01 选择【文件】|【打开】命令，打开素材照片。

步骤 02 选择【图像】|【计算】命令，打开【计算】对话框。在对话框中的【源2】选项区中，单击【通道】下拉列表，选择【绿】选项。设置【不透明度】为85%，然后单击【确定】按钮。

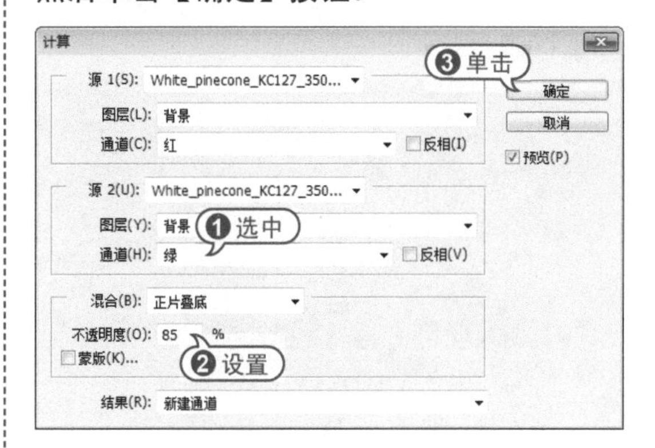

知识点滴

【计算】对话框中的【结果】下拉列表提供了【新建文档】、【新建选区】和【新建通道】3种模式，可以根据设置需要选择不同的结果模式。选中【蒙版】复选框，则显示更多选项，用户可在打开的选项组中设置图像、图层、通道等各项参数。

步骤 03 在【通道】面板中，按Ctrl+A键全选Alpha1通道中图像内容，并按Ctrl+C键复制图像。

步骤 04 在【通道】面板中，选中RGB复合通道。选中【图层】面板，并按Ctrl+V键粘贴图像，生成【图层1】图层。

5.5 实战演练

本章实战演练通过添加颜色滤镜，调整颜色通道为照片添加怀旧色调，巩固本章所学知识。

【例5-24】为照片添加怀旧色调。

素材 (光盘素材\第05章\例5-24)

步骤 01 选择【文件】|【打开】命令，打开素材照片。

步骤 02 在【调整】面板中，单击【创建新的曲线调整图层】图标。在展开的【属性】面板中，调整RGB通道曲线形状。

步骤 03 在【属性】面板中选择【红】通道，并调整红通道曲线形状。

步骤 04 在【属性】面板中选择【蓝】通道，并调整蓝通道曲线形状。

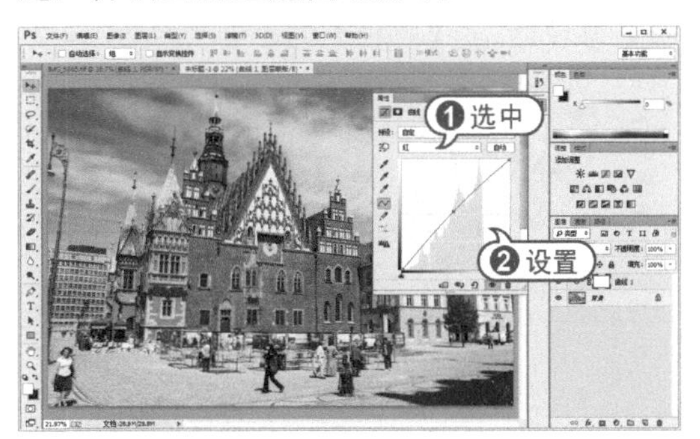

步骤 05 在【调整】面板中，单击【创建新的可选颜色调整图层】图标。在展开的【属性】面板中，选中【绝对】单选按钮，设置红色的【青色】为-16%，【洋红】为6%，【黄色】为15%。

步骤 06 在【属性】面板的【颜色】下拉列表中选择【黄色】选项，设置黄色的【青色】为-9%，【洋红】为-5%，【黄色】为6%。

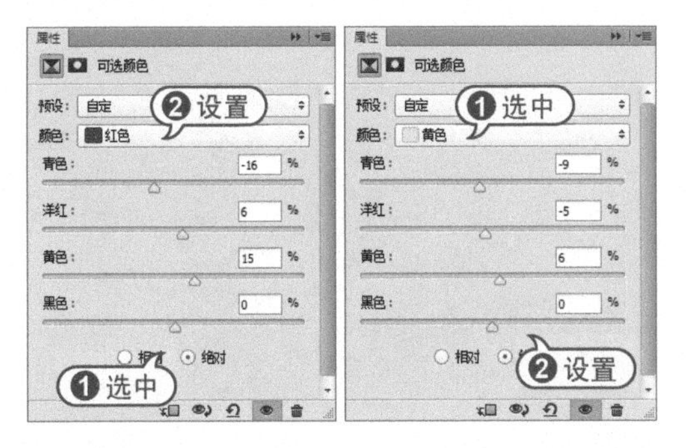

步骤 07 在【属性】面板的【颜色】下拉列表中选择【白色】选项，设置白色的【青色】为7%，【洋红】为-2%。

步骤 08 在【属性】面板的【颜色】下拉列表中选择【黑色】选项，设置黑色的【青色】为-21%，【洋红】为6%，【黄色】为-21%，【黑色】为7%。

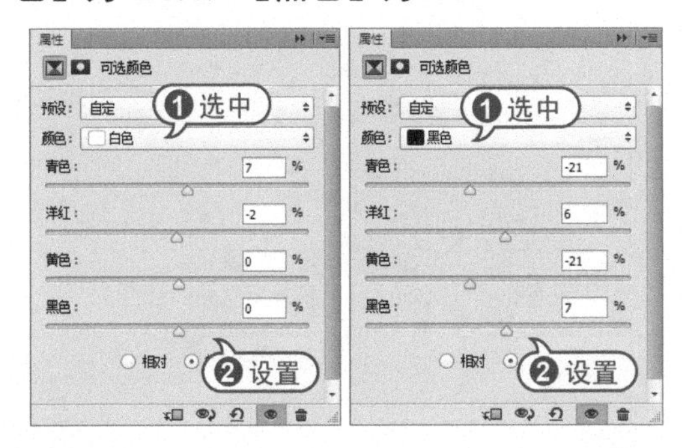

步骤 09 在【调整】面板中，单击【创建新的可选颜色调整图层】图标。在展开的【属性】面板中的【颜色】下拉列表中选择【红色】选项，设置红色的【黄色】为12%。

步骤 10 在【属性】面板的【颜色】下拉列表中选择【黄色】选项，设置黄色的【青色】为-8%，【洋红】为-2%，【黄色】为3%。

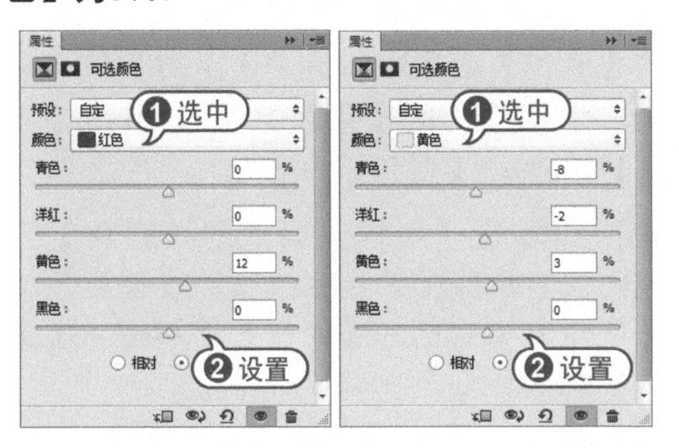

步骤 11 在【属性】面板的【颜色】下拉列表中选择【白色】选项，设置白色的【青色】为8%。

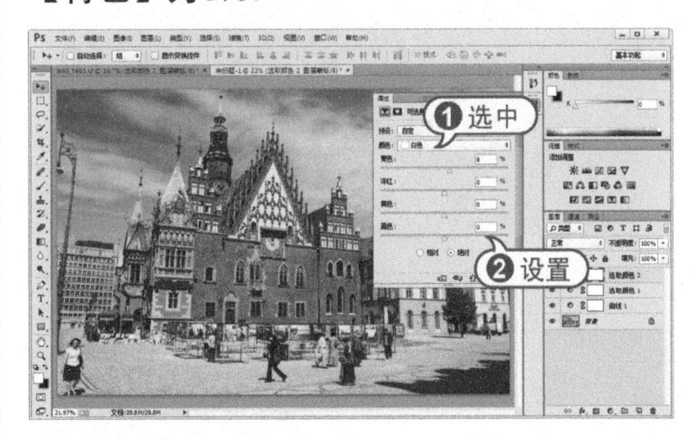

步骤 12 在【调整】面板中，单击【创建新的可选颜色调整图层】图标。在展开的【属性】面板中的【颜色】下拉列表中选择【红色】选项，设置红色的【青色】为-6%，【洋红】为3%，【黄色】为16%。

步骤 13 在【属性】面板的【颜色】下拉列表中选择【黑色】选项，设置黑色的【青色】为7%，【洋红】为5%，【黄色】为-4%。

步骤 14 按Alt+Ctrl+2键调出图像高光区域，单击【图层】面板中【创建新的填充或调整图层】按钮，在弹出的菜单中选

择【纯色】命令。在打开的【拾色器】对话框中，设置填充颜色为R:250、G:225、B:150，然后单击【确定】按钮。

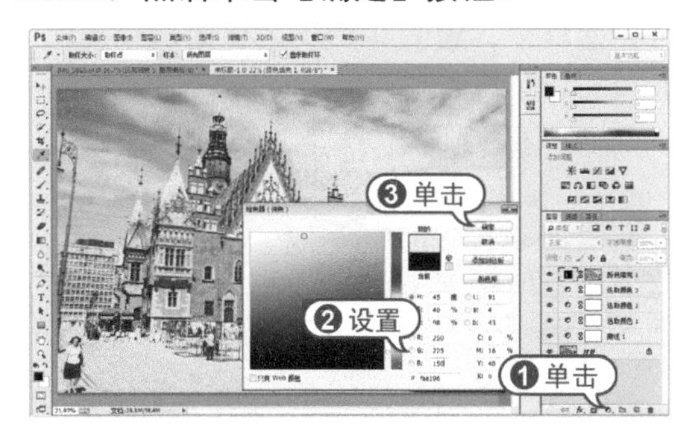

步骤 15 在【图层】面板中，设置【颜色填充1】图层的【不透明度】为20%。

步骤 16 在【调整】面板中，单击【创建新的可选颜色调整图层】图标。在展开的【属性】面板的【颜色】下拉列表中选择【黄色】选项，设置黄色的【青色】为-11%。

步骤 17 在【属性】面板的【颜色】下拉列表中选择【白色】选项，设置白色的【黄色】为-5%。

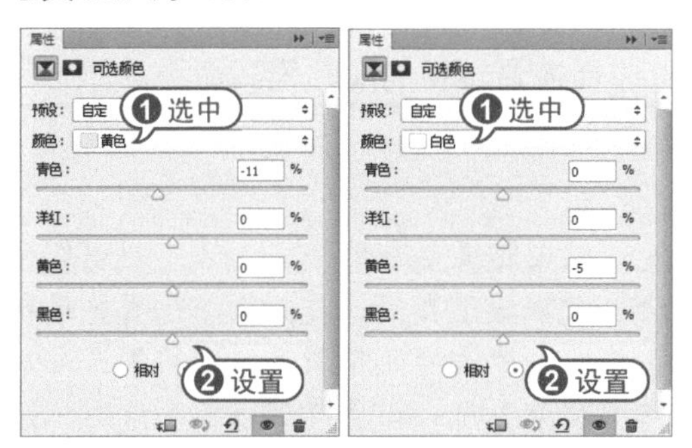

步骤 18 在【属性】面板的【颜色】下拉列表中选择【黑色】选项，设置黑色的【青色】为6%，【黄色】为-10%。

步骤 19 在【调整】面板中，单击【创建新的曲线调整图层】图标。在展开的【属性】面板中，调整RGB通道曲线形状。

步骤 20 在【属性】面板中选择【蓝】通道，并调整蓝通道曲线形状。

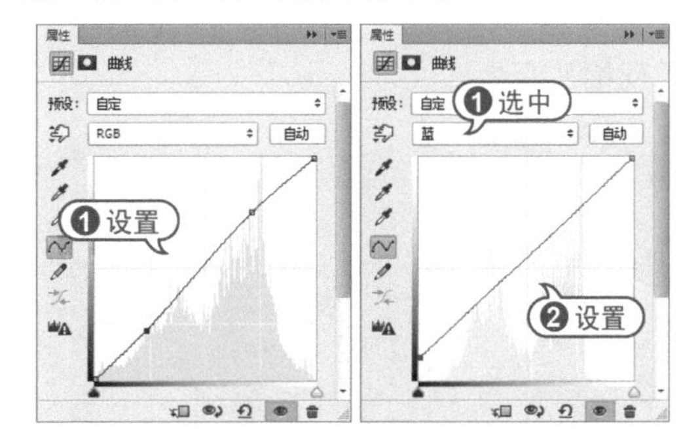

步骤 21 在【属性】面板中选择【绿】通道，并调整绿通道曲线形状。

步骤 22 在【调整】面板中，单击【创建新的可选颜色调整图层】图标。在展开的【属性】面板中的【颜色】下拉列表中选择【黄色】选项，设置黄色的【青色】为6%，【黄色】为6%。

步骤 23 在【属性】面板的【颜色】下拉列表中选择【白色】选项，设置白色的【青色】为5%，【洋红】为-3%，【黄色】为-3%。

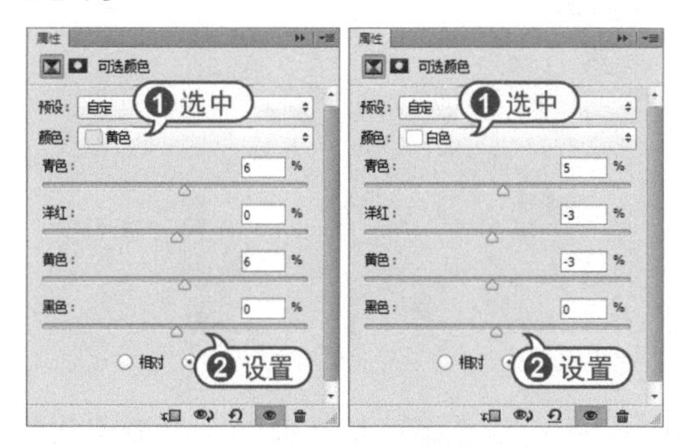

步骤 24 按Alt+Ctrl+2键调出图像高光区域，单击【属性】面板中的【创建新的色相/饱和度调整图层】图标。在展开的【属性】面板中设置【饱和度】为-15，【明度】为10。然后选择【图像】|【调整】|【反相】命令。

步骤 25 按Alt+Ctrl+2键调出图像高光区域，在【调整】面板中，单击【创建新的色彩平衡调整图层】图标。在展开的【属性】面板中，设置中间调的色阶数值为0、0、40。

步骤 26 在【属性】面板的【色调】下拉列表中选择【阴影】选项，设置阴影的色阶数值为25、-2、10。

专家答疑

» 问：如何转换照片的颜色模式？

答：图像的颜色模式是一种记录图像颜色的方式，照片的颜色模式决定了用于显示和打印照片的颜色效果，决定了如何描述和重现照片的色彩。在Photoshop中打开照片后，选择【图像】|【模式】命令，在打开的子菜单中选择需要转换的颜色模式命令，即可将照片模式进行转换。

» 问：如何提高饱和度？

答：【海绵】工具可以精确修改色彩的饱和度。如果图像是灰度模式，该工具可以通过使灰阶远离或靠近中间灰色来增加或降低对比度。选择该工具后，在画面单击并拖动鼠标涂抹即可进行处理。选择【海绵】工具后，其工具选项栏中【画笔】和【喷枪】选项与【加深】和【减淡】工具的选项相同。其中【自然饱和度】选项可以在增加饱和度时，防止颜色过度饱和。

选择菜单栏中的【文件】|【打开】命令，选择打开一幅图像文件。选择【海绵】工具，在选项栏中的【模式】下拉列表中选择【去色】选项，然后使用【海绵】工具在图像

中涂抹即可降低图像的饱和度。

问：如何改变图像的局部色彩？

答：【颜色替换】工具能够简化图像中特定颜色的替换。可以使用校正颜色在目标颜色上绘画。颜色替换工具不适用于【位图】、【索引】或【多通道】颜色模式的图像。

选择菜单栏中的【文件】|【打开】命令，选择打开一幅图像文件。为避免在使用【颜色替换】工具时涂抹到其他区域，因此先进行选取的操作。选择【磁性套索】工具，并将选项栏进行设置，即可开始在图像中进行选取的工作。

选择工具箱中的【颜色替换】工具，然后在选项栏中设置画笔大小，模式为【颜色】，容差为35%，并单击【取样：连续】按钮，限制下拉列表设置为【连续】，以保留形状边缘的锐利度。

125 模式: 颜色 限制: 连续 容差: 35% 消除锯齿

- 【模式】：用来设置替换的内容，包括【色相】、【饱和度】、【颜色】和【明度】。默认为【颜色】选项，表示可以同时替换色相、饱和度和明度。
- 【连续】按钮：可以在拖动鼠标时连续对颜色取样；
- 【一次】按钮：可以只替换包含第一次单击的颜色区域中的目标颜色；
- 【背景色板】按钮：可以只替换包含当前背景色的区域。
- 【限制】下拉列表：在该表中，【不连续】选项用于替换出现在光标指针下任何位置的颜色样本；【连续】选项：在该表用于替换与紧挨在光标指针下的颜色邻近的颜色；【查找边缘】选项用于替换包含样本颜色的连续区域，同时更好保留形状边缘的锐化程度。
- 【容差】选项：用于设置在图像文件中颜色的替换范围。
- 【消除锯齿】复选框：可以去除替换颜色后的锯齿状边缘

打开【颜色】面板，设置颜色为R:175、G:195、B:31，然后使用【颜色替换】工具在图像上涂抹，最后按Ctrl+D键取消选区。

读书笔记

第6章

数码照片艺术处理

对应光盘视频

例6-1　使用【滤镜库】中的滤镜
例6-2　使用【艺术效果】滤镜
例6-3　使用【画笔描边】滤镜
例6-4　使用【置换】滤镜
例6-7　添加星光效果
例6-10　制作木纹边框
例6-11　添加布纹效果
例6-12　打造古韵效果
本章其他视频文件参见配套光盘

使用Photoshop可以制作各种特殊的视觉效果。通过各种滤镜命令、调整命令的配合使用，可以让照片效果更加丰富多彩。

6.1 【滤镜库】的设置

Photoshop中的【滤镜库】，是整合了多个常用滤镜组的设置对话框。利用【滤镜库】可以累积应用多个滤镜或多次应用单个滤镜，还可以重新排列滤镜或更改已应用的滤镜的设置。要想使用【滤镜库】，可以选择【滤镜】|【滤镜库】命令，打开【滤镜库】对话框。在【滤镜库】对话框中，提供了【风格化】、【画笔描边】、【扭曲】、【素描】、【纹理】、【艺术效果】6组滤镜。

6.1.1 了解【滤镜库】

通过【滤镜库】对话框的预览区域，可以更加方便地设置滤镜效果的参数选项。在预览区域下方，有⊟按钮和⊞按钮，单击它们可以调整图像预览显示的大小。单击预览区域下方的【缩放比例】按钮，可以在打开的【缩放比例】列表中选择Photoshop预设的缩放比例。

【滤镜库】对话框中间显示的是滤镜命令选择区域，只需单击该区域中显示的滤镜命令效果缩略图，即可选择该命令。要想隐藏滤镜命令选择区域，只需单击对话框中的【显示/隐藏滤镜命令选择区域】按钮，即可使用更多空间显示预览区域。

在【滤镜库】对话框中，可以使用滤镜叠加功能，即在同一个图像上同时应用多个滤镜效果。对图像应用一个滤镜效果后，只需单击滤镜效果列表区域下方的【新建效果图层】按钮，即可在滤镜效果列表中添加一个滤镜效果图层。然后，选择所需增加的滤镜命令并设置其参数选项，这样就可以对图像增加使用一个滤镜效果。

在滤镜库中为图像设置多个效果图层后，如果不再需要这些效果图层，可以选中该效果图层后单击【删除效果图层】按钮，将其删除。

6.1.2 应用【滤镜库】中的滤镜

使用【滤镜库】中滤镜的方法很简单，在【滤镜库】对话框中选择一种滤镜命令，在右侧的选项设置区中，适当调节参数，调整完成后单击【确定】按钮即可应用【滤镜库】中滤镜。

【例6-1】使用【滤镜库】中的滤镜。

视频+素材 (光盘素材\第06章\例6-1)

步骤 01 在Photoshop中，打开素材图像，并按Ctrl+J键复制【背景】图层。

步骤 02 选择【滤镜】|【滤镜库】命令，打开【滤镜库】对话框。在对话框中选择

【画笔描边】滤镜组中的【成角的线条】滤镜，并设置【方向平衡】为50，【描边长度】为15，【锐化程度】为5。

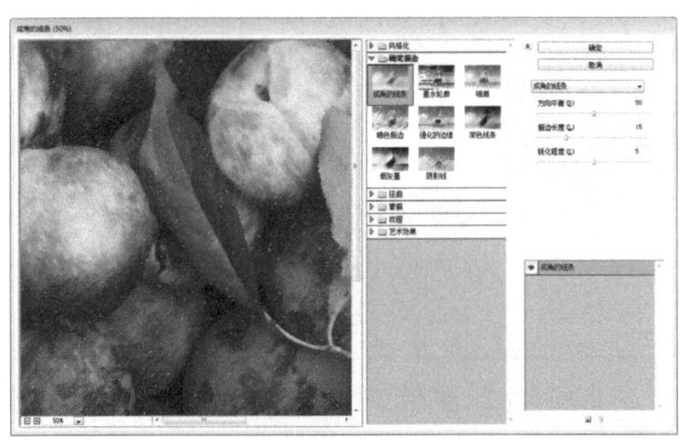

步骤 03 单击【新建效果图层】按钮，新建一个滤镜效果图层，选择【艺术效果】滤镜组中的【干画笔】滤镜。设置【画笔大小】为9，【画笔细节】为10，【纹理】为1，然后单击【确定】按钮应用。

实战技巧

如果操作的图像文件是位图或索引颜色模式，则不能使用滤镜进行图像效果的处理。另外，不同的颜色模式能够使用滤镜命令的数量和种类将会有所不同，如在CMYK和Lab颜色模式下，不能使用【画笔描边】、【素描】等滤镜组中的滤镜。

6.2 使用滤镜

Photoshop提供了100多种滤镜效果，主要包括艺术效果、扭曲、素描、纹理、像素化及渲染等。通过使用这些滤镜，可以将数码照片处理成各种特殊的艺术绘画效果。

6.2.1 艺术效果滤镜

艺术效果滤镜组中包含16种滤镜，它们可以模仿自然或传统介质效果，使图像看起来更贴近绘画艺术效果。

【壁画】滤镜可以使图像产生类似壁画的效果。

【彩色铅笔】滤镜使用彩色铅笔在纯色背景上绘制图像，并保留重要边缘，外观呈粗糙阴影线，纯色背景色会透过比较平滑的区域显示出来。

【粗糙蜡笔】滤镜可以使图像产生类似蜡笔在纹理背景上绘图产生的一种纹理效果。【粗糙蜡笔】对话框中的参数与

【底纹效果】滤镜的参数设置基本相同。

【底纹效果】滤镜可以根据所选的纹理类型使图像产生一种纹理效果。

【干画笔】滤镜可以使图像生成一种干燥的笔触效果，类似绘画中的干画笔效果，其对话框中的参数与【壁画】滤镜相同。

实战技巧

【干画笔】滤镜设置参数中，【画笔大小】文本框用于设置画笔的大小。该值越小，绘制的效果越细腻。【画笔细节】文本框：用来设置画笔的细腻程度，该值越高，效果与原图像越接近。【纹理】文本框：用来设置画笔纹理的清晰程度，该值越高，画笔的纹理越明显。

【海报边缘】滤镜可以使图像查找出颜色差异较大的区域，并将其边缘填充成黑色，使图像产生海报画效果。

实战技巧

【海报边缘】滤镜设置参数中，【边缘厚度】文本框：用于调节图像黑色边缘的宽度。该值越大，边缘就轮廓越宽。【边缘强度】文本框：用于调节图像边缘的明暗程度。该值越大，边缘越黑。【海报化】文本框：用于调节颜色在图像上的渲染效果，该值越大，海报效果将越明显。

【海绵】滤镜可以使图像产生类似海绵浸湿的图像效果。

【绘画涂抹】滤镜可以使图像产生类似用手在湿画上涂抹的模糊效果。

【胶片颗粒】滤镜将平滑的图案应用于阴影和中间色调，将一种更平滑、饱和

度更高的图案添加到亮区。在消除混合条纹，并将各种来源的图像在视觉上进行统一时，该滤镜非常有用。

【木刻】滤镜可以将图像制作出类似木刻画的效果。

实战技巧

【木刻】滤镜设置参数中，【色阶数】文本框：用于设置图像中色彩的层次。该值越大，图像的色彩层次越丰富。【边缘简化度】文本框：用于设置图像边缘的简化程度。【边缘逼真度】文本框：用于设置产生痕迹的精确度。该值越小，图像痕迹越明显。

【水彩】滤镜能够以水彩的风格绘制图像，它使用蘸了水和颜料的中号画笔绘制以简化细节，当边缘有显著的色调变化时，该滤镜会使颜色饱满。

【塑料包装】滤镜可以给图像裹上一层光亮的塑料，以强调表面细节。

【调色刀】滤镜可以减少图像的细节以生成描绘得很淡的画布效果，并显示出下面的纹理。

【涂抹棒】滤镜使用较短的对角线涂抹图像中的暗部区域，从而柔化图像，亮部区域会因变亮而丢失细节，整个图像显示出涂抹扩散的效果。

【例6-2】使用【艺术效果】滤镜调整图像效果。

视频+素材 (光盘素材\第06章\例6-2)

步骤 01 在Photoshop中，选择【文件】|【打开】命令，打开图像文件，并按Ctrl+J键复制背景图层。

步骤 02 选择【滤镜】|【滤镜库】命令，打开【滤镜库】对话框。在对话框中，选择【艺术效果】滤镜组中的【水彩】滤镜。设置【画笔细节】数值为10，【阴影强度】数值为0，【纹理】数值为3。

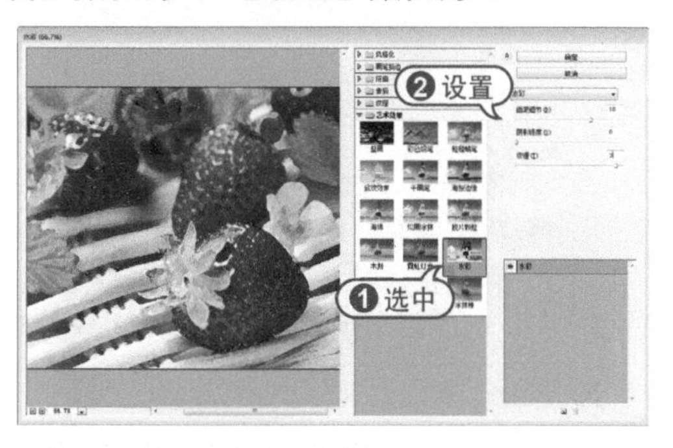

步骤 03 在对话框底部单击【新建效果图层】按钮，再次使用【艺术效果】滤镜组中的【水彩】滤镜。设置【画笔细节】数值为14，【纹理】数值为1。

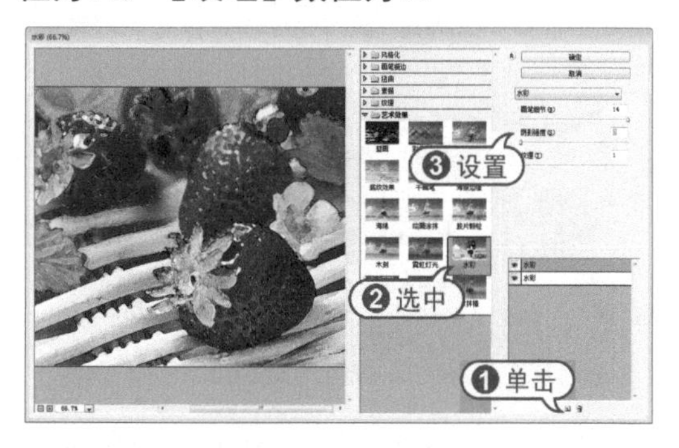

步骤 04 在对话框底部单击【新建效果图层】按钮，再单击【纹理】滤镜组中的【纹理化】滤镜图标，打开【纹理化】滤镜设置选项。在【纹理】下拉列表中选择【粗麻布】选项，设置【缩放】数值为200%，【凸现】数值为7，然后单击【确定】按钮应用滤镜效果。

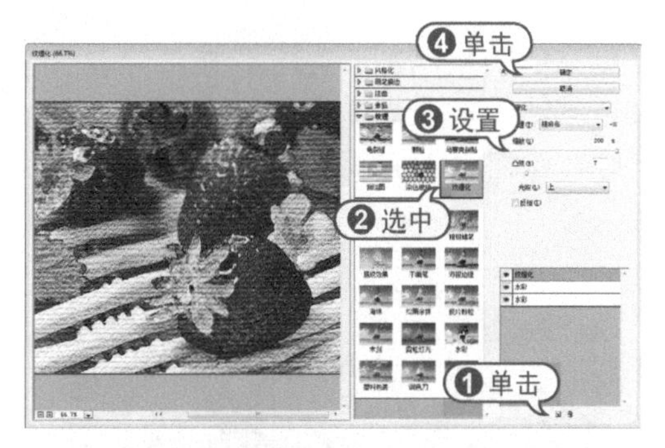

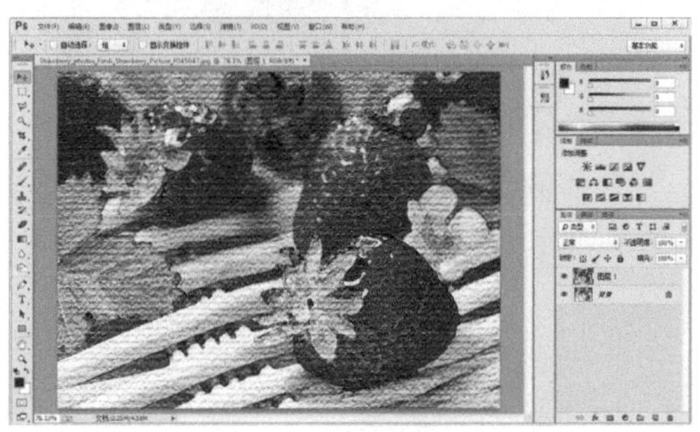

6.2.2 画笔描边滤镜

【画笔描边】滤镜组中包含8种滤镜，它们当中的一部分滤镜通过不同的油墨和画笔勾画图像产生绘画效果，有些滤镜可以添加颗粒、绘画、杂色、边缘细节或纹理。

【成角的线条】滤镜可以使用对角描边重新绘制图像，用一个方向的线条绘制亮部区域，再用相反方向的线条绘制暗部区域。

知识点滴

【成角的线条】滤镜设置参数中，【方向平衡】：用于设置笔触的倾斜方向。该数值越大，成交的线条越长。【描边长度】：用于控制勾绘画笔的长度。该值越大，笔触线条越长。【锐化程度】：用于控制笔锋的尖锐程度。该值越小，图像越平滑。

【墨水轮廓】滤镜以钢笔画的风格，用线条在原细节上重绘图像。

【喷溅】滤镜能够模拟喷枪，使图像产生笔墨喷溅的艺术效果。

【喷色描边】滤镜可以使用图像的主导色用成角、喷溅的颜色线条重新绘制图像，产生斜纹飞溅的效果。

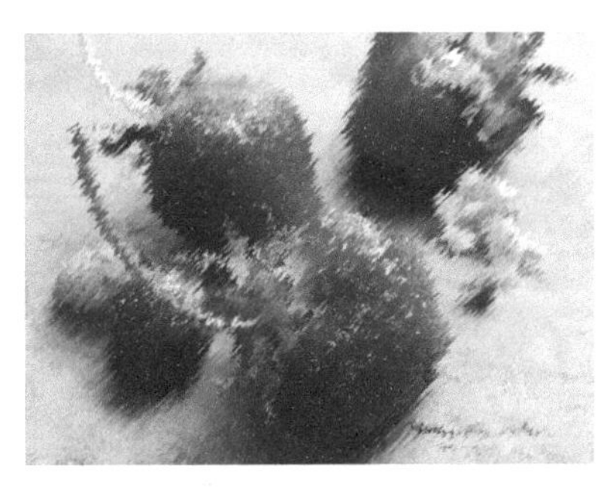

【强化的边缘】滤镜可以强化图像的边缘效果。

知识点滴

【强化的边缘】滤镜设置参数中，【边缘宽度】文本框：用于控制边缘的宽度。该值越大，边界越宽。【边缘亮度】文本框：用于调整边界的亮度。该值越大，边缘越亮；相反，图像边缘就越黑。【平滑度】文本框：用于调整处理边界的平滑度。

【深色线条】滤镜用短而紧密地深色线条绘制暗部区域，用长的白色线条绘制亮部区域。

【烟灰墨】滤镜和【深色线条】滤镜效果较为相似，但【烟灰墨】滤镜可以更加生动地表现出木炭或墨水被纸张吸收后的模糊效果。

【阴影线】滤镜可以使图像产生交叉网线描绘或雕刻的效果，产生网状的阴影。

【例6-3】使用【画笔描边】滤镜调整图像。

视频+素材 (光盘素材\第06章\例6-3)

步骤 01 在Photoshop中，选择【文件】|【打开】命令，打开图像文件，并按Ctrl+J键复制背景图层。

步骤 02 选择【矩形选框】工具，在图像中创建选区，然后在【通道】面板中单击【将选区存储为通道】按钮，创建Alpha1通道。

步骤 03 在【通道】面板中选中Alpha1通道，按Ctrl+D键取消选区，然后选择【滤镜】|【滤镜库】命令，打开【滤镜库】对话框。在对话框中，选择【画笔描边】滤镜组中的【喷溅】滤镜。在对话框中，设置【喷色半径】数值为25，【平滑度】数值为15，然后单击【确定】按钮应用。

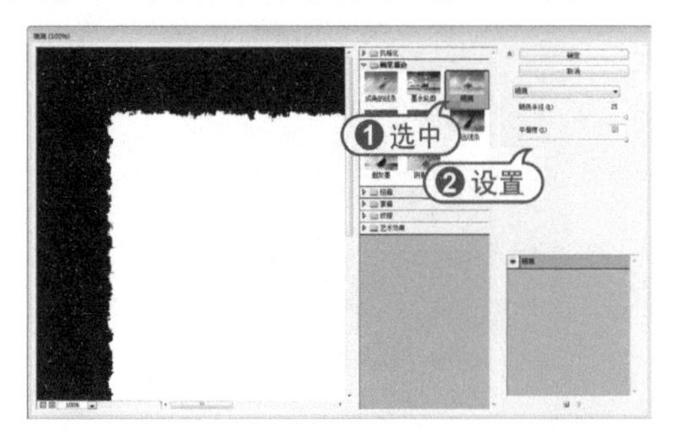

步骤 04 选择【滤镜】|【滤镜库】命令，打开【滤镜库】对话框。在对话框中，选择【素描】滤镜组中的【影印】滤镜。在对话框中，设置【细节】数值为24，【暗度】数值为2，然后单击【确定】按钮应用。

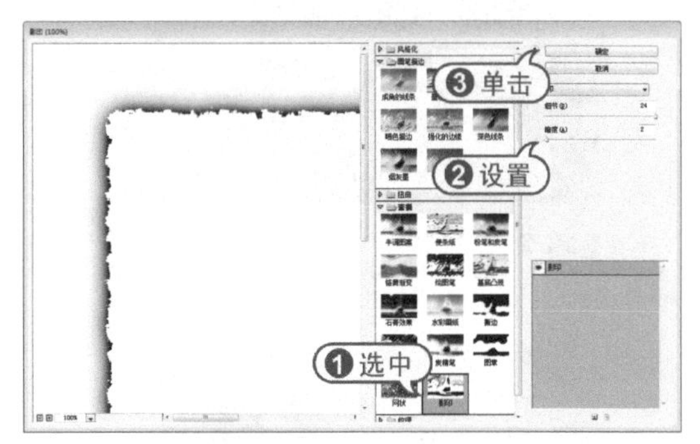

实战技巧

在滤镜效果列表区域中，通过选择并拖动的操作方式，可以调整滤镜效果图层的排列位置；单击滤镜效果图层前部的【图层可见】图标，可以隐藏该滤镜效果图层，同时预览区域也会随之不显示该滤镜效果。

步骤 05 按Ctrl键单击Alpha1通道载入选区，并再次选中RGB通道。

步骤 06 打开【图层】面板，单击【创建新图层】按钮新建【图层2】图层，再选择【选择】|【反向】命令反选选区。

步骤 07 按Alt+Delete键使用前景色填充选区，并按Ctrl+D键取消选区，然后在【图层】面板中，设置图层混合模式为【正片叠底】，【不透明度】为70%。

6.2.3 扭曲滤镜效果

【扭曲】滤镜组中的滤镜可以对图像进行几何扭曲，创建3D或其他整形效果。在处理图像时，这些滤镜会占用大量内存，如果文件较大，可以先在小尺寸的图像上进行试验。

【波浪】滤镜可以在图像上创建波状起伏的图案，生成波浪效果。

【波纹】滤镜与【波浪】滤镜的工作方式相同，但提供的选项较少，只能控制波纹的数量和波纹大小。

【极坐标】滤镜可以将图像从平面坐标转换为极坐标效果，或者从极坐标转换为平面坐标效果。

【挤压】滤镜可以将整个图像或选区内的图像向内或向外挤压。其对话框中，【数量】文本框用于调整挤压程度，其取值范围为-100%~100%，取正值时，图像向内收缩，取负值时图像向外膨胀。

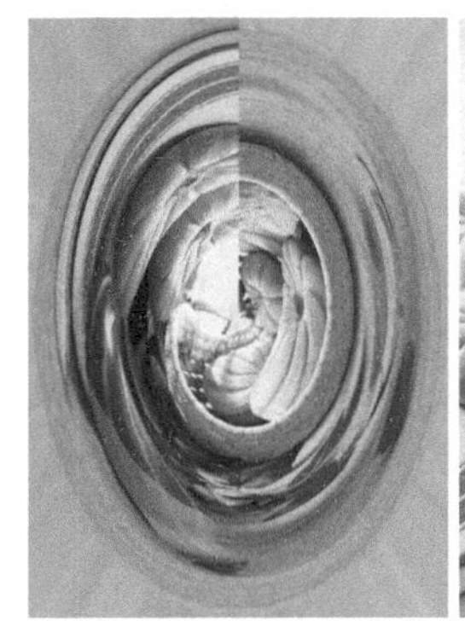

【切变】滤镜比较灵活，可以按照自己设定的曲线来扭曲图像。

【球面化】滤镜通过将选区折成球形，扭曲图像以及伸展图像以适合选中的曲线，使图像产生3D效果。

【水波】滤镜可以模拟水池中的波纹，在图像中产生类似于向水池中投入石子后水面的变化形态。

【旋转扭曲】滤镜可以使图像产生旋转的效果。其对话框中，【角度】文本框的值为正时，图像顺时针旋转扭曲，为负时，则逆时针旋转扭曲。

【置换】滤镜可以使图像产生移位效果，图像的移位方向与对话框中的参数设置和置换图像有关。置换图像的前提是要有两个图像文件，一个图像是要编辑的图像，另一个是置换图像文件，置换图像充当移位模板，用来控制位移的方向。

【玻璃】滤镜可以制作细小的纹理，使图像看起来像是透过不同类型的玻璃观察的效果。

【海洋波纹】滤镜可以将随机分隔的波纹效果添加到图像表面，它产生的波纹细小，边缘有较多抖动，图像画面看起来像是在水下面。

【扩散亮光】滤镜可以在图像中添加白色杂色，并从图像中心向外渐隐亮光，使其产生一种光芒漫射的效果。

【例6-4】使用【置换】滤镜调整图像效果。

视频+素材 (光盘素材\第06章\例6-4)

步骤 01 在Photoshop中，选择【文件】|【打开】命令，打开素材图像，并按Ctrl+J键复制【背景】图层。

步骤 02 选择【滤镜】|【像素化】|【点状化】命令，打开【点状化】对话框。在对话框中，设置【单元格大小】数值为22，然后单击【确定】按钮。

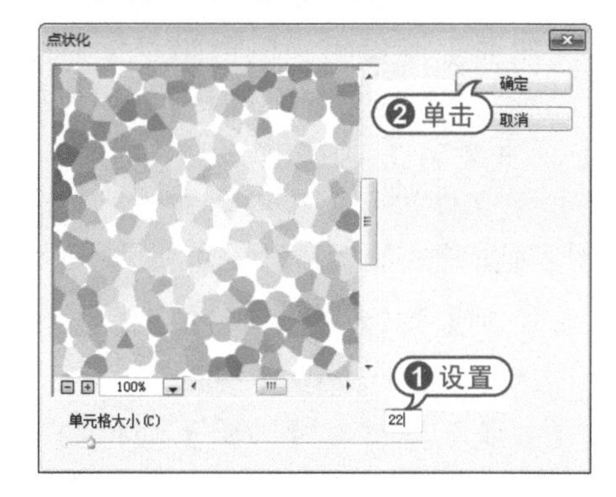

步骤 03 按Ctrl+L键打开【色阶】对话框，设置输入色阶为60、0.68、220，然后单击【确定】按钮应用。

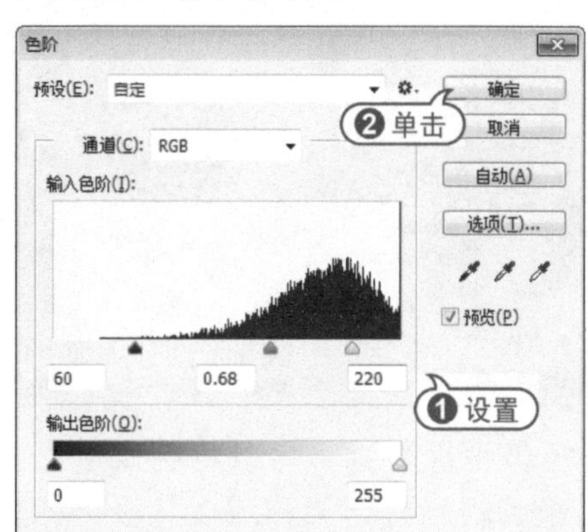

步骤 04 选择【文件】|【存储为】命令，打开【存储为】对话框。在对话框的【文件名】文本框中输入“置换”，在【格式】下拉列表中选择*.PSD格式，然后单击【保存】按钮。

步骤 05 选择【文件】|【打开】命令打开图像文件，并按Ctrl+J键复制【背景】图层。

步骤 06 选择【滤镜】|【扭曲】|【置换】命令，打开【置换】对话框。在对话框中，设置【水平比例】和【垂直比例】数值为100，然后单击【确定】按钮。

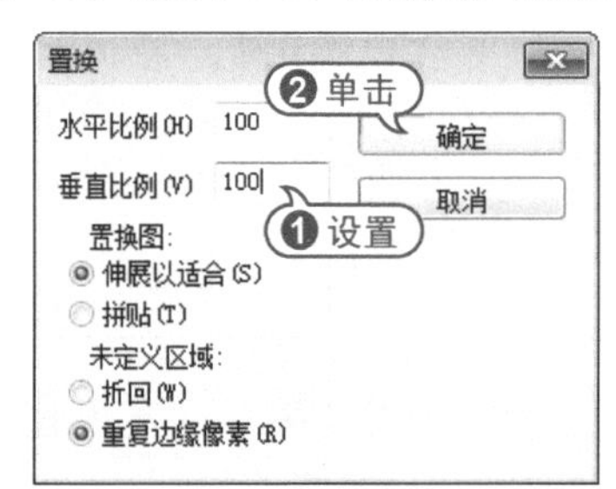

步骤 07 在打开的【选取一个置换图】对话框中，选中刚存储的“置换”图像文件，然后单击【打开】按钮应用。

步骤 08 在【图层】面板中，设置【图层1】图层的混合模式为【叠加】、不透明度为80%

6.2.4 素描滤镜效果

【素描】滤镜组可以将图像转换为绘画效果，使图像看起来像是用钢笔或木炭绘制的。适当设置钢笔的粗细、前景色和背景色，可以得到更真实的效果。该滤镜组中的滤镜都使用前景色代表暗部，背景色代表亮部，因此颜色的设置会直接影响到滤镜效果。

【半调图案】滤镜在保持连续的色调范围的同时，可以模拟半调网屏的效果。

知识点滴

【半调图案】滤镜设置参数中，【大小】文本框：用于设置网点的大小，该值越大，其网点越大。【对比度】文本框：用于设置前景色的对比度。该值越大，前景色的对比度越强。【图案类型】下拉列表：用于设置图案的类型，有【网点】、【圆形】和【直线】3个选项。

【便条纸】滤镜用于简化图像色彩，使图像沿着边缘产生凹陷，生成类似浮雕的凹陷压印图案。

知识点滴

【便条纸】滤镜设置参数中，【图像平衡】文本框：用于设置高光区域和阴影区域相对面积的大小。【粒度/凸现】文本框：用于设置图像中生成的颗粒的数量和显示程度。

【粉笔和炭笔】滤镜重绘高光和中间调，并使用粗糙粉笔绘制纯中间调的灰色背景。阴影区域用黑色对角炭笔线条替换。炭笔用前景色绘制，粉笔用背景色绘制。

【铬黄渐变】滤镜使用图像表面具有擦亮的铬黄表面般的金属效果，高光在反射表面上是高点，阴影是低点。应用该滤镜后，可以使用【色阶】命令增加图像的对比度，使金属效果更加强烈。

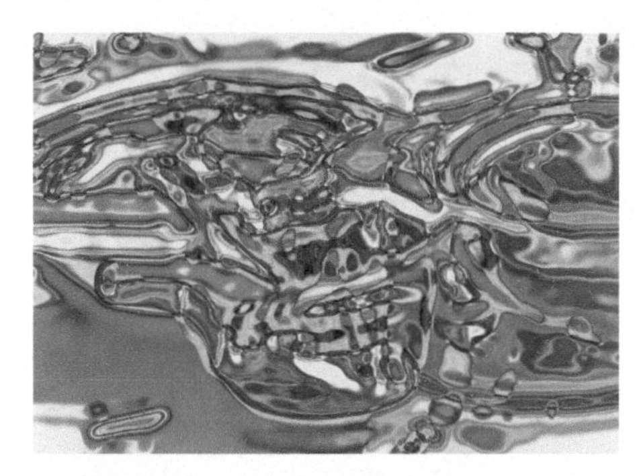

【绘图笔】滤镜使用细的、线状的油墨描边来捕捉原图像画面中的细节，前景色作为油墨，背景色作为纸张，以替换原图像中的颜色。

知识点滴

【绘图笔】滤镜设置参数中，【描边长度】文本框：用于调节笔触在图像中的长短。【明/暗平衡】文本框：用于调整图像前景色和背景色的比例。当该值为0时，图像被背景色填充；当该值为100时，图像被前景色填充。【描边方向】下拉列表：用于选择笔触的方向。

【基底凸现】滤镜可以变换图像，使之呈现浮雕的雕刻效果，并突出光照下变化各异的表面。图像的暗区将呈现前景色，而浅色使用背景色。

【石膏效果】滤镜模拟石膏堆砌的效果。在【光照】下拉列表中，可以选择8个方向的光线。

【水彩画纸】滤镜可以模拟画在潮湿纤维纸上的涂抹效果，使颜色在画面中流动并混合。

【撕边】滤镜可以重建图像，使之像是由粗糙、撕破的纸片组成的，然后使用前景色与背景色为图像着色。对于文本或高对比度的对象，此滤镜尤其有用。

【炭笔】滤镜可以产生色调分离的涂抹效果。图像的主要边缘以粗线条绘制，而中间色调用对角描边进行素描，炭笔是前景色，背景是纸张颜色。

【炭精笔】滤镜可以在图像上模拟浓黑和纯白的炭精笔纹理，暗区使用前景色，亮区使用背景色。为了获得更逼真的效果，可以在应用滤镜之前将前景色改为常用的炭精笔颜色，如黑色、深褐色等。要获得减弱的效果，可以将背景色改为白色，在白色背景中添加一些前景色，然后再应用滤镜。

【图章】滤镜可以简化图像，使之看起来像是用橡皮或木制图章创建的一样。该滤镜用于黑白图像时效果最佳。

【网状】滤镜可以模拟胶片乳胶的可控收缩和扭曲来创建图像，使之在阴影处

结块，在高光处呈现轻微的颗粒化。

【影印】滤镜可以模拟影印图像的效果，大的暗区趋向于只复制边缘四周，而中间色调要么纯黑色，要么纯白色。

6.2.5 纹理滤镜

【纹理】滤镜组中包含了6种滤镜，使用这些滤镜可以模拟具有深度感或物质感的外观。

【龟裂缝】滤镜可以将图像绘制在一个高凸现的石膏表面上，以循着图像等高线生成精细的网状裂缝。

【颗粒】滤镜可以使用常规、软化、喷洒、结块和斑点等不同种类的颗粒在图像中添加纹理。

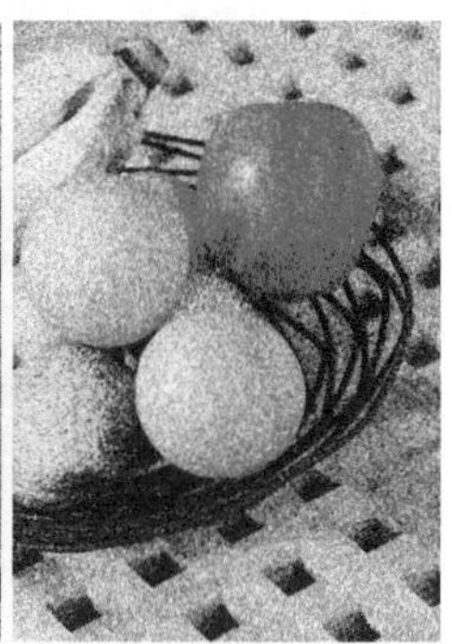

【马赛克拼贴】滤镜可以渲染图像，使它看起来像是由小的碎片或拼贴组成，然后加深拼贴之间缝隙的颜色。

【拼贴图】滤镜可以将图像分成规则排列的正方形块，每一个方块使用该区域的主色填充。该滤镜可以随机减小或增大拼贴的深度，以模拟高光和阴影。

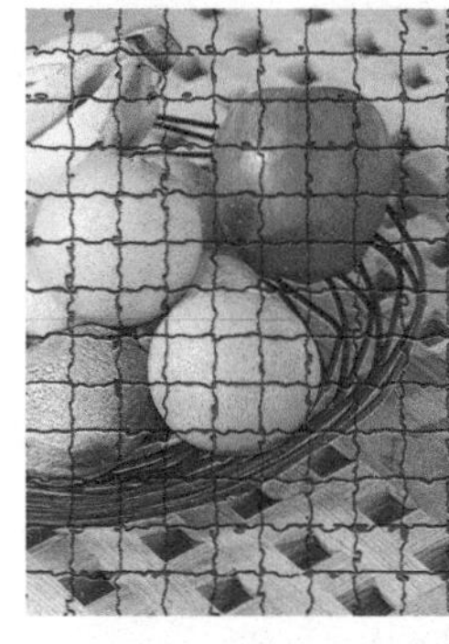
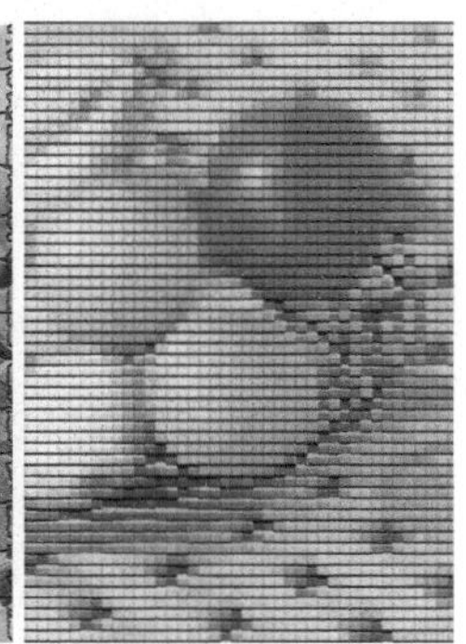

【染色玻璃】滤镜可将图像重新绘制为单色的相邻单元格，色块之间的缝隙用前景色填充，使图像看起来像是彩色玻璃。

【纹理化】滤镜可以生成各种纹理，在图像中添加纹理质感，可选择的纹理包括砖形、粗麻布、画布和砂岩，也可以载入一个PSD格式的文件作为纹理文件。

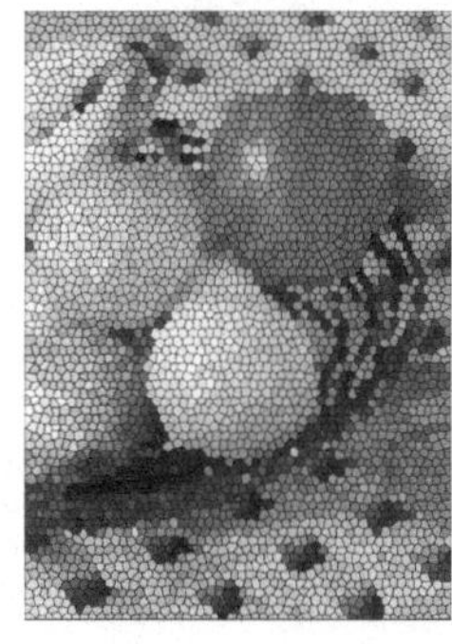
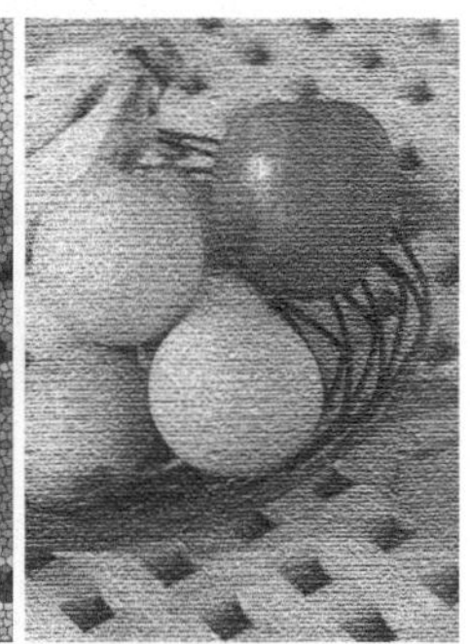

6.2.6 像素化滤镜

【像素化】滤镜组中的滤镜可以通过单元格中颜色值相近的像素结成块来清晰地定义一个选区，可以创建彩块、点状、晶格和马赛克等特殊效果。

【彩色半调】滤镜可以使图像变为网点状效果。它先将图像的每一个通道划分出矩形区域，再以和矩形区域亮度成比例的圆形替代这些矩形，圆形的大小与矩形的亮度成比例，高光部分生成的网点较小，阴影部分生成的网点较大。

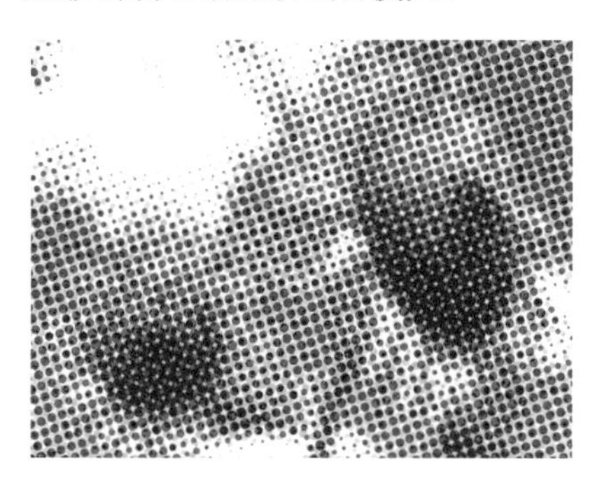

知识点滴

【彩色半调】滤镜设置参数中，【最大半径】文本框：用来设置生成的最大网点的半径。【网角(度)】：用来设置图像各个原色通道的网点角度。

【点状化】滤镜可以将图像中的颜色分散为随机分布的网点，如同点状绘画效果，背景色将作为网点之间的画布区域。

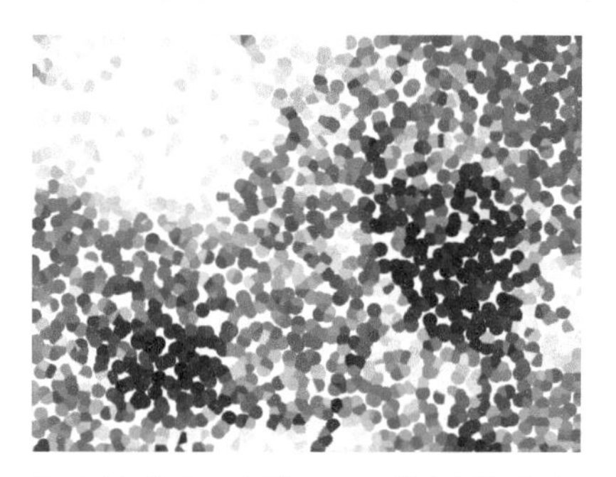

【晶格化】滤镜可以使图像中相近的像素集中到多边形色块中，产生类似结晶的颗粒效果。

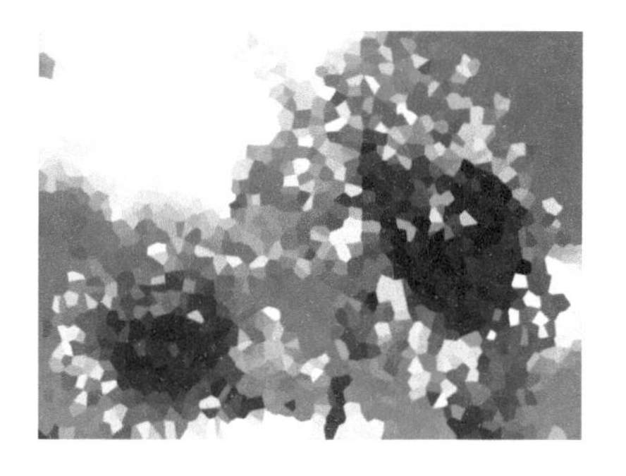

【马赛克】滤镜可以使像素结为方形块，再给块中的像素应用平均的颜色，创建出马赛克效果。

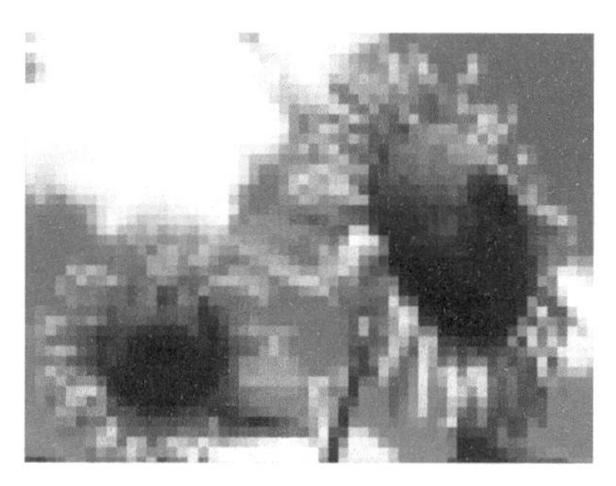

【碎片】滤镜可以将图像中的像素复制4次，然后将复制的像素平均分布，并使其相互偏移。

【铜版雕刻】滤镜可以将图像转换为黑白区域的随机图案或彩色图像中完全饱和颜色的随机图案。

知识点滴

在【铜版雕刻】滤镜对话框中，【类型】选项用于选择铜版雕刻的类型，包括【精细点】、【中等点】、【粒状点】、【粗网点】、【短直线】、【中长直线】、【长直线】、【短描边】、【中长描边】和【长描边】10种。

6.2.7 渲染滤镜效果

【渲染】滤镜组中的滤镜可以在图像中创建3D形状、云彩图案、折射图案和模拟的光反射。

【分层云彩】滤镜可以将云彩数据和现有的像素混合，其方式与【差值】模式混合颜色的方式相同。

【光照效果】滤镜功能相当强大，不仅可以在RGB图像上产生多种光照效果，也可以使用灰度文件的凹凸纹理图产生类似3D的效果，并可存储为自定样式以在其他图像中使用。

【镜头光晕】滤镜能产生类似强光照射在镜头上所产生的光照效果，还可以人工调节光照位置、强度和范围等。

【纤维】滤镜可以根据当前的前景色和背景色来生成类似纤维的纹理效果。

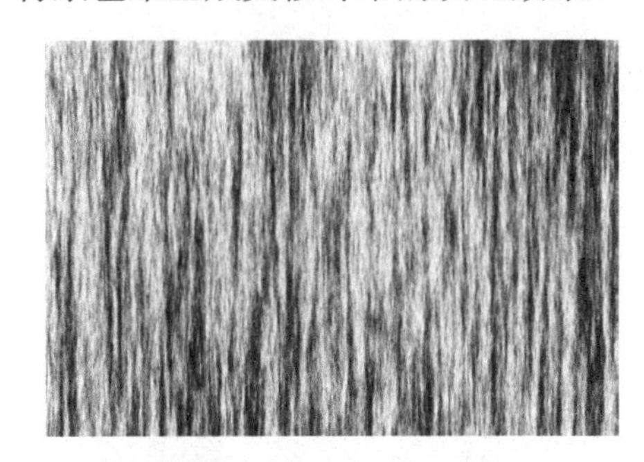

知识点滴

【纤维】滤镜设置参数中，【差异】选项用来设置颜色的变化方式，该值较低时会产生较长的颜色条纹；该值较高时会产生较短且颜色分布变化更大的纤维。【强度】选项用来控制纤维的外观，该值较低时会产生松散的织物效果，该值较高时会产生短绳状纤维。

【云彩】滤镜可以在图像的前景色和背景色之间随机抽取像素，再将图像转换为柔和的云彩效果，该滤镜无参数设置对话框，常用于创建图像的云彩效果。

【例6-5】使用【镜头光晕】滤镜调整图像。

素材 (光盘素材\第06章\例6-5)

步骤 01 在Photoshop中，选择【文件】|【打开】命令，打开一幅素材图像，并按Ctrl+J键复制【背景】图层。

步骤 02 选择【滤镜】|【渲染】|【光照效果】命令，在显示设置选项后，将光标放置图像窗口中的控制框上，调整控制框

大小。然后在工作区右侧的选项设置区中选择光照类型为【点光】，设置【强度】为20，单击【颜色】选项旁的色块，在弹出的【拾色器】对话框中，设置颜色为R:255、G:238、B:200。

步骤 03 在选项栏中，单击【确定】按钮退出光照效果设置。在【图层】面板中，设置图层混合模式为【滤色】，【不透明度】为80%。

步骤 04 选择【滤镜】|【渲染】|【镜头光晕】命令，打开【镜头光晕】对话框。选中【50-300毫米变焦】单选按钮，在预览图中单击设置光源起始点，然后单击【确定】按钮。

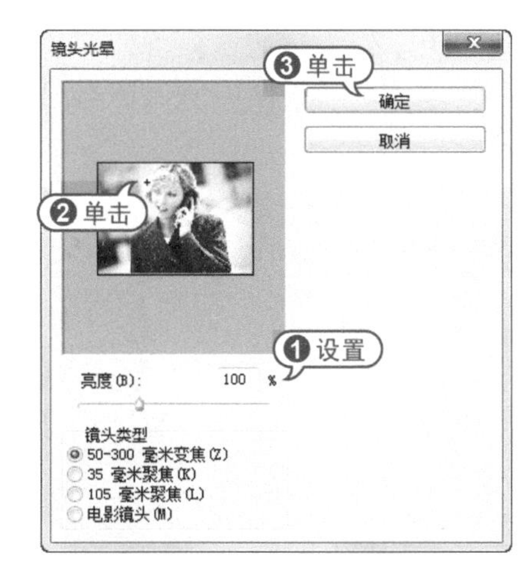

知识点滴

【镜头光晕】滤镜设置参数中，【预览窗口】中可以通过拖拽十字线来调节光晕的位置。【亮度】选项用来控制镜头光晕的亮度。【镜头类型】选项用来选择镜头光晕的类型，包括【50-300毫米变焦】、【35毫米聚焦】、【105毫米聚焦】和【电影镜头】4种类型。

6.2.8 其他滤镜

【其他】滤镜组中包含5种滤镜，其中包含允许自定义滤镜的命令，也有使用滤镜修改蒙版、在图像中使选区发生位移和快速调整颜色的命令。

【高反差保留】滤镜在有强烈颜色转变的地方按指定半径保留边缘细节，并且不显示图像的其余部分。使用此滤镜可以移去图像中低频细节。其对话框中的【半径】选项用于设定该滤镜分析处理的像素范围，值越大，效果图中所保留原图像的像素越多。

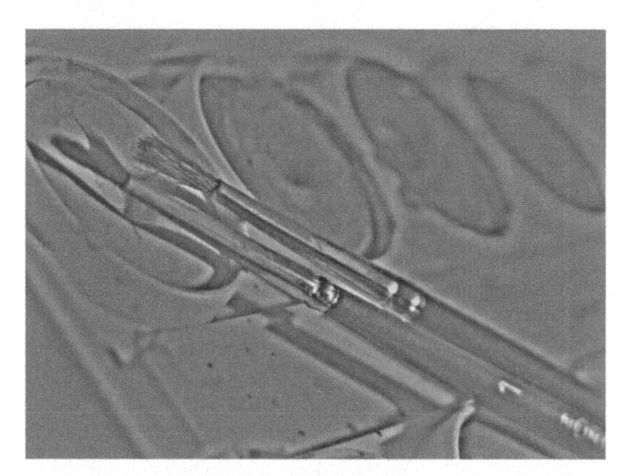

【位移】滤镜可以水平或垂直偏移图像，对于由偏移生成的空缺区域，还可以用不同的方式来填充。

知识点滴

在【位移】对话框的【未定义区域】选项组用来设置偏移图像后产生的空缺部分的填充方式。选择【设置为背景】，将以背景色填充空缺部分；选择【重复边缘像素】，可在图像边界不完整的空缺部分填入扭曲边缘的像素颜色；选择【折回】，可在空缺部分填入溢出图像之外的图像内容。

【自定】滤镜是根据预定的数学运算更改图像中每个像素的亮度值，然后根据周围的像素值，为每个像素重新指定一个值，此操作与通道的加、减计算类似。

【最大值】和【最小值】滤镜可以在指定的半径内，用周围像素的最高或最低亮度值替换当前像素的亮度值。

【最大值】滤镜具有应用阻塞的效果，可以扩展白色区域，阻塞黑色区域。

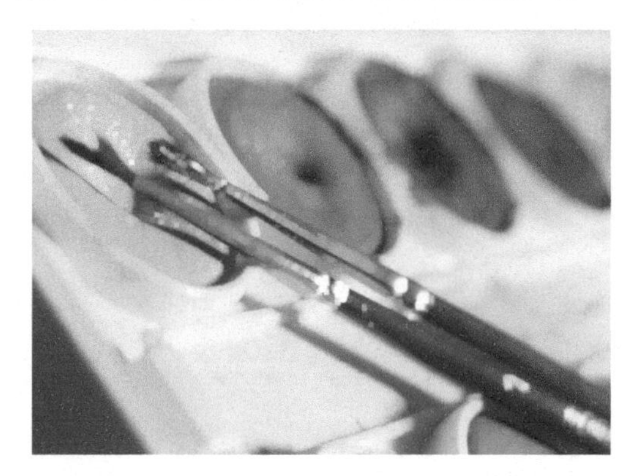

【最小值】滤镜具有伸展的效果，可以扩展黑色区域，收缩白色区域。

知识点滴

【最大值】滤镜和【最小值】滤镜常用来修改蒙版，其中，【最大值】滤镜用于收缩蒙版，【最小值】滤镜用于扩展蒙版。

6.3 数码照片特效应用

在Photoshop中，通过结合滤镜的编辑操作，可以将数码照片制作成各种绘画作品，也可以制作画面的特殊视觉效果。

6.3.1 制作倒影效果

在拍摄的照片中，倒影与景物的相映成趣，会为照片增色不少。在Photoshop中，可以通过变换图像，结合滤镜添加逼真的倒影效果。

【例6-6】制作倒影效果。

素材 (光盘素材\第06章\例6-6)

步骤 01 在Photoshop中，打开素材图像，并按Ctrl+J键复制【背景】图层。

步骤 02 选择【图像】|【画布大小】命令，打开【画布大小】对话框。在对话框中，设置【高度】为26厘米，在【定位】设置区中，单击上部中央位置，然后单击【确定】按钮。

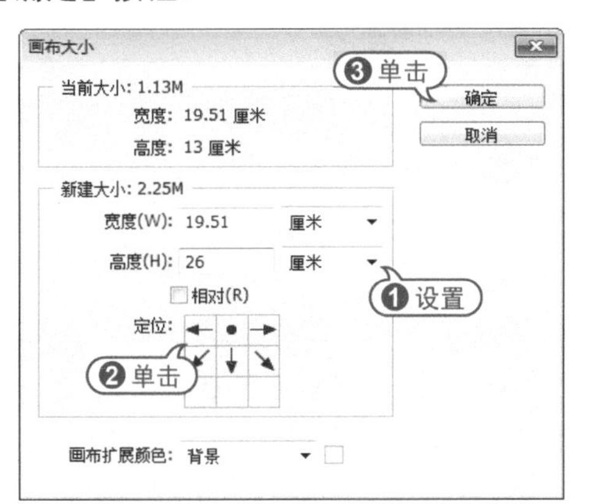

步骤 03 选择【编辑】|【变换】|【垂直翻转】命令，翻转【图层1】图层图像内容，并使用【移动】工具将齐拖动至画面下部。

步骤 04 在【图层】面板中，按Ctrl键单击【图层1】图层缩览图，载入选区。单击【创建新图层】按钮，新建【图层2】图层。然后选择【渐变】工具，在选区内从下往上拖动创建渐变效果，并在【图层】面板中设置图层混合模式为【正片叠底】。

步骤 05 按Ctrl+D键取消选区，单击【创建新图层】按钮，新建【图层3】图层，并按Ctrl+Delete键填充白色。选择【滤镜】|【滤镜库】命令，打开【滤镜库】对话框。在对话框选中【素描】滤镜组中的【半调图案】滤镜，在【图案类型】下拉列表中选择【直线】选项，设置【大小】为12，【对比度】为50，然后单击【确定】按钮。

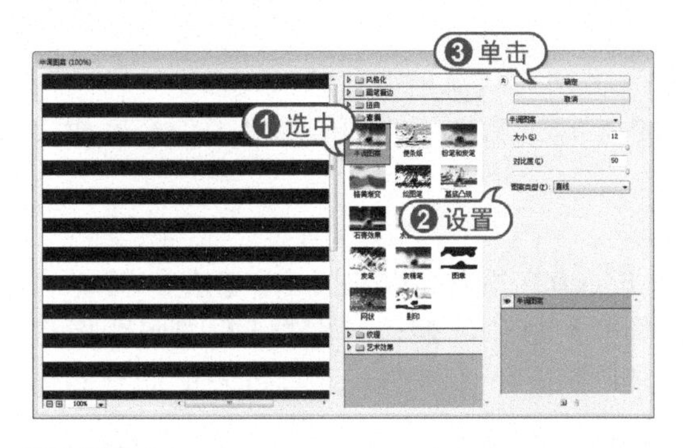

步骤 06 选择【滤镜】|【模糊】|【高斯模糊】命令，打开【高斯模糊】对话框。在对话框中，设置【半径】为7像素，单击【确定】按钮。

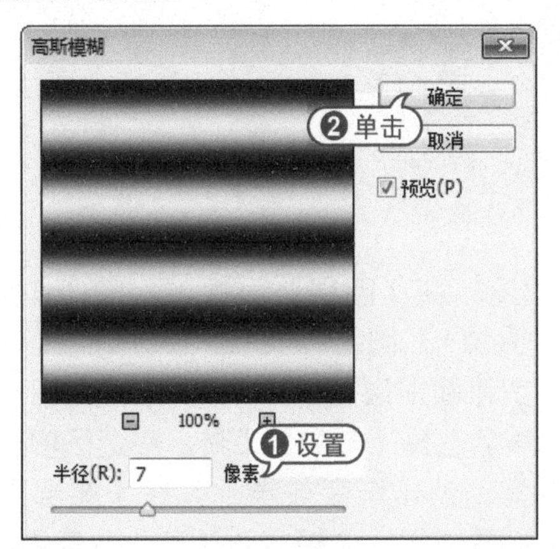

步骤 07 右击【图层3】图层，在弹出的菜单中选择【复制图层】命令，打开【复制图层】对话框。在对话框的【文档】下拉列表中选择【新建】选项，在【名称】文本框中输入“置换”，单击【确定】按钮。

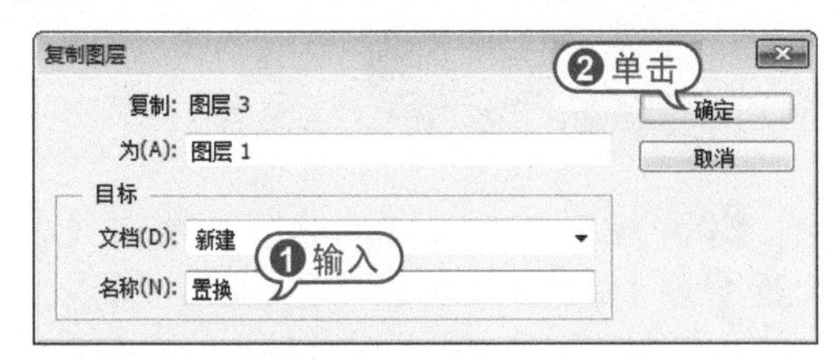

步骤 08 选择【文件】|【存储为】命令，打开【另存为】对话框。将“置换”文档存储为PSD格式。

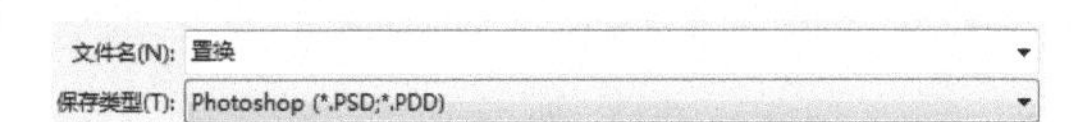

步骤 09 返回正在编辑的图像文件，关闭【图层3】图层视图，选中【图层2】图层，并按Alt+Shift+Ctrl+E键盖印图层，生成【图层4】图层。

步骤 10 选择【滤镜】|【扭曲】|【置换】命令，打开【置换】对话框。在对话框中，设置【水平比例】为4，【垂直比例】为0，然后单击【确定】按钮。

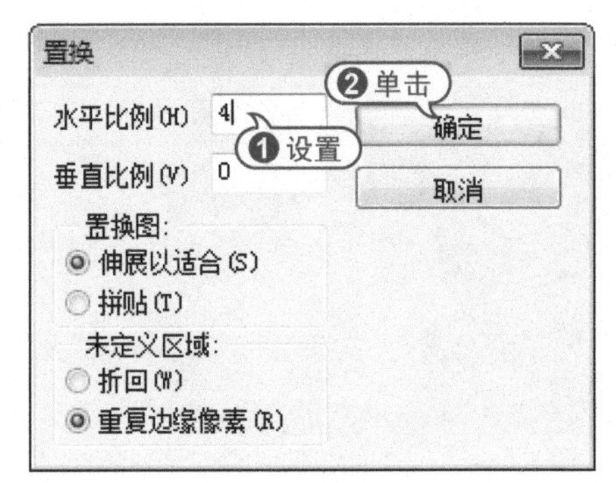

步骤 11 在打开的【选择一个置换图】对话框中，选中“置换”文档，然后单击【打开】按钮。

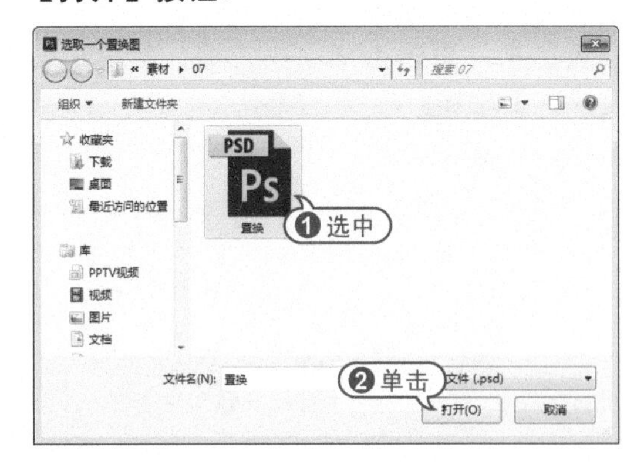

步骤 12 按Ctrl键单击【图层1】图层缩览图载入选区，并按Shift+Ctrl+I键反选选区。然后按Delete键删除选区内图像。

步骤 13 按Ctrl+J键生成【图层4拷贝】图层，选择【滤镜】|【滤镜库】命令，打开【滤镜库】对话框。在对话框中，选择【扭曲】滤镜组中的【海洋波纹】滤镜，设置【波纹大小】为3，【波纹幅度】为5，然后单击【确定】按钮。

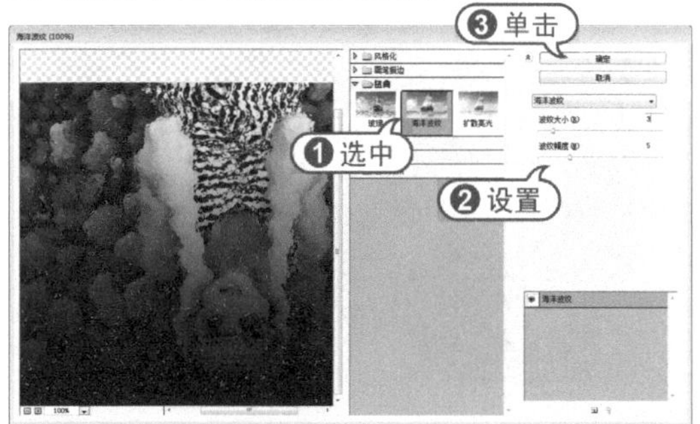

步骤 14 在【图层】面板中，单击【添加图层蒙版】按钮。选择【画笔】工具，在选项栏中，设置画笔大小为250像素，硬度为0%，不透明度为20%，并设置前景色为黑色。然后使用【画笔】工具在【图层4拷贝】图层蒙版中涂抹修饰倒影效果。

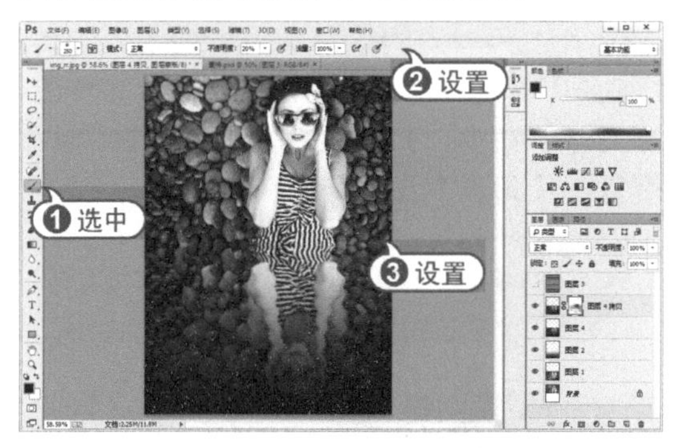

步骤 15 在【图层】面板中，选中【图层4】图层，并单击【添加图层蒙版】按钮。然后使用【画笔】工具在【图层4】图层蒙版中涂抹修饰倒影效果。

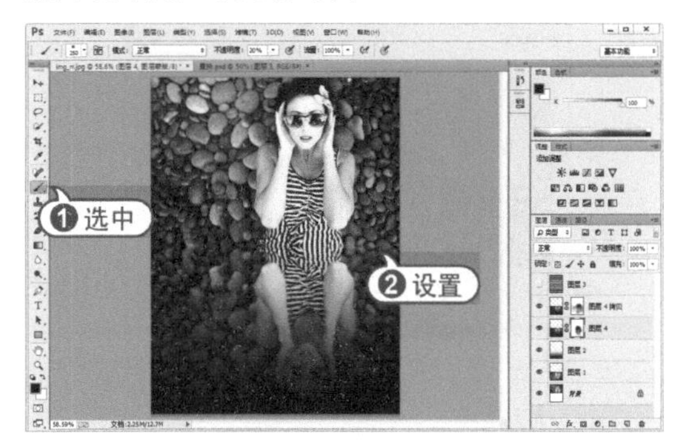

6.3.2 添加星光效果

在点光源拍摄的数码照片中，可以利用Photoshop中的【动感模糊】命令制作星光效果。

【例6-7】添加星光效果。

视频+素材 (光盘素材\第06章\例6-7)

步骤 01 在Photoshop中，打开素材图像，并按Ctrl+J键两次复制【背景】图层。

步骤 02 选择【滤镜】|【模糊】|【动感模糊】命令，打开【动感模糊】对话框。在对话框中，设置【角度】为45度，【距离】为60像素，然后单击【确定】按钮，并设置【图层1拷贝】图层混合模式为【变亮】。

步骤 03 在【图层】面板中，选中【图层1】图层。选择【滤镜】|【模糊】|【动感模糊】命令，打开【动感模糊】对话框。在对话框中，设置【角度】为-45度，然后单击【确定】按钮，并设置【图层1】图层

混合模式为【变亮】。

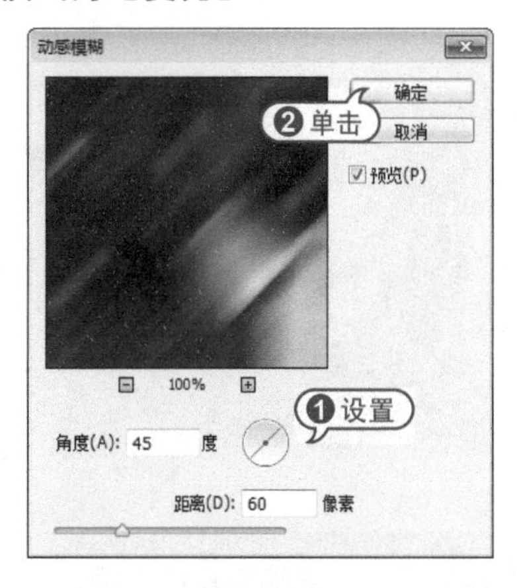

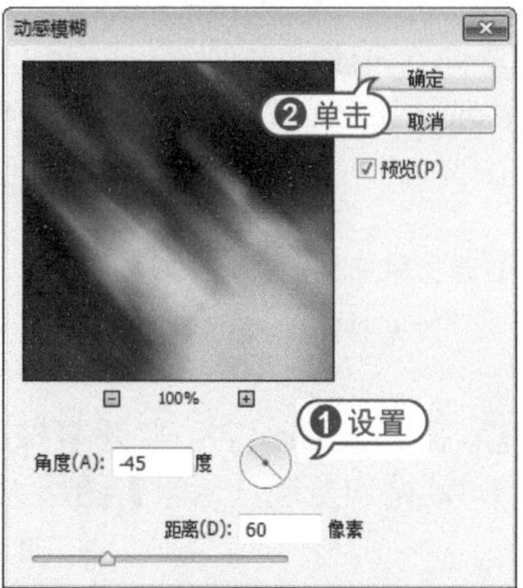

步骤 04 在【图层】面板中，按Ctrl键选中【图层1】图层和【图层1拷贝】图层，并按Ctrl+E键合并图层，设置合并后图层混合模式为【变亮】。

步骤 05 在【图层】面板中，单击【添加图层蒙版】按钮为【图层1拷贝】添加图层蒙版。选择【画笔】工具，在选项栏中将画笔设置为柔边画笔样式，设置【不透明度】为30%，然后使用【画笔】工具在图层蒙版中涂抹画面中的人物部分。

步骤 06 在【图层】面板中，选中【图层1拷贝】图层缩览图，选择【滤镜】|【锐化】|【USM锐化】命令，打开【USM锐化】对话框。在对话框中，设置【数量】为110%，【半径】为5.3像素，然后单击【确定】按钮。

6.3.3 制作微缩景观

使用Photoshop中的【移轴模糊】命令，可以制作出移轴摄影的效果。

【例6-8】制作微缩景观。

素材 (光盘素材\第06章\例6-8)

步骤 01 在Photoshop中，选择【文件】|【打开】命令，打开素材图像，并按Ctrl+J键复制【背景】图层。

步骤 02 选择【滤镜】|【模糊】|【移轴模糊】命令，打开设置选项。设置【模糊】为15像素，并在图像中调整模糊控制框。

步骤 03 在【调整】面板中，单击【创建新的曲线调整图层】图标。在展开的【属性】面板中，调整RGB通道曲线。

步骤 04 在【属性】面板中，选中【蓝】通道，并调整蓝通道曲线形状。

6.3.4 制作夜空图

使用Photoshop中的【极坐标】滤镜，可以制作出特殊效果的夜空图。

【例6-9】制作夜空图。

素材 (光盘素材\第06章\例6-9)

步骤 01 在Photoshop中，选择【文件】|【打开】命令，打开一幅素材图像。

步骤 02 选择【裁剪】工具，在选项栏中单击【选择预设长宽比或裁剪尺寸】按钮，在弹出的下拉列表中选择【1:1(方形)】选项，然后在图像中调整裁剪区域，并按Enter键裁剪图像。

步骤 03 按Ctrl+J键复制【背景】图层。选择【滤镜】|【扭曲】|【极坐标】命令，打开【极坐标】对话框。在对话框中，选中【平面坐标到极坐标】单选按钮，然后单击【确定】按钮。

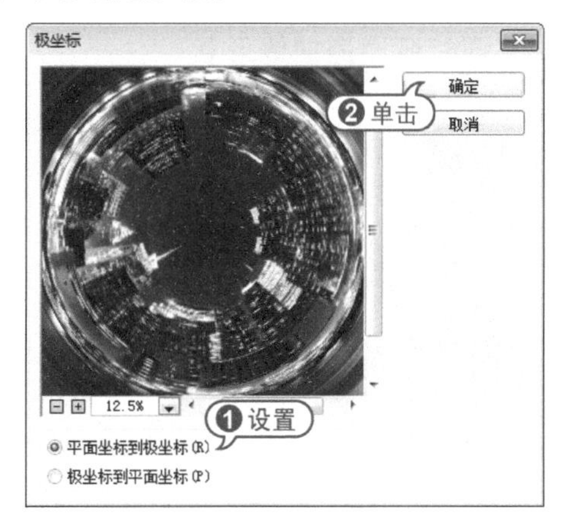

步骤 04 在【图层】面板中，单击【创建新图层】按钮，新建【图层2】图层。选择【仿制图章】工具，在选项栏中，设置柔边画笔样式，设置【不透明度】为50%，取消【对齐】复选框的选中，在【样本】下拉列表中选择【所有图层】选项。按Alt键在图像中单击设置取样源，然后使用【仿制图章】工具在图像需要修饰的地方涂抹。

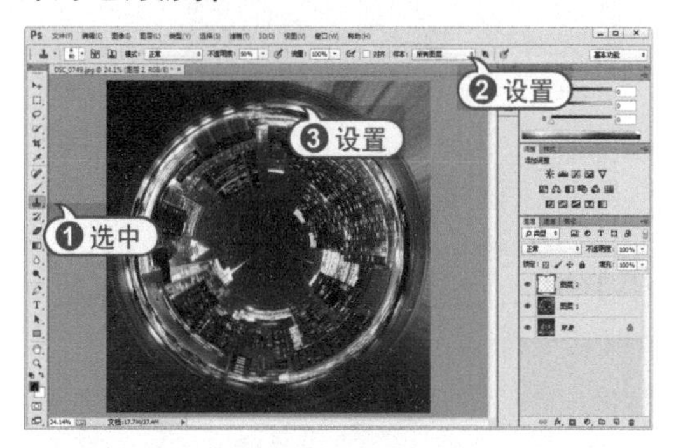

步骤 05 在【调整】面板中，单击【创建新的曲线调整图层】图标。在展开的【属性】面板中，调整RGB通道曲线形状。

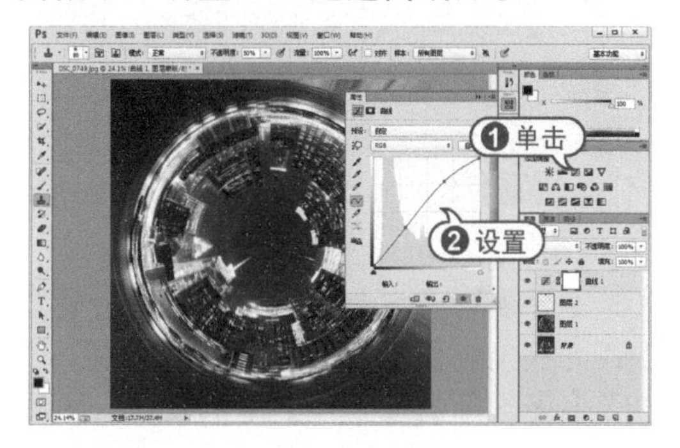

步骤 06 在通道下拉列表中选择【蓝】通道，并调整蓝通道曲线形状。

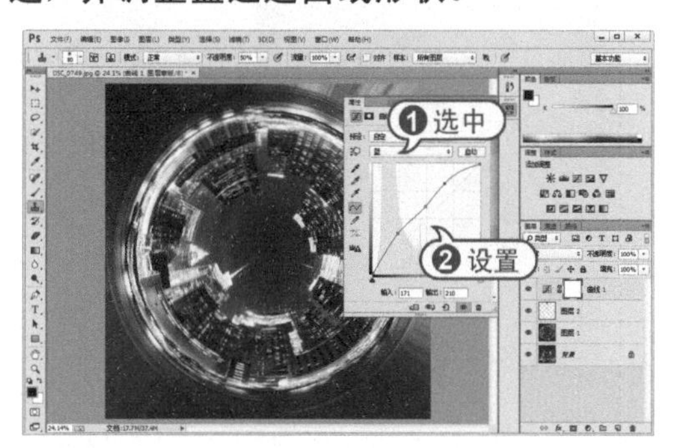

步骤 07 在【图层】面板中，单击【创建新图层】按钮，新建【图层3】图层。在【颜色】面板中设置R:27、G:24、B:44。选择【画笔】工具，在选项栏中设置柔边画笔样式，【不透明度】为30%，然后使用【画笔】工具在图像四角进行涂抹。

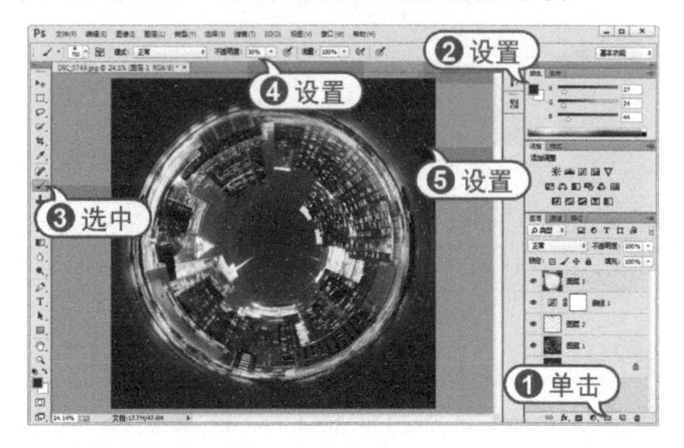

6.3.5 制作木纹边框

使用Photoshop应用程序可以为照片图像添加具有立体感的边框效果。本例介绍如何使用滤镜和图层样式等功能，制作木纹质感相框。

【例6-10】制作木纹边框。

视频+素材 (光盘素材\第06章\例6-10)

步骤 01 在Photoshop中，打开素材图像，并按Ctrl+J键复制【背景】图层。

步骤 02 选择菜单栏中【图像】|【画布大小】命令，打开【画布大小】对话框。选中【相对】复选框，设置【宽度】和【高度】为3厘米，然后单击【确定】按钮。

步骤 03 按Ctrl键单击【图层1】图层缩览图，载入选区，并按Shift+Ctrl+I键反选选区。

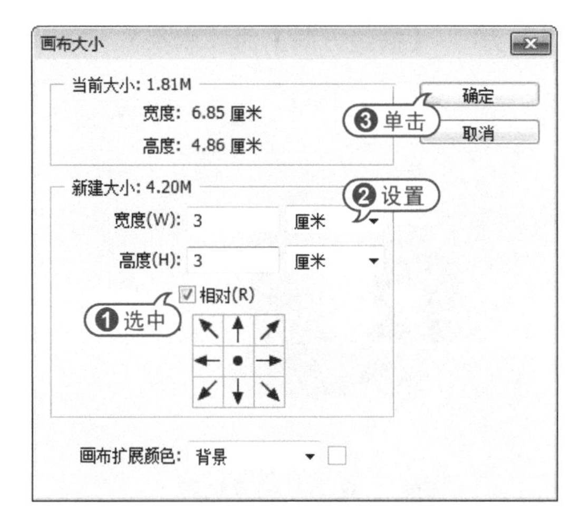

步骤 04 在【图层】面板中，单击【创建新图层】按钮创建【图层2】。打开【色板】面板，单击【淡冷褐】色板，然后按Alt+Backspace键填充选区。

步骤 05 选择菜单栏中的【滤镜】|【渲染】|【纤维】命令，打开【纤维】对话框。设置【差异】数值为15，【强度】数值为5，然后单击【确定】按钮。

步骤 06 再次选择【滤镜】|【渲染】|【纤维】命令，打开【纤维】对话框。设置【差异】数值为5，【强度】数值为5，然后单击【确定】按钮。

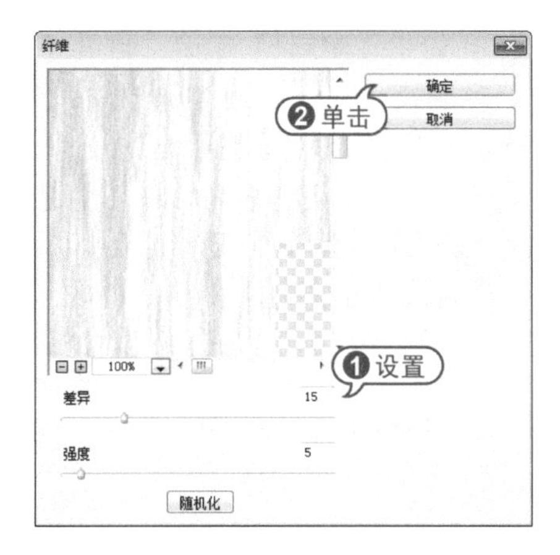

步骤 07 按Ctrl+D键取消选区，双击【图层2】图层，打开【图层样式】对话框。在对话框中，选中【斜面和浮雕】选项，在【方法】下拉列表中选择【雕刻清晰】选项，设置【深度】数值为450%，【大小】为10像素，【软化】为10像素，阴影【角度】为120度，【高度】为45度，阴影模式的【不透明度】为60%，然后单击【确定】按钮。

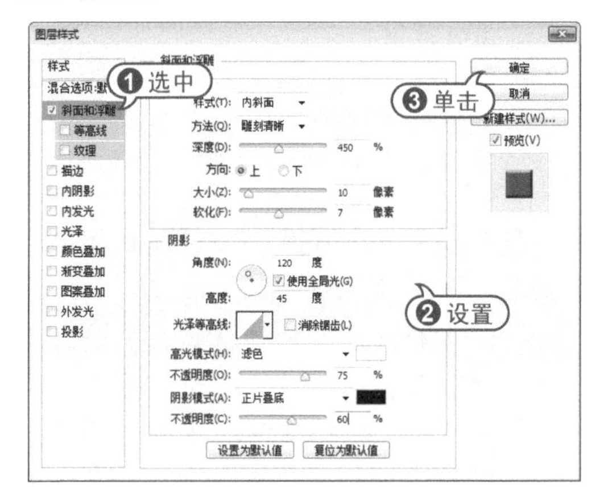

步骤 08 双击【图层1】图层，打开【图层样式】对话框。在对话框中，选中【内阴影】选项，取消选中【使用全局光】复选框，设置【不透明度】为44%，【角度】为140度，【距离】为10像素，【大小】为20像素，然后单击【确定】按钮。

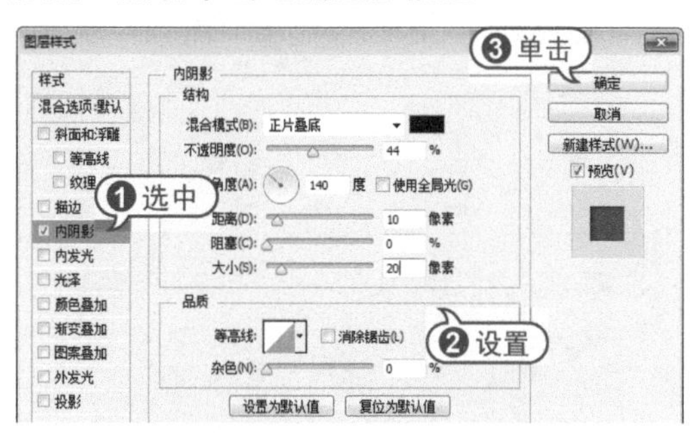

知识点滴

【内阴影】图层样式可以在图层中的图像边缘内部增加投影效果，使图像产生立体和凹陷的效果。

6.3.6 添加布纹效果

使用Photoshop可以为数码照片添加布纹纤维底纹效果。

【例6-11】添加布纹效果。

视频+素材 (光盘素材\第06章\例6-11)

步骤 01 在Photoshop中，打开素材图像，并按Ctrl+J键，复制【背景】图层。

步骤 02 选择【滤镜】|【滤镜库】命令，打开【滤镜库】对话框。在对话框中，选中【画笔描边】滤镜组中的【喷色描边】滤镜，设置【描边长度】为1，【喷色半径】为0，【描边方向】为【水平】。

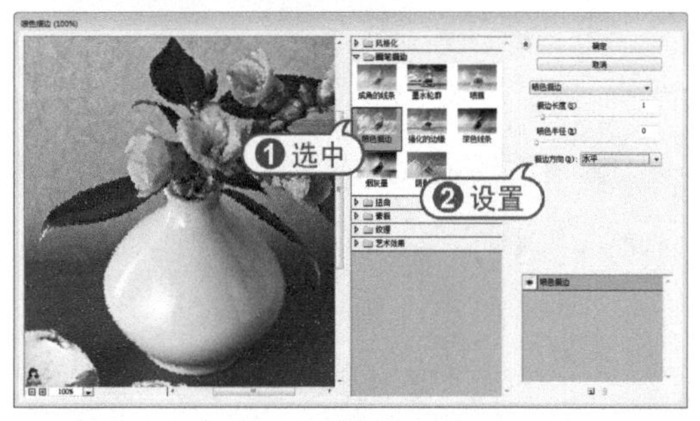

步骤 03 单击【新建效果图层】按钮，选中【艺术效果】滤镜组中的【胶片颗粒】滤镜，设置【颗粒】为4，【高光区域】为9，【强度】为1，然后单击【确定】按钮。

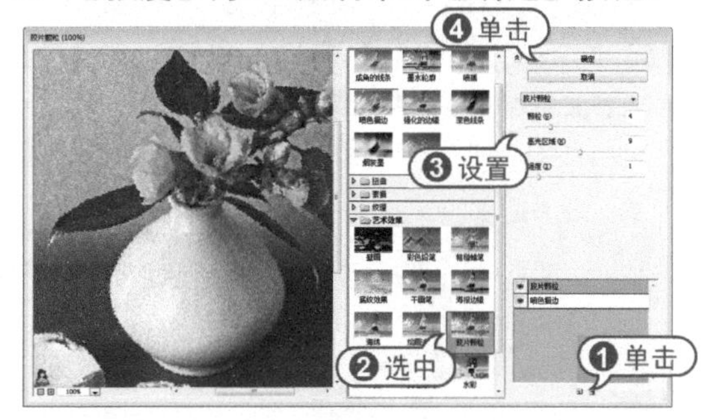

步骤 04 选择【滤镜】|【锐化】|【智能锐化】命令，打开【智能锐化】对话框。在对话框中，设置【数量】为117%，【半径】为0.8像素，【减少杂色】为16%，然后单击【确定】按钮。

步骤 05 在【图层】面板中，单击【创建新图层】按钮，新建【图层2】图层，并按Alt+Delete键填充图层。选择【滤镜】|【杂色】|【添加杂色】命令，打开【添加杂色】对话框。选中【单色】复选框，选中【平均分布】单选按钮，设置【数量】

为120%，然后单击【确定】按钮。

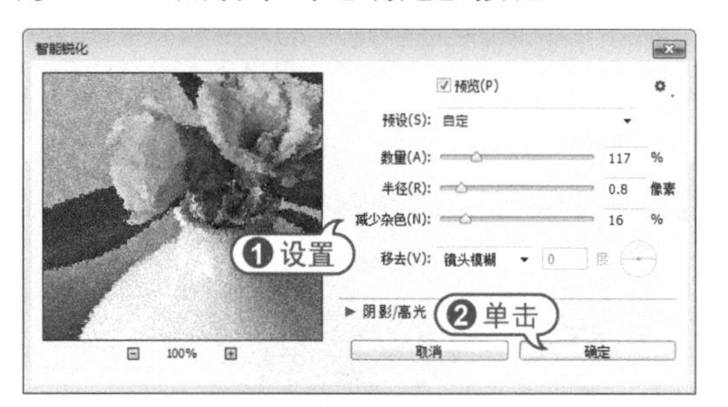

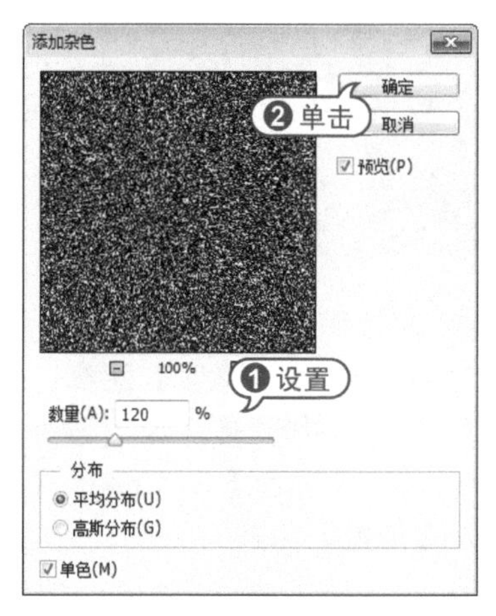

步骤 06 在【图层】面板中，设置【图层2】图层混合模式为【滤色】，【不透明度】为40%。然后按Ctrl+J键，复制【图层2】图层，生成【图层2拷贝】图层。

步骤 07 选择【滤镜】|【模糊】|【动感模糊】命令，打开【动感模糊】对话框。在对话框中，设置【角度】为0度，【距离】为25像素，然后单击【确定】按钮。

步骤 08 选择【滤镜】|【锐化】|【锐化】命令锐化图像，按Ctrl+F键，应用【锐化】命令。

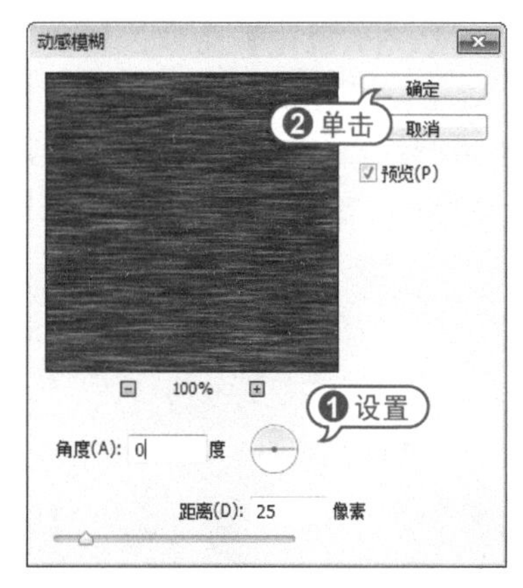

步骤 09 在【图层】面板中，选中【图层2】图层。选择【滤镜】|【模糊】|【动感模糊】命令，打开【动感模糊】对话框。设置【角度】为90像素，然后单击【确定】按钮。

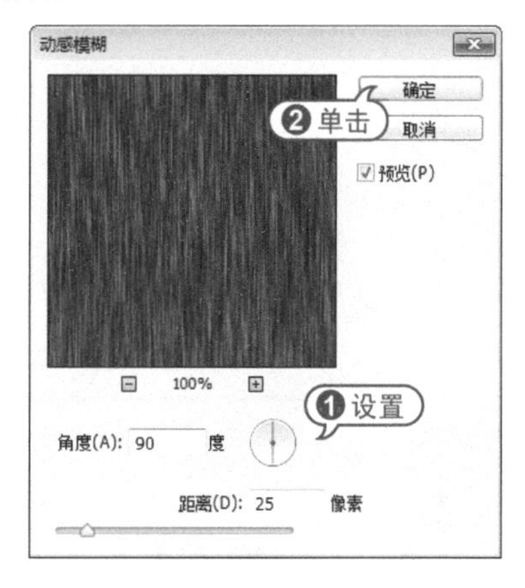

步骤 10 选择【滤镜】|【锐化】|【锐化】命令，锐化图像。按Ctrl+F键，应用【锐化】命令。

步骤 11 在【图层】面板中，选中【图层2拷贝】图层，按Alt+Shift+Ctrl+E键盖印图层，生成【图层3】图层。选择【滤镜】|

【锐化】|【USM锐化】命令，打开【USM锐化】对话框。在对话框中，设置【数量】为100%，【半径】为1像素，【阈值】为2色阶，然后单击【确定】按钮。

步骤 12 在【调整】面板中，单击【创建新的曝光度调整图层】图标。在展开的【属性】面板中，设置【位移】为-0.0331，【灰度系数校正】为0.92。

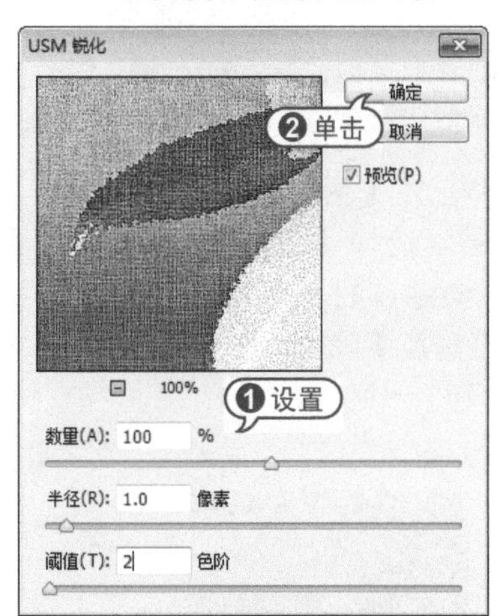

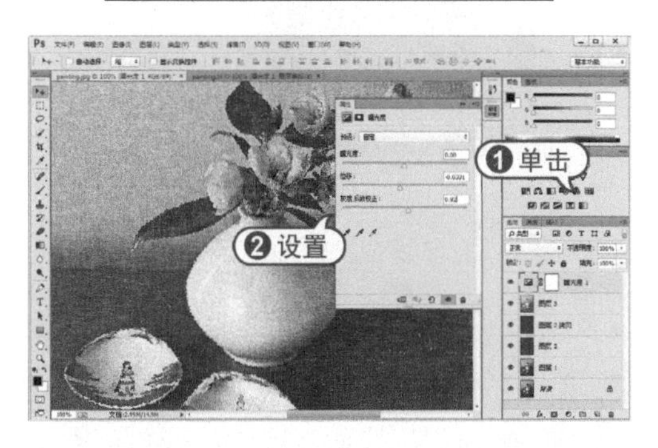

6.3.7 打造古韵效果

使用Photoshop中，结合滤镜和调色命令可以为数码照片添加古韵效果。

【例6-12】打造古韵效果。

视频+素材 (光盘素材\第06章\例6-12)

步骤 01 在Photoshop中，选择【文件】|【打开】命令，打开素材图像。

步骤 02 在【调整】面板中，单击【创建新的通道混合器调整图层】图标。在展开的【属性】面板中设置红输出通道的【红色】为64%，【绿色】为40%，【蓝色】为-2%，【常数】为17%。

步骤 03 在【输出通道】下拉列表中选择【蓝】选项，设置【红色】为-98%，【绿色】为157%，【蓝色】为53%，【常数】为-12%。

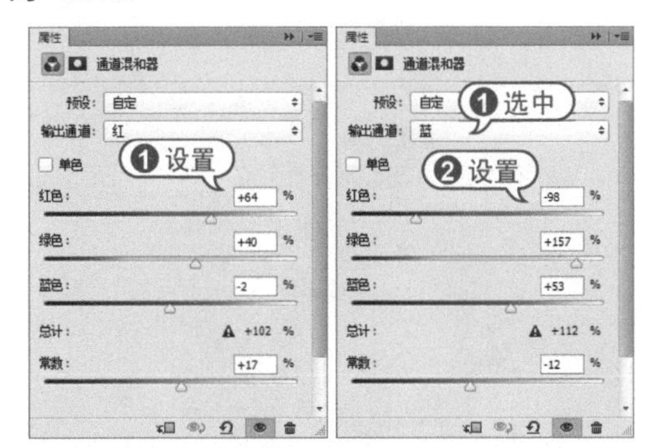

步骤 04 在【调整】面板中，单击【创建新的色彩平衡调整图层】图标。在展开的【属性】面板中设置【中间值】色调的色阶数值为29、80、40。

步骤 05 在【图层】面板中，设置【色彩平衡1】图层的混合模式为【正片叠底】。然后在【调整】面板中，单击【创建新的曲线调整图层】图标。在展开的【属性】面板中，调整RGB通道曲线形状。

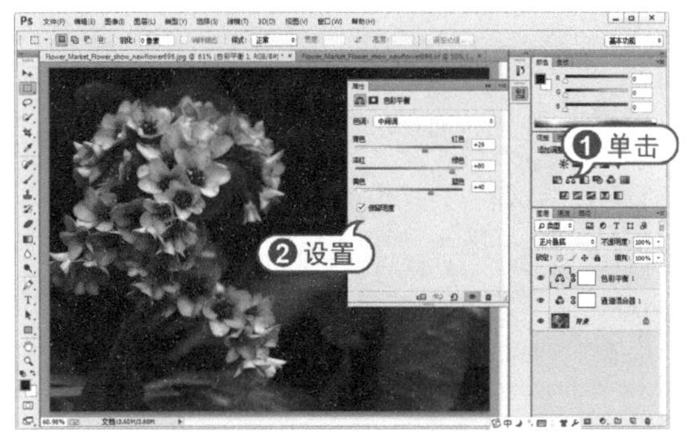

步骤 06 在【调整】面板中，单击【创建新的可选颜色调整图层】图标。在展开的【属性】面板中，设置【红色】颜色中的【青色】为-22%，【洋红】为10%，【黄色】为33%，【黑色】为-14%。

步骤 07 在【颜色】下拉列表中选择【黄色】选项，设置【青色】为-9%，【黄色】为40%，【黑色】为-9%。

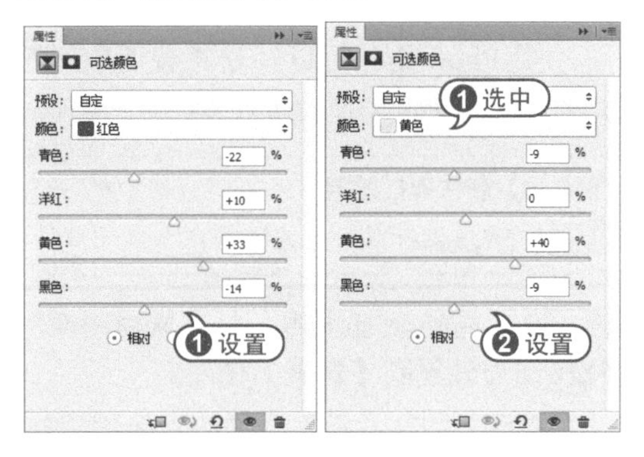

步骤 08 在【调整】面板中，单击【创建新的渐变映射调整图层】图标。在展开的【属性】面板中，单击编辑渐变，在打开的【渐变编辑器】对话框中设置渐变为R:115、G:66、B:34至R:217、G:193、B:105。

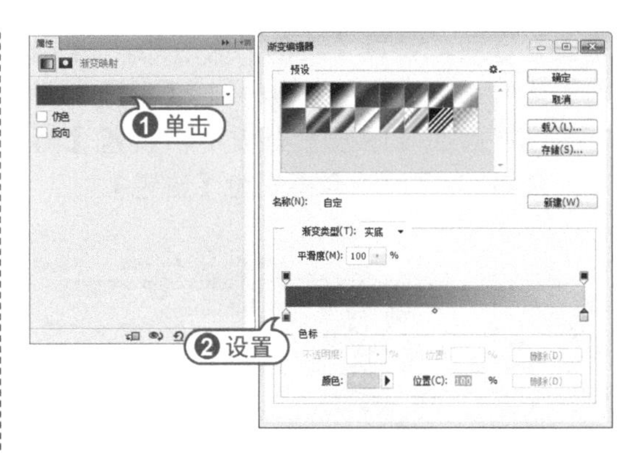

步骤 09 在【图层】面板中，设置【渐变映射1】图层的混合模式为【正片叠底】，【不透明度】为80%。

步骤 10 在【调整】面板中，单击【创建新的通道混合器调整图层】图标。在展开的【属性】面板中设置【红】输出通道的【红色】为86%，【绿色】为51%，【蓝色】为-31%，【常数】为-5%。

步骤 11 在【输出通道】下拉列表中选择【绿】选项，设置【红色】为-8%，【绿色】为112%，【蓝色】为13%，【常数】为10%。

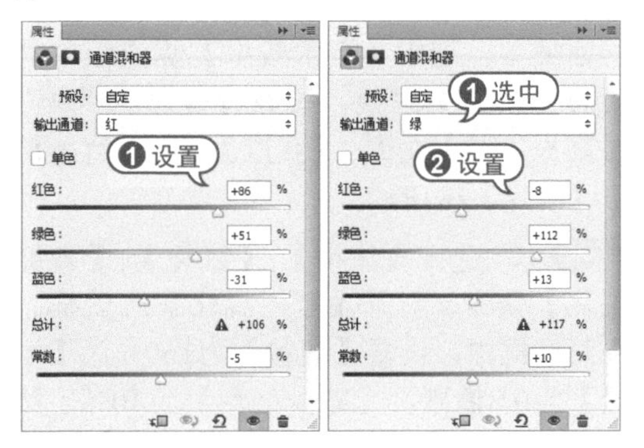

步骤 12 在【输出通道】下拉列表中选择

【蓝】选项，设置【红色】为-17%，【绿色】为50%，【蓝色】为8%，【常数】为20%。然后在【图层】面板中，设置【通道混合器2】图层混合模式为【滤色】。

步骤 13 在【调整】面板中，单击【创建新的通道混合器调整图层】图标。在展开的【属性】面板的【输出通道】下拉列表中选择【绿】选项，设置【红色】为7%，【绿色】为76%，【蓝色】为15%，【常数】为1%。

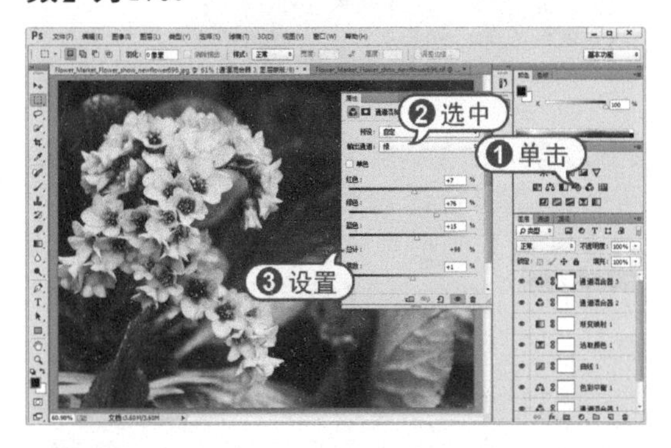

步骤 14 按Alt+Ctrl+Shift+E键盖印图层，生成【图层1】图层。选择【滤镜】|【滤镜库】命令，打开【滤镜库】对话框。在对话框中，选中【艺术效果】滤镜组中的【胶片颗粒】滤镜，设置【颗粒】为4，【高光区域】为9，【强度】为1，然后单击【确定】按钮。

步骤 15 选择【滤镜】|【锐化】|【智能锐化】命令，打开【智能锐化】对话框。在对话框中，设置【数量】为160%，【半径】为0.8像素。【减少杂色】为40%，然后单击【确定】按钮。

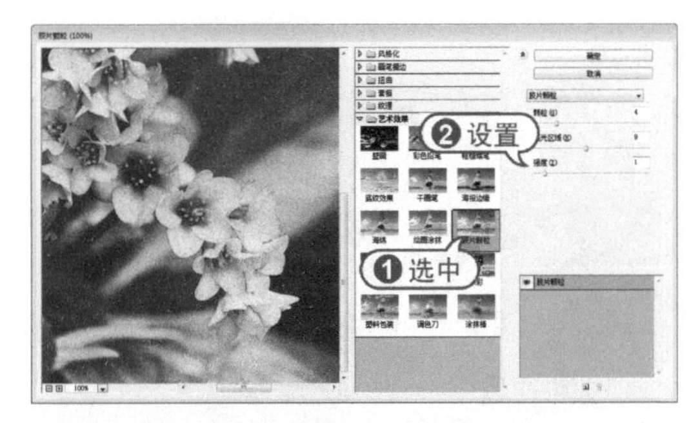

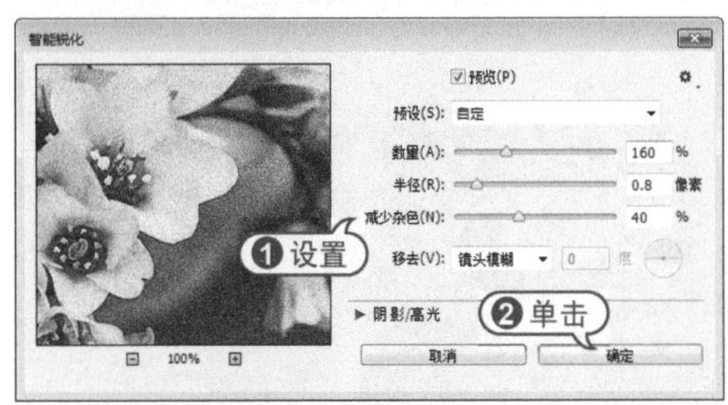

6.3.8 制作素描效果

使用Photoshop可以轻松将普通数码照片制作成惟妙惟肖的素描效果。

【例6-13】制作素描效果。

素材 (光盘素材\第06章\例6-13)

步骤 01 在Photoshop中，打开素材图像，并按Ctrl+J键复制【背景】图层。

步骤 02 选择【图像】|【调整】|【去色】命令，然后按Ctrl+J键复制【图层1】图层，生成【图层1拷贝】图层，此时选择【图像】|【调整】|【反相】命令。

步骤 03 在【图层】面板中，设置【图层1拷贝】图层混合模式为【颜色减淡】。选择【滤镜】|【其他】|【最小值】命令，打开【最小值】对话框。在对话框中的【保留】下拉列表中选择【圆度】选项，设置【半径】为3像素，然后单击【确定】按钮。

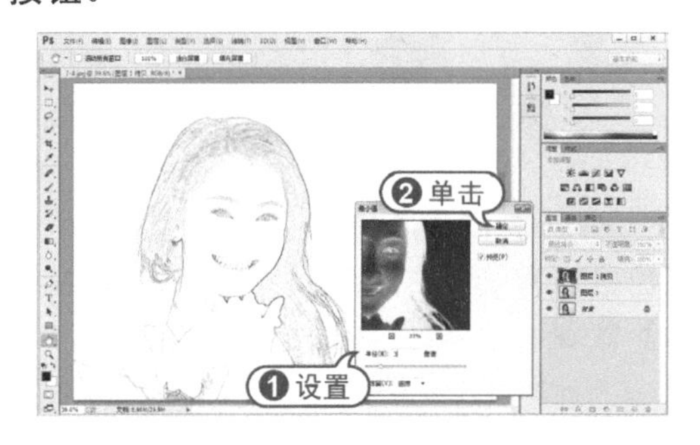

步骤 04 按Alt+Shift+Ctrl+E键盖印图层，选择【图像】|【调整】|【色阶】命令，打开【色阶】对话框。设置输入色阶为112、1.40、247，然后单击【确定】按钮。

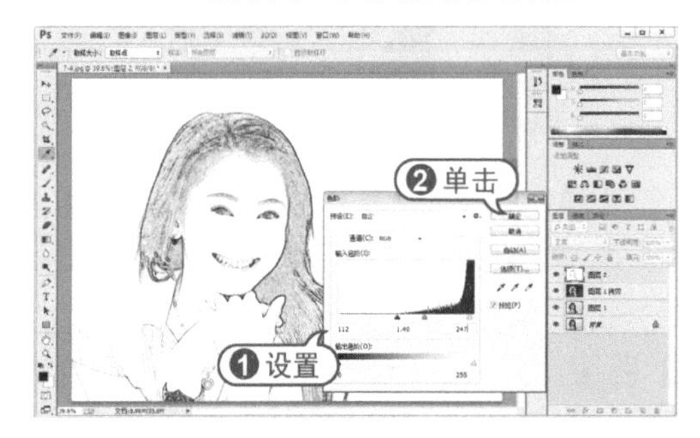

步骤 05 在【图层】面板中，选中【图层1】图层，按Ctrl+J键复制图层，生成【图层1拷贝2】图层，并将【图层1拷贝2】图层拖动至最上层。

步骤 06 选择【滤镜】|【锐化】|【USM锐化】命令，打开【USM锐化】对话框。设置【数量】为200%，【半径】为2像素，然后单击【确定】按钮。

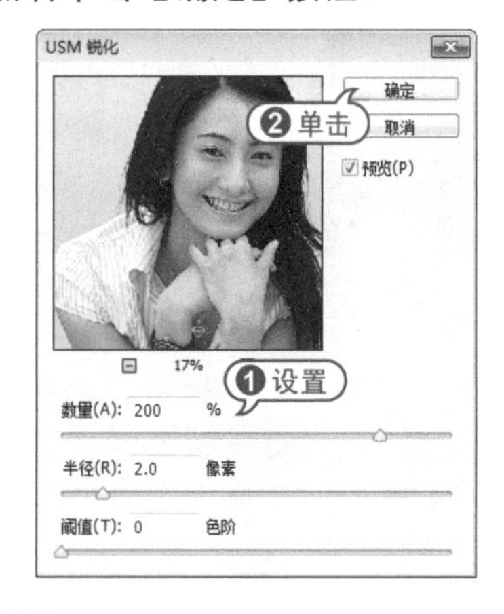

步骤 07 选择【滤镜】|【滤镜库】命令，打开【滤镜库】对话框。在对话框中，选择【素描】滤镜组中的【绘图笔】滤镜，并设置【描边长度】为15，【明/暗平衡】为50，然后单击【确定】按钮。

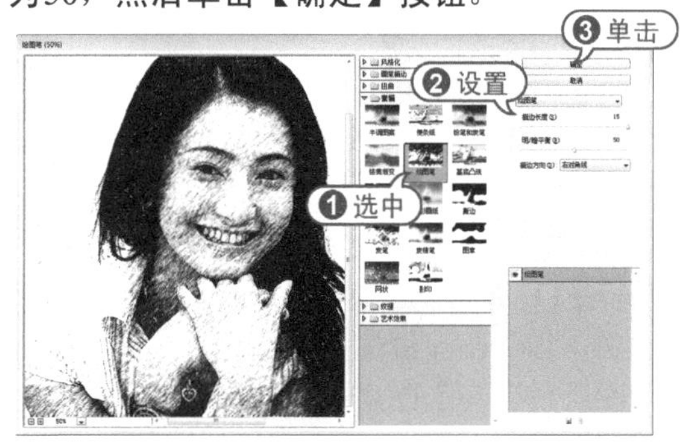

步骤 08 选择【魔棒】工具，在图像中的

黑色区域单击，并选择【选择】|【选取相似】命令。

步骤 09 按Ctrl+J键复制图像，并在【图层】图层中，将【图层1拷贝2】图层视图关闭。

步骤 10 在【图层】面板中，选中【图层1】图层，按Ctrl+J键复制图层，生成【图层1拷贝3】图层，并将【图层1拷贝3】图层拖动至最上层。在【通道】面板中，选中【绿】通道，按Ctrl+A键全选，并按Ctrl+C键复制。

步骤 11 单击RGB通道，返回【图层】面板中，按Ctrl+V键生成【图层4】，并关闭【图层1拷贝3】图层视图。

步骤 12 选择【滤镜】|【滤镜库】命令，打开【滤镜库】对话框。在对话框中，选择【素描】滤镜组中的【绘图笔】滤镜，并设置【描边长度】数值为15，【明/暗平衡】数值为100，【描边方向】为【垂直】，然后单击【确定】按钮。

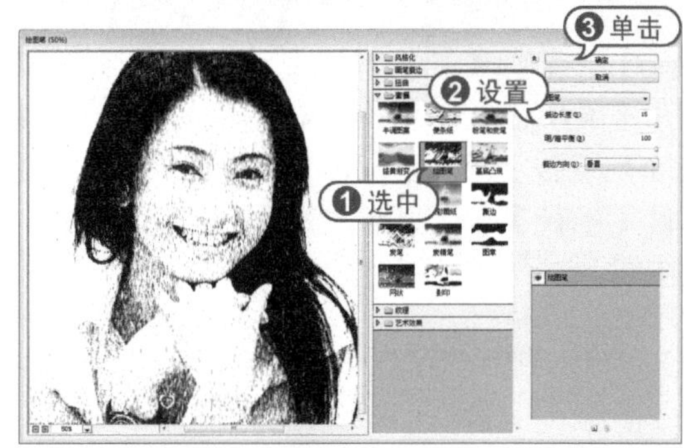

步骤 13 选择【魔棒】工具，在图像中的黑色区域单击，并选择【选择】|【选取相似】命令。

步骤 14 按Ctrl+J键复制图像，并在【图层】图层中，将【图层4】图层视图关闭。

步骤 15 在【图层】面板中，选中【图层3】图层，并按Ctrl键单击【图层3】图层缩览图，载入选区。在【调整】面板中，单击【创建新的曲线调整图层】图标。在展开的【属性】面板中调整RGB通道曲线形状。

6.3.9 制作水墨画效果

在Photoshop中，通过调整照片色调和图像细节，可以将拍摄的照片处理出水墨画的质感，增强画面的意境。

【例6-14】制作水墨画。

素材 (光盘素材\第06章\例6-14)

步骤 01 在Photoshop中，打开素材图像，并按Ctrl+J键复制【背景】图层。

步骤 02 在【调整】面板中，单击【创建新的曲线调整图层】图标。在展开的【属性】面板中，调整RGB通道曲线形状。

步骤 03 按Alt+Shift+Ctrl+E键盖印图层，并按Ctrl+I键反相图像。

步骤 04 在【调整】面板中，单击【创建新的黑白调整图层】图标。在展开的【属性】面板中，设置【红色】数值为89，【黄色】数值为-10，【绿色】数值为83，【青色】数值为100，【蓝色】数值为36，【洋红】数值为21。

步骤 05 在【调整】面板中，单击【创建新的曲线调整图层】图标。在展开的【属性】面板中，调整RGB通道曲线形状。

步骤 06 按Alt+Shift+Ctrl+E键盖印图层，并按Ctrl+J键复制【图层3】图层，生成【图层3拷贝】。选择【滤镜】|【模糊】|【高斯模糊】滤镜，打开【高斯模糊】对话框。在对话框中，设置【半径】为32像

素，然后单击【确定】按钮。

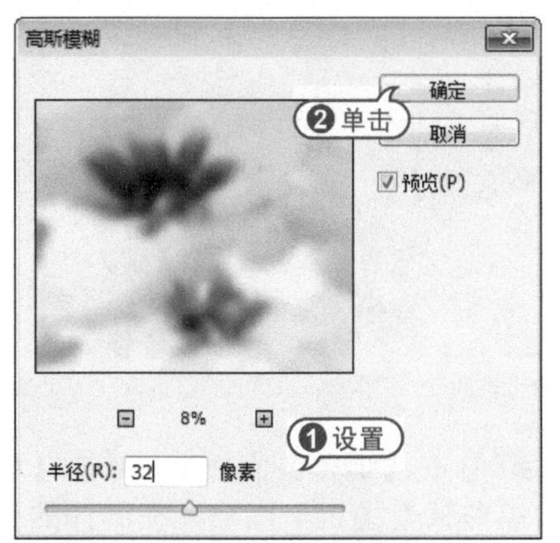

步骤 07 选择【滤镜】|【模糊】|【动感模糊】滤镜，打开【动感模糊】对话框。在对话框中，设置【角度】为0度，【距离】为65像素，然后单击【确定】按钮。

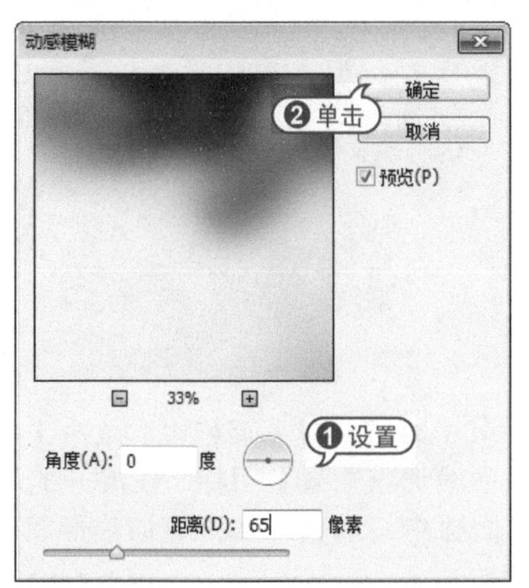

步骤 08 选择【滤镜】|【滤镜库】命令，打开【滤镜库】对话框。在对话框中，选中【画笔描边】滤镜组中的【喷溅】滤镜，设置【喷色半径】数值为15，【平滑度】数值为15，然后单击【确定】按钮。

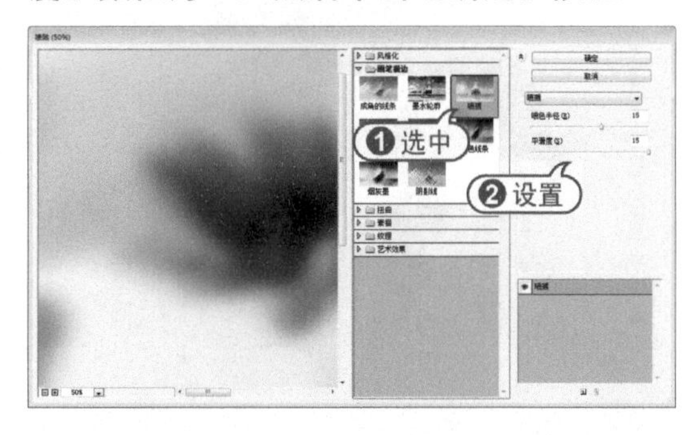

步骤 09 在【图层】面板中，单击【添加图层蒙版】按钮。选择【画笔】工具，在选项栏中设置柔边画笔样式，【不透明度】为20%，然后使用【画笔】工具在图层蒙版中涂抹画面主体部分。

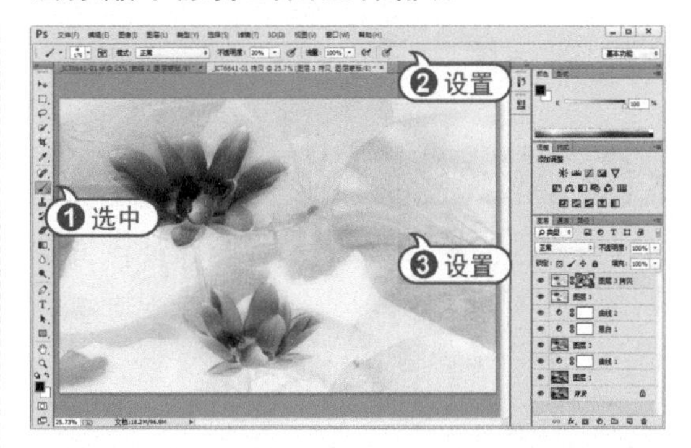

步骤 10 在【图层】面板中，选中【图层3】图层。在【调整】面板中，单击【创建新的色阶调整图层】图标。在展开的【属性】面板中，设置RGB通道的输入色阶为0、1.43、255。

步骤 11 在【属性】面板中，选择【红】通道，设置红通道的输入色阶为0、1.21、255。

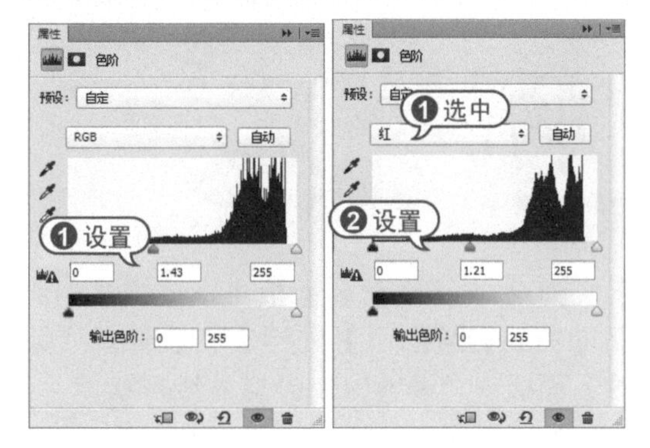

步骤 12 在【属性】面板中，选择【绿】通道，设置绿通道的输入色阶为0、1.20、255。

6.3.10 制作油画效果

使用Photoshop中的滤镜，可以模仿油画效果，使平淡的照片富有艺术感。

【例6-15】制作油画效果。

视频+素材 (光盘素材\第06章\例6-15)

步骤 01 在Photoshop中，打开素材图像，并按Ctrl+J键复制【背景】图层。

步骤 02 在【图层】面板中，右击【图层1】图层，在弹出的菜单中选择【转换为智能对象】命令。选择【滤镜】|【滤镜库】命令，打开【滤镜库】对话框。在对话框中，选中【画笔描边】滤镜组中的【喷溅】滤镜，设置【喷色半径】数值为15，【平滑度】数值为15。

步骤 03 在【滤镜库】对话框中，单击【新建效果图层】按钮。选择【艺术效果】滤镜组中的【绘画涂抹】滤镜，设置【画笔大小】数值为3，【锐化程度】数值为1，【画笔类型】为【简单】。

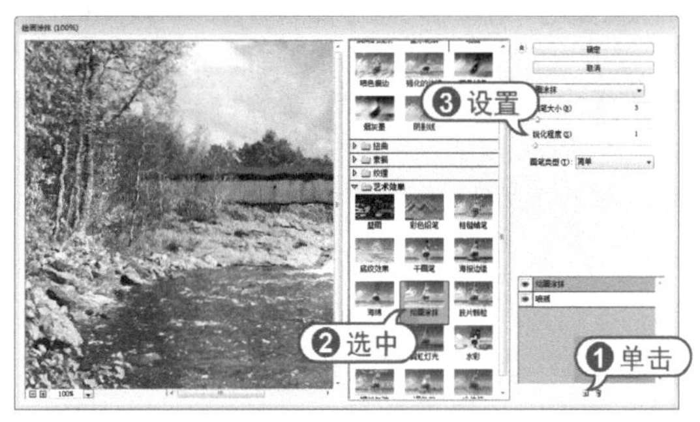

步骤 04 在【滤镜库】对话框中，单击【新建效果图层】按钮。选择【纹理】滤镜组中的【纹理】滤镜，设置【纹理】为【画布】，【缩放】为94%，【凸现】为5，然后单击【确定】按钮。

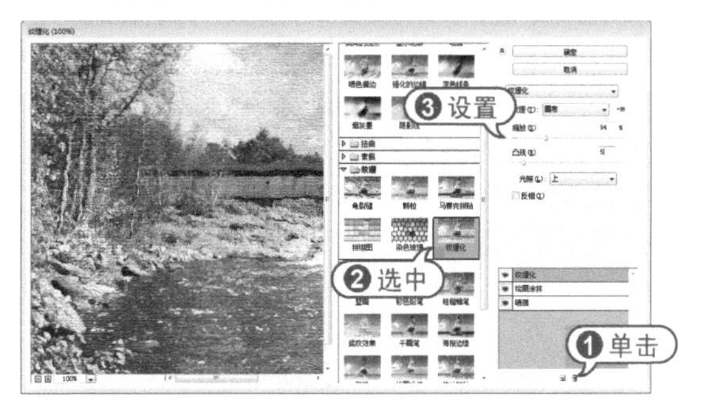

步骤 05 在【调色】面板中，单击【创建新的照片滤镜调整图层】图标。在展开的【属性】面板中，设置【滤镜】为【加温滤镜(85)】，【浓度】为25%。

步骤 06 在【调色】面板中，单击【创建新的色彩平衡调整图层】图标。在展开的【属性】面板中，设置中间值的色阶为1、-17、25。

步骤 07 在【色调】下拉列表中选择【阴影】选项，设置阴影的色阶为-23、12、11。

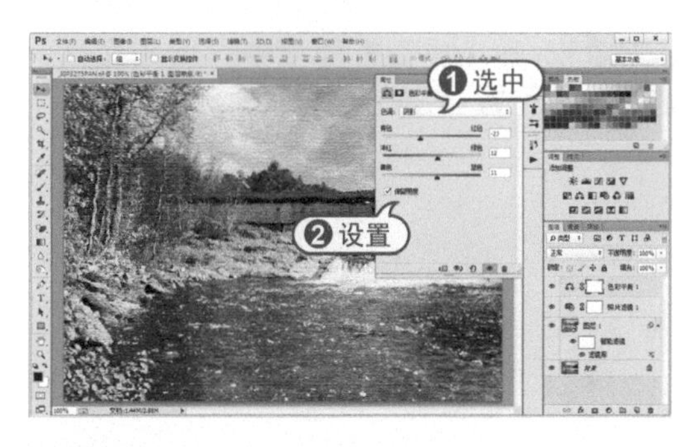

步骤 08 在【色调】下拉列表中选择【高光】选项，设置高光的色阶为-9、13、21。

6.4 实战演练

本章实战演练通过将普通生活照变成具有怀旧感的老照片，通过练习从而巩固本章所学知识。

【例6-16】制作怀旧老照片。

素材 (光盘素材\第06章\例6-16)

步骤 01 在Photoshop中，打开素材图像，并按Ctrl+J键复制【背景】图层。

步骤 02 在【调整】面板中，单击【创建新的色彩平衡调整图层】图标。在展开的【属性】面板的【色调】下拉列表中选择【阴影】选项，设置阴影色阶数值为0、-9、0。

步骤 03 在【属性】面板中【色调】下拉列表中选择【高光】选项，设置【高光】色阶数值为0、0、-26。

步骤 04 在【调整】面板中，单击【创建新的曲线调整图层】图标。在展开的【属性】面板中，选择【红】通道，并调整红通道曲线形状。

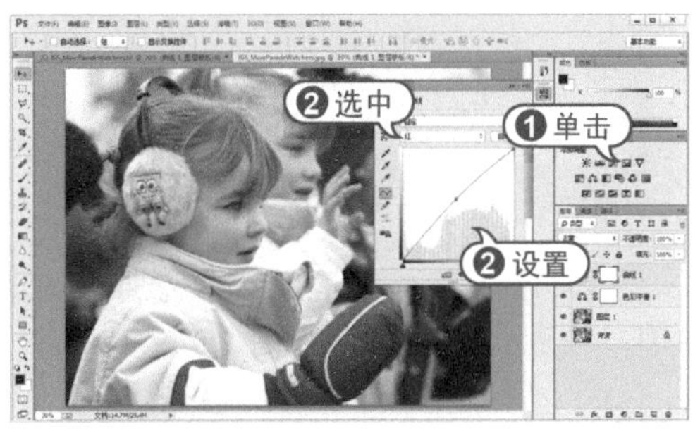

步骤 05 在【属性】面板中，选择【蓝】通道，并调整蓝通道曲线形状。

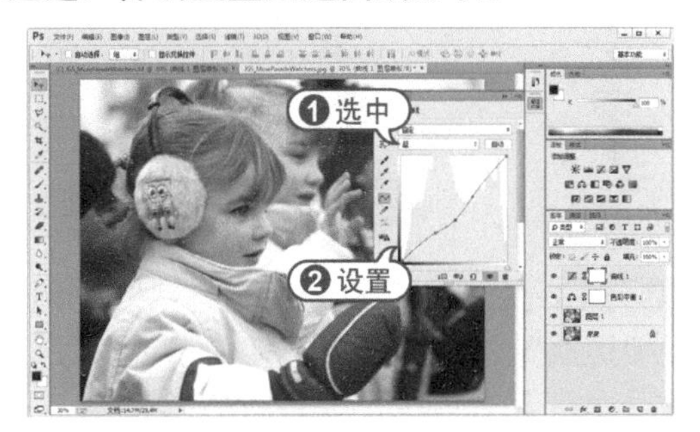

步骤 06 在【调整】面板中，单击【创建新的色相/饱和度调整图层】图标。在展开的【属性】面板中，设置【饱和度】数值为-22。

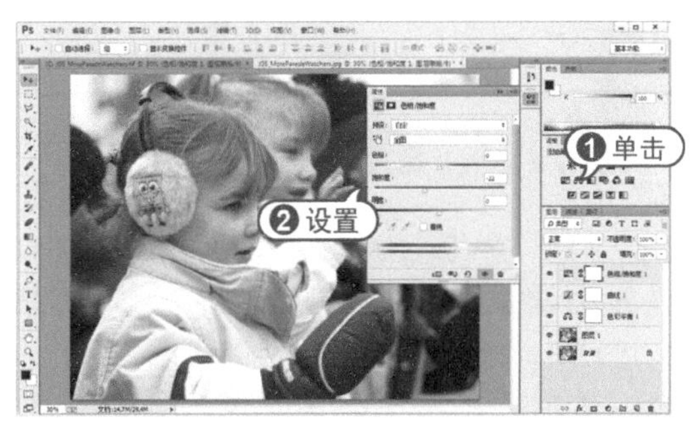

步骤 07 在【调整】面板中，单击【创建新的曲线调整图层】图标。在展开的【属性】面板中，选择【红】通道，并调整红通道曲线形状。

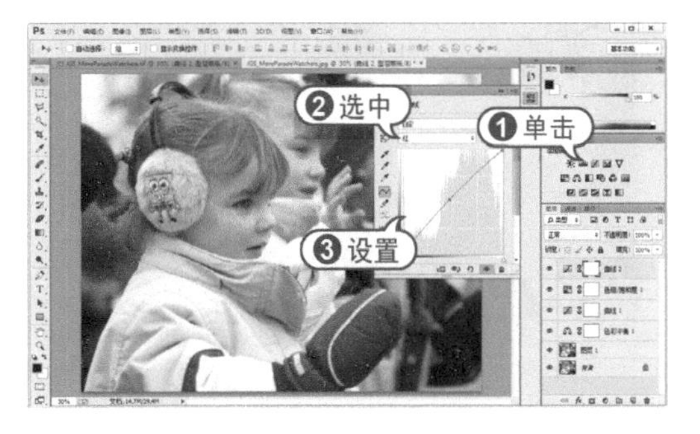

步骤 08 在【属性】面板中，选择【蓝】通道，并调整蓝通道曲线形状。

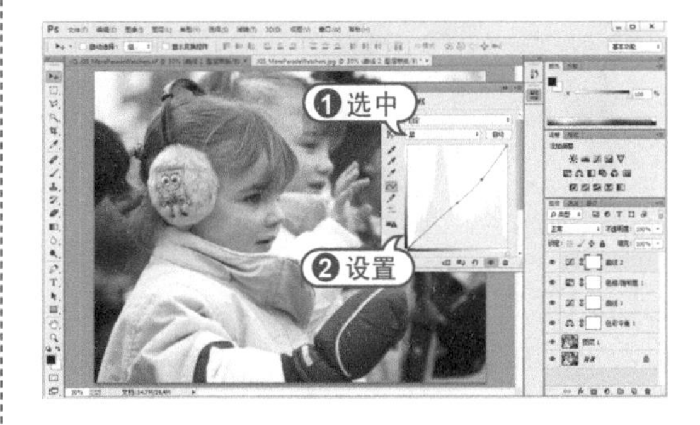

步骤 09 在【调整】面板中，单击【创建新的色阶调整图层】图标。在展开的【属性】面板中，选择【蓝】通道，设置输入色阶为20、1.00、255，输出色阶为33、255。

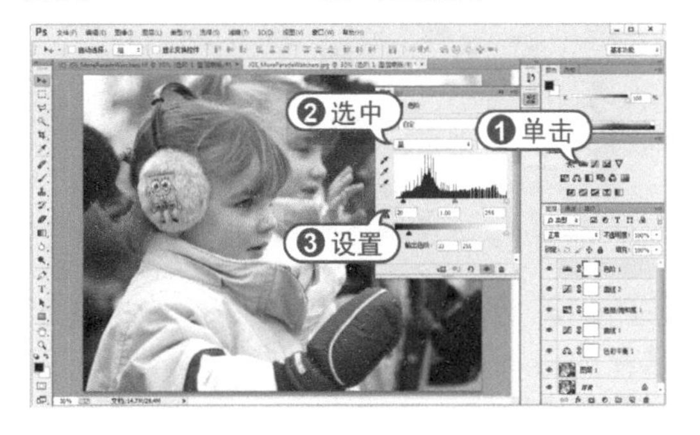

步骤 10 按Alt+Shift+Ctrl+E键盖印图层，选择【滤镜】|【镜头校正】命令，打开【镜头校正】对话框。在对话框中，单击【自定】选项卡，设置晕影的【数量】数值为-65，然后单击【确定】按钮。

步骤 11 在【调整】面板中，单击【创建新的亮度/对比度调整图层】图标。在展开的【属性】面板中，设置【亮度】数值为-12，【对比度】数值为37。

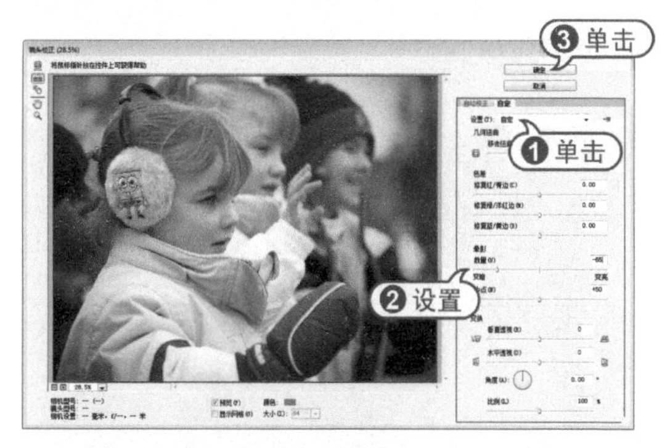

步骤 12 在【调整】面板中，单击【创建新的色阶调整图层】图标。在展开的【属性】面板中，选择【蓝】通道，设置输出色阶为20、255。

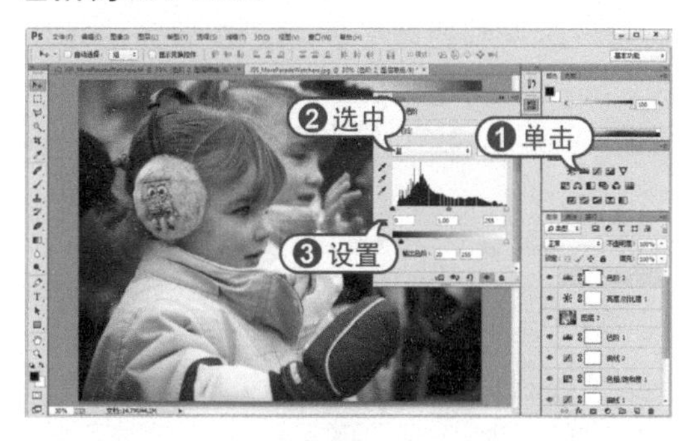

步骤 13 在【调整】面板中，单击【创建新的色相/饱和度调整图层】图标。在展开的【属性】面板中，设置【饱和度】为-12，【明度】为5。

步骤 14 在【调整】面板中，单击【创建新的色阶调整图层】图标。在展开的【属性】面板中，设置RGB通道输入色阶为14、1.18、220。

步骤 15 在【属性】面板中，选择【红】通道，设置红通道输入色阶为13、1、255。

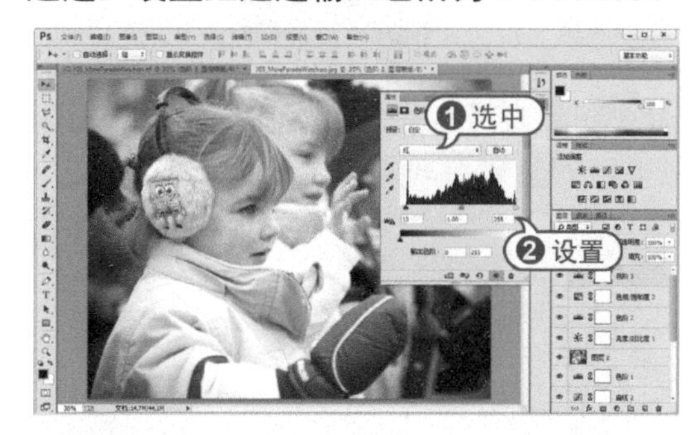

步骤 16 选择【画笔】工具，在选项栏中设置柔边画笔样式，【不透明度】为50%，然后使用【画笔】工具涂抹照片边缘。

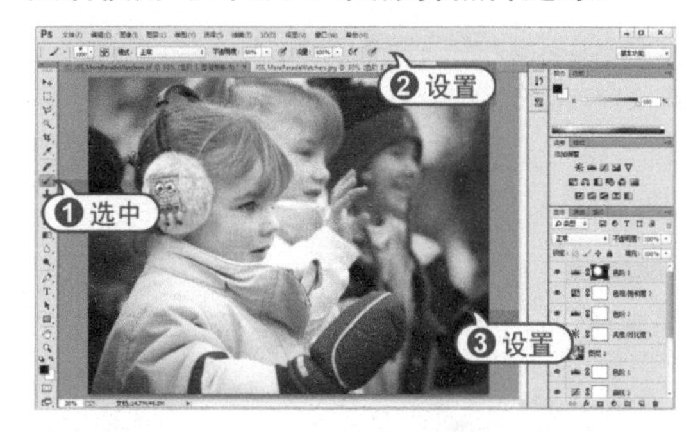

步骤 17 在【图层】面板中，单击【创建新图层】按钮新建【图层3】，并按Alt+Delete键使用前景色将【图层3】填充。选择菜单栏中的【滤镜】|【杂色】|【添加杂色】命令，在打开的【添加杂色】对话框中设置数量为16%，分布为高

斯分布，单击【确定】按钮关闭对话框，为【图层3】添加杂色。

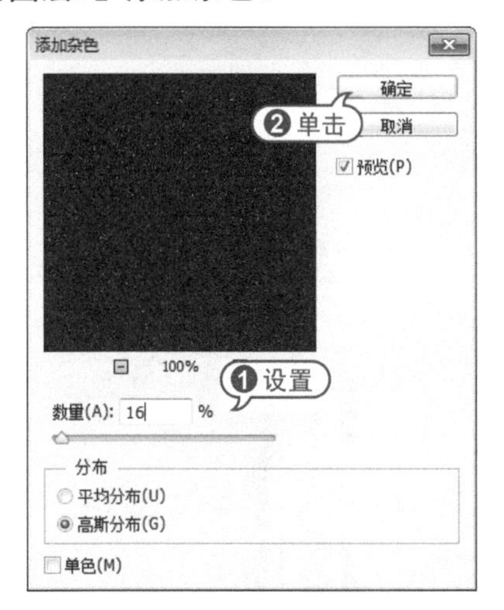

步骤 18 选择菜单栏中【图像】|【调整】|【阈值】命令，在打开的【阈值】对话框中设置【阙值色阶】为50，单击【确定】按钮关闭对话框。

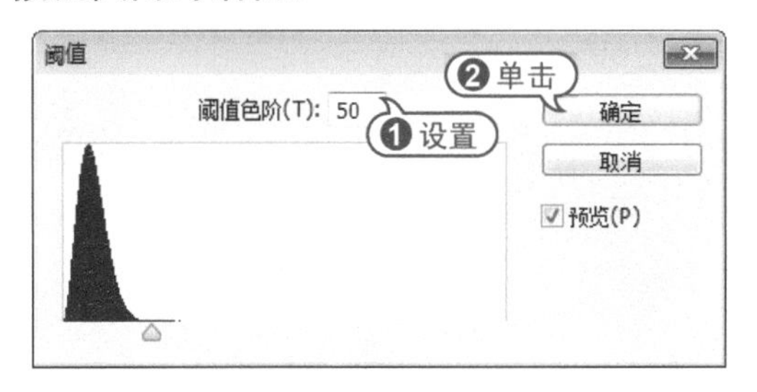

步骤 19 选择【滤镜】|【模糊】|【动感模糊】命令，设置【角度】为90度，【距离】为2000像素，然后单击【确定】按钮。

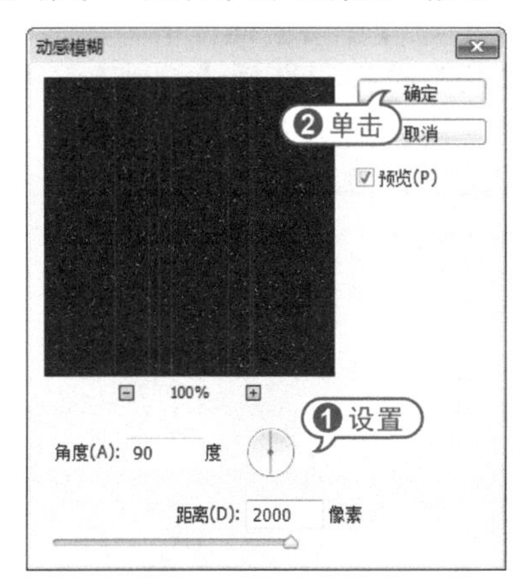

步骤 20 选择【滤镜】|【扭曲】|【波纹】命令，打开对话框。在对话框中，设置【数量】为-69%，然后单击【确定】按钮。

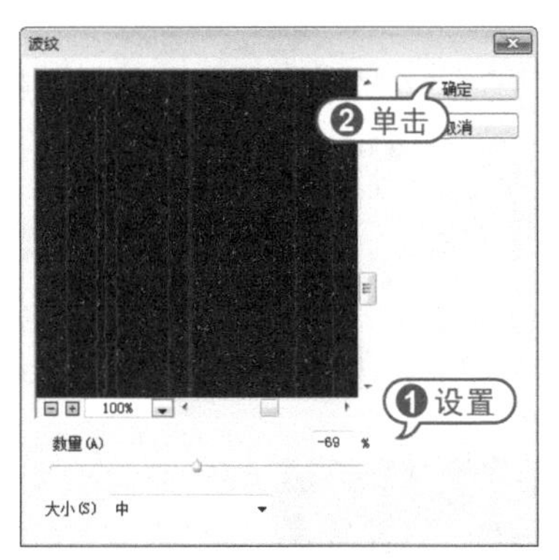

步骤 21 在【图层】面板中，将【图层3】的图层混合模式设置为【颜色减淡】，并单击【添加图层蒙版】按钮。

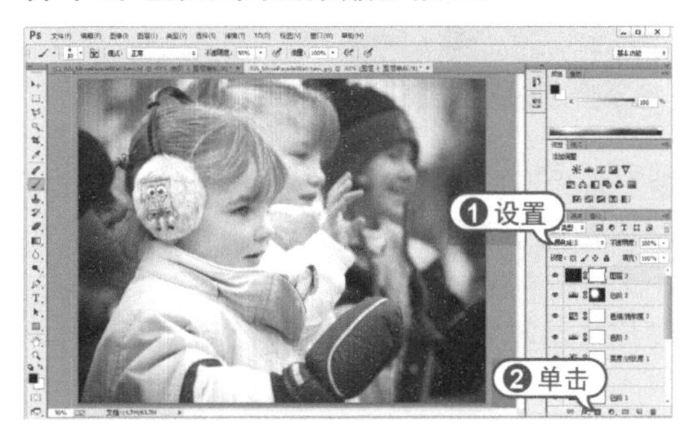

步骤 22 在选项栏中设置画笔大小为50像素，然后使用【画笔】工具在蒙版中涂抹。

步骤 23 在【图层】面板中，单击【创建新图层】按钮，创建【图层4】，然后使用前景色填充，并设置图层混合模式为【滤色】。

步骤 24 选择【滤镜】|【滤镜库】命令，打开【滤镜库】对话框。在对话框中，选择【艺术效果】滤镜组中的【海绵】滤镜，并设置【画笔大小】为10，【清晰度】为9，【平滑度】为15，然后单击【确定】按钮。

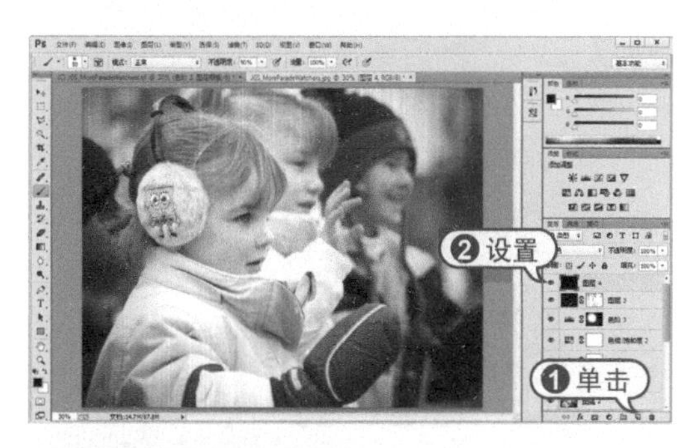

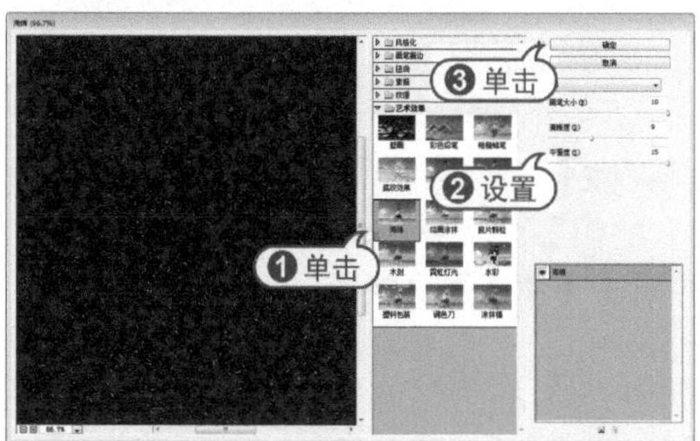

步骤 25 在【图层】面板中，单击【添加图层蒙版】按钮。在选项栏中设置画笔大小为300像素，【不透明度】为20%，然后使用【画笔】工具在图像蒙版中涂抹。

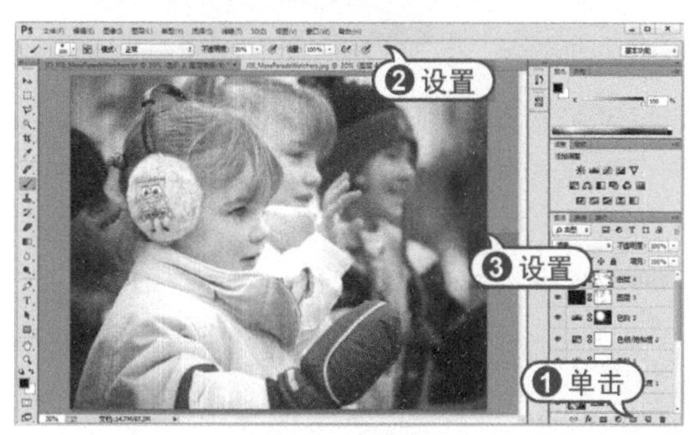

步骤 26 在【图层】面板中，选中【图层2】图层，选择工具箱中的【矩形选框】工具，在工具属性栏中按下【添加到选区】按钮，在图像中随意框选一些区域。

步骤 27 按Ctrl+J键将选区保存为【图层5】，选择【滤镜】|【滤镜库】命令，打开【滤镜库】对话框。在对话框中选择【纹理】滤镜组中的【颗粒】滤镜，单击【颗粒类型】下拉列表选择【垂直】选项，设置【强度】为50，【对比度】为30，单击【确定】按钮。

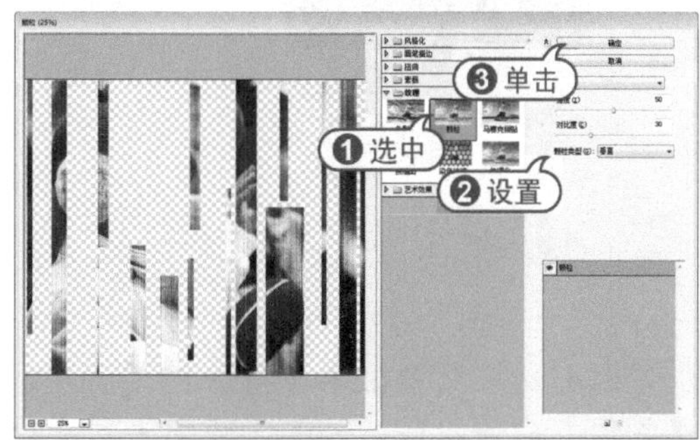

步骤 28 在【图层】面板中，设置【图层5】图层的混合模式为【点光】，【不透明度】为60%。

步骤 29 在【图层】面板中，单击【添加图层蒙版】按钮。选择【画笔】工具，在选项栏中设置画笔大小为50像素，然后使用【画笔】工具在蒙版中涂抹，使效果更加自然一些。

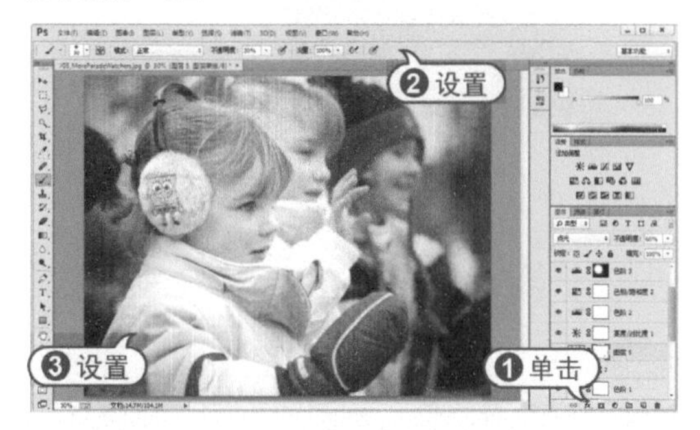

专家答疑

>> 问：如何使用【渐隐】命令修改编辑结果？

答：【渐隐】命令可以更改任何滤镜、绘画工具、橡皮擦工具或颜色调整的不透明度和混合模式。【渐隐】命令混合模式是绘画和编辑工具选项中的混合模式的子集(【背后】模式和【清除】模式除外)。应用【渐隐】命令类似于在一个单独的图层上应用滤镜效果，然后再使用图层不透明度和混合模式控制。在【渐隐】对话框中，拖动【不透明度】滑块，可以从0%(透明)到100%调整前一步操作效果的不透明度。在【模式】下拉列表中可以选择效果混合模式。【渐隐】命令必须在进行了编辑操作后立即执行，如其中又进行其他操作，则无法执行命令。

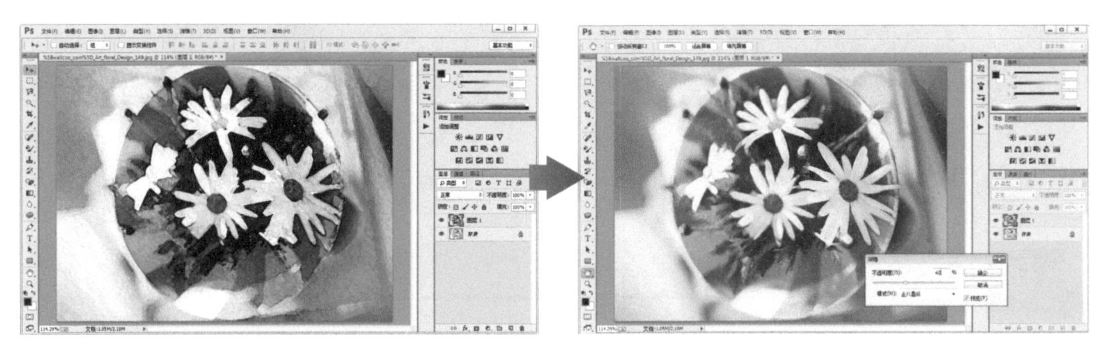

>> 问：如何使用智能滤镜？

答：应用于智能对象的任何滤镜都是智能滤镜，智能滤镜出现在【图层】面板中，应用这些智能滤镜的智能对象图层的下方。由于可以调整、移去或隐藏智能滤镜，因此这些滤镜是非破坏性的。如果智能滤镜包含可编辑设置，则可以随时编辑它，也可以编辑智能滤镜的混合选项。

在【图层】面板中双击相应的智能滤镜名称，可以重新打开该滤镜的设置对话框，修改设置滤镜选项后，单击【确定】按钮。

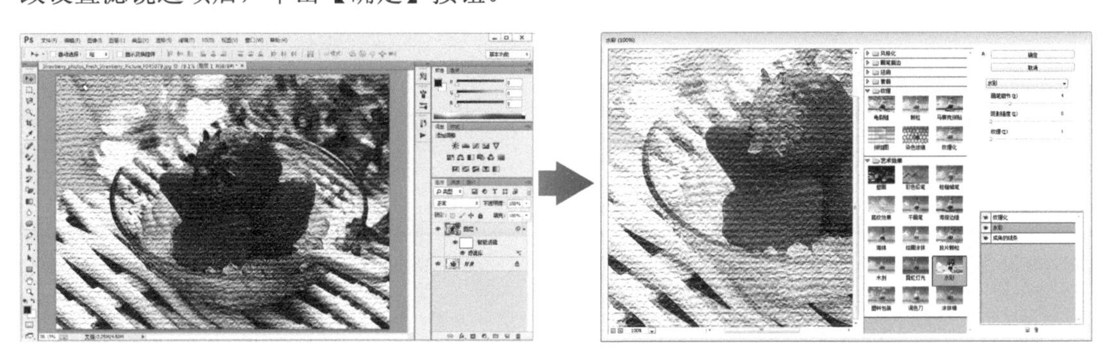

编辑智能滤镜混合选项，类似于在对普通图层应用滤镜时使用【渐隐】命令。在【图层】面板中双击该滤镜旁边的【编辑混合选项】图标，在打开的【混合选项】对话框中进行相关设置，然后单击【确定】按钮。

当将智能滤镜应用于某个智能对象时， Photoshop会在【图层】面板中该智能对象下方的智能滤镜行上显示一个空白(白色)蒙版缩览图。默认情况下，此蒙版显示完整的滤镜效果。如果在应用智能滤镜前已建立选区，则Photoshop会在【图层】面板中的智能滤镜行上显示适当的蒙版而非一个空白蒙版。使用滤镜蒙版可有选择地遮盖智能滤镜。当遮盖智能滤镜时，蒙版将应用于所有智能滤镜，无法遮盖单个智能滤镜。滤镜蒙版的工作方式与图层蒙版类似，可以对它们使用许多相同的技巧。与图层蒙版一样，滤镜蒙版将作为Alpha 通道存储在【通道】面板中，可以将其边界作为选区载入。

与图层蒙版一样，可在滤镜蒙版上进行绘画。用黑色绘制的滤镜区域将隐藏；用白色绘制的区域将可见；用灰度绘制的区域将以不同级别的透明度出现。使用【蒙版】面板中的控件也可以更改滤镜蒙版浓度，为蒙版边缘添加羽化效果或反相蒙版。

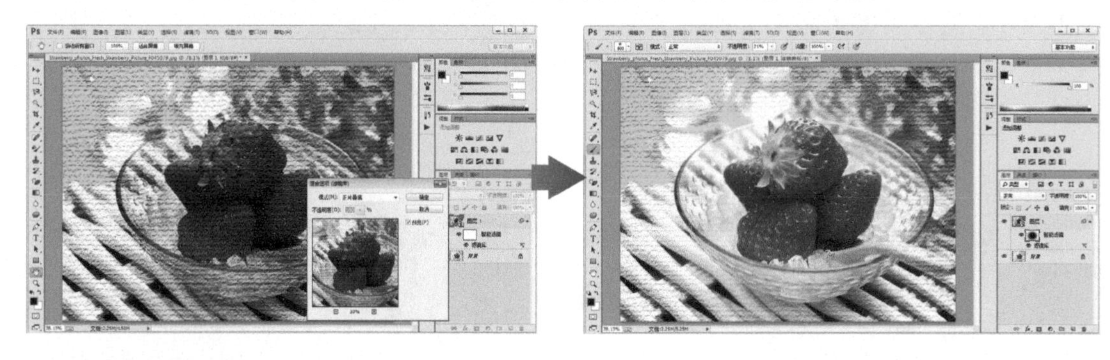

读书笔记

第7章

景物照片处理技巧

对应光盘视频

例7-1　使用【自动对齐图层】命令
例7-2　使用Photomerge命令
例7-3　使用【自动混合图像】命令
例7-5　增强画面层次感
例7-6　添加透射光效果
例7-7　添加霞光效果
例7-10　变换照片画面中季节色彩
例7-12　为照片画面添加雨天效果
本章其他视频文件参见配套光盘

本章将通过对景物照片进行各种色调调整，并添加特效来强化照片的气氛和意境，让普通的照片变得更加生动有趣。

7.1 拼合照片效果

在Photoshop应用程序中，可以使用【自动对齐图层】命令、Photomerge命令和【自动混合图层】命令将多幅照片进行拼接。

7.1.1 自动对齐图层

【自动对齐图层】命令可以根据不同图层中的相似内容自动匹配，并自行叠加。要自动对齐图像，首先将要对齐的图像置入到同一文档中。在【图层】面板中选择要对齐的图像后，再选择【编辑】|【自动对齐图层】命令。

【例7-1】使用【自动对齐图层】命令制作全景图。

视频+素材 (光盘素材\第07章\例7-1)

步骤 01 在Photoshop中，选择菜单栏中的【文件】|【打开】命令，选择打开多幅照片图像。

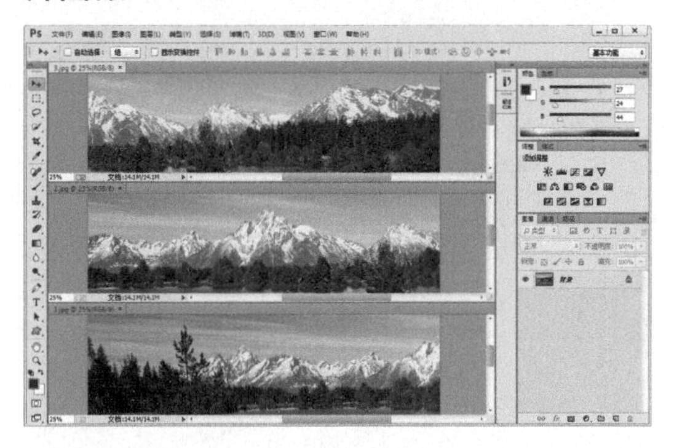

步骤 02 在3.jpg图像文件中，右击【图层】面板中【背景】图层，在弹出的菜单中选择【复制图层】命令。在打开的【复制图层】对话框的【文档】下拉列表中选择1.jpg，然后单击【确定】按钮。

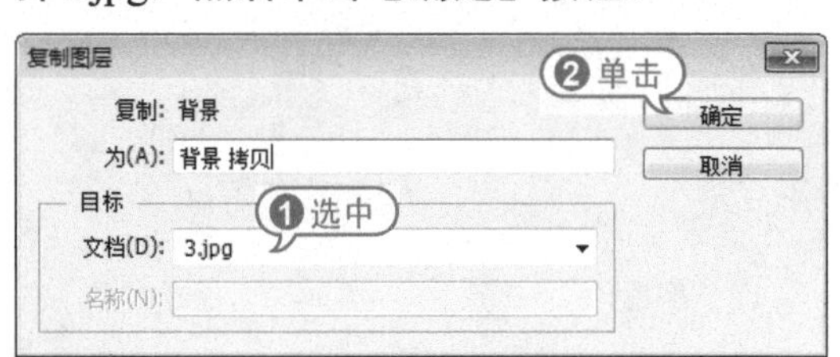

步骤 03 选中2.jpg图像文件，右击【图层】面板中【背景】图层，在弹出的菜单中选择【复制图层】命令。在打开的【复制图层】对话框的【文档】下拉列表中选择1.jpg，然后单击【确定】按钮。

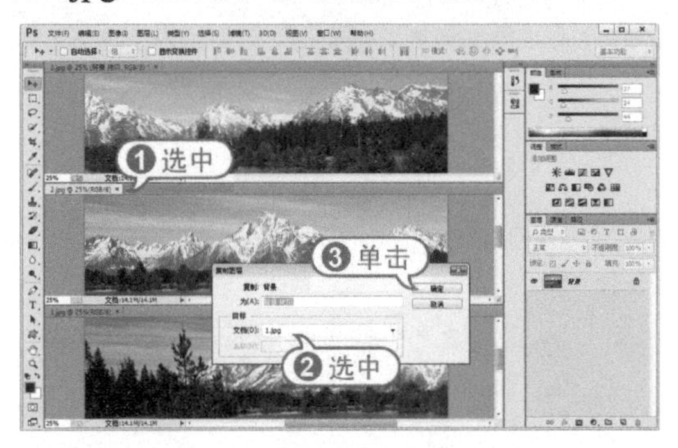

步骤 04 选中1.jpg图像文件，在【图层】面板中，按Alt键的同时双击【背景】图层，将其转换为【图层0】图层，并选中3个图层。

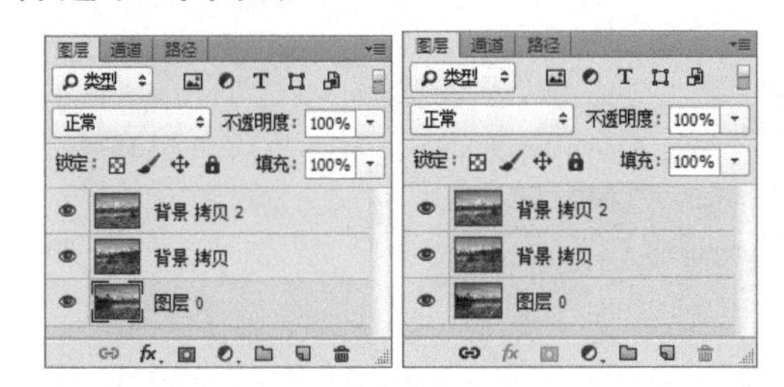

步骤 05 选择【编辑】|【自动对齐图层】命令，在打开的【自动对齐图层】对话框中，选择【拼贴】单选按钮，然后单击【确定】按钮。

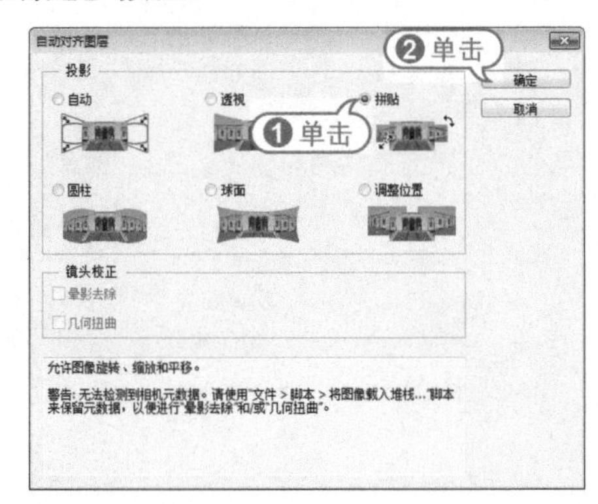

7.1.2 使用Photom erge命令

Photomerge命令可以将多幅照片组合成一个连续的全景图像。

【例7-2】使用Photomerge命令制作全景图像。

视频+素材 (光盘素材\第07章\例7-2)

步骤 01 在Photoshop中，选择菜单栏中的【文件】|【自动】|Photomerge命令，打开对话框。

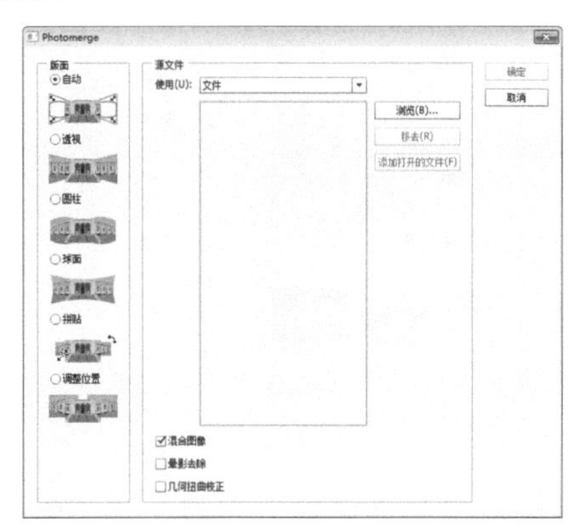

步骤 02 在Photomerge对话框中，单击【浏览】按钮，打开【打开】对话框。在【打开】对话框中选择需要拼合的照片图像，然后单击【确定】按钮。

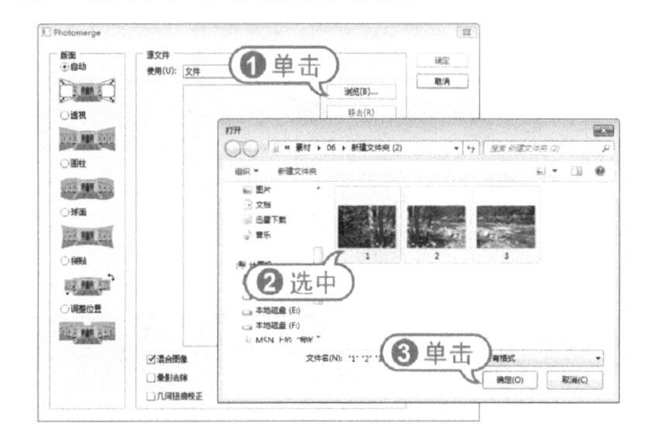

步骤 03 单击Photomerge对话框中的【确定】按钮拼合图像。

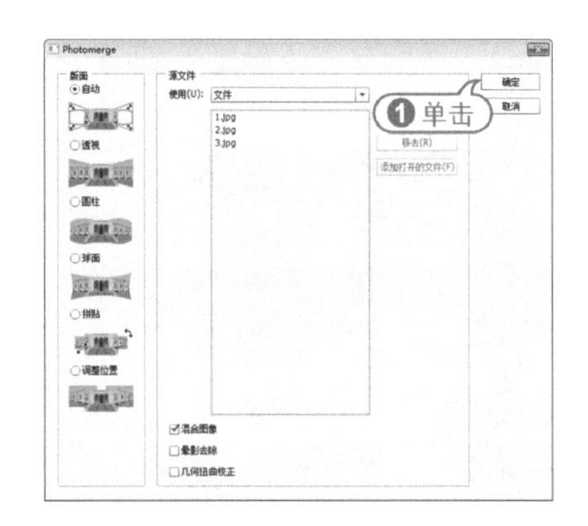

步骤 04 选择【裁剪】工具，在图像画面中裁剪多余区域。

7.1.3 自动混合图像

当通过匹配或组合图像以创建拼贴图像时，源图像之间的曝光差异可能会导致在组合图像过程中出现接缝或不一致的现象。使用【自动混合图像】命令可以在最终图像中生成平滑过渡的效果。Photoshop将根据需要对每个图层应用图层蒙版，以遮盖过渡曝光或曝光不足的区域或内容差异并创建无缝复合。

【例7-3】使用【自动混合图像】命令混合图像。

视频+素材 (光盘素材\第07章\例7-3)

步骤 01 在Photoshop中，选择菜单栏中的【文件】|【打开】命令，选择打开多幅照片图像。

步骤 02 在3.jpg图像文件中，右击【图层】面板中【背景】图层，在弹出的菜单中选择【复制图层】命令。在打开的【复制图层】对话框中的【文档】下拉列表中选择1.jpg，然后单击【确定】按钮。

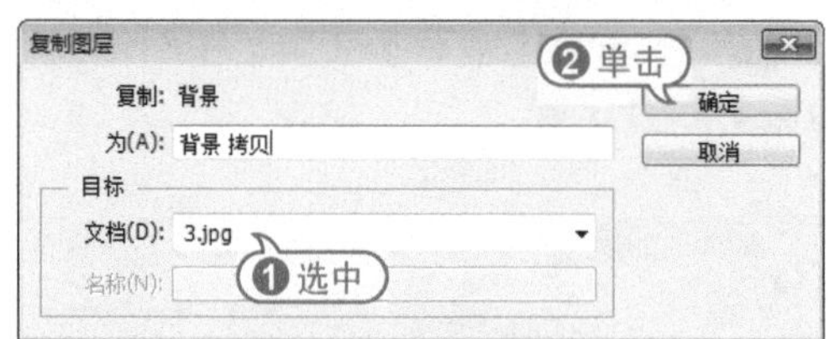

步骤03 选中2.jpg图像文件，右击【图层】面板中【背景】图层，在弹出的菜单中选择【复制图层】命令。在打开的【复制图层】对话框的【文档】下拉列表中选择1.jpg，然后单击【确定】按钮。

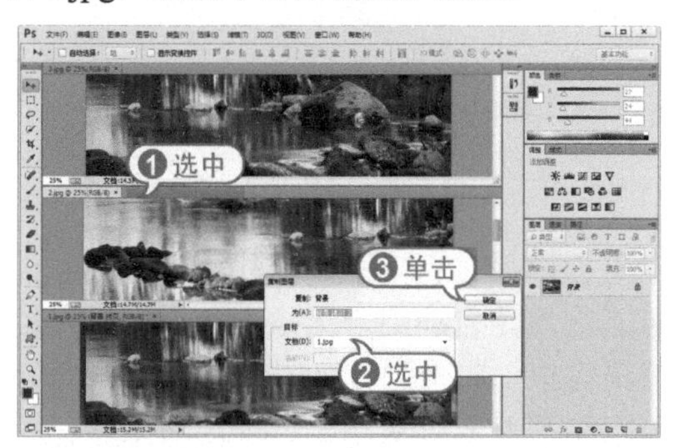

步骤04 选中1.jpg图像文件，在【图层】面板中，按Alt键双击【背景】图层，将其转换为【图层0】图层，并选中3个图层。

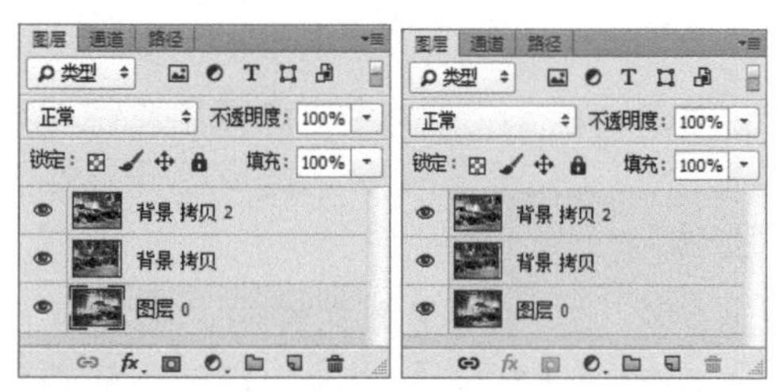

步骤05 选择【编辑】|【自动对齐图层】命令，在打开的【自动对齐图层】对话框中，选择【拼贴】单选按钮，然后单击【确定】按钮。

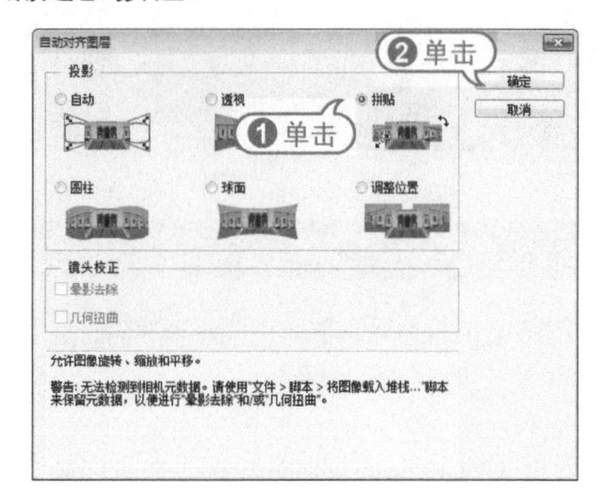

步骤06 选择【编辑】|【自动混合图层】命令，打开【自动混合图层】对话框。在对话框中，选中【堆叠图像】单选按钮，然后单击【确定】按钮。

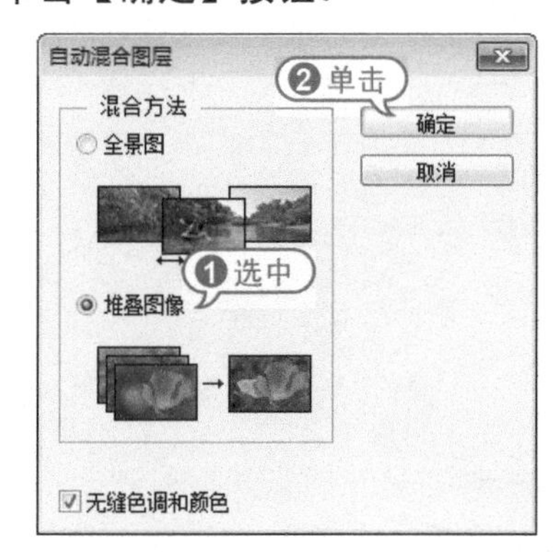

步骤07 选择【裁剪】工具，在图像画面中裁剪多余区域。

7.1.4 合并为HDR图像

HDR图像是通过合成多付以不同曝光度拍摄的同一场景创建的高动态范围图片，主要用于影片、特殊效果、3D作品集某些高端图片。由于可以在HDR图像中按比例表示和存储真实场景中的所有明亮度值，因此，调整HDR图像的曝光度的方式与真实环境中拍摄场景时调整曝光度的方法类似。利用此功能，可以产生有真实感的模糊及其他真实的光照效果。

【例7-4】合并HDR图像。

素材 (光盘素材\第07章\例7-4)

步骤 01 在Photoshop中，选择菜单栏中的【文件】|【自动】|【合并到HDR Pro】命令，打开【合并到HDR Pro】对话框，单击【浏览】按钮。打开【打开】对话框，选中需要合并的图像文件，单击【打开】按钮。

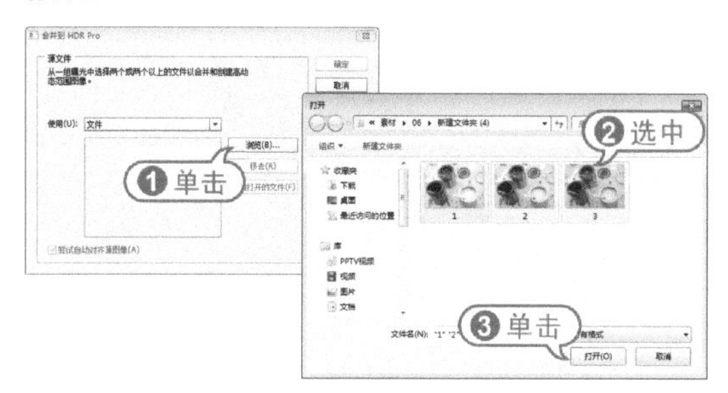

步骤 02 单击【合并到HDR Pro】对话框中【确定】按钮，打开【手动设置曝光值】对话框。选中EV单选按钮，设置第1张图像曝光值为0.2。

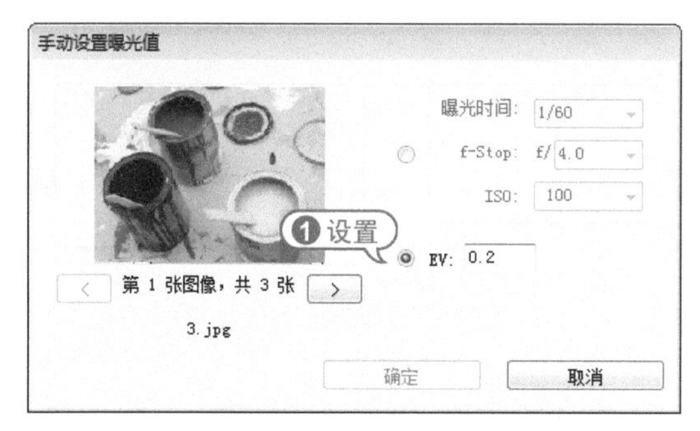

步骤 03 单击向右按钮，设置第2张图像曝光值为0。

步骤 04 单击向右按钮，设置第3张图像曝光值为-0.2，然后单击【确定】按钮。

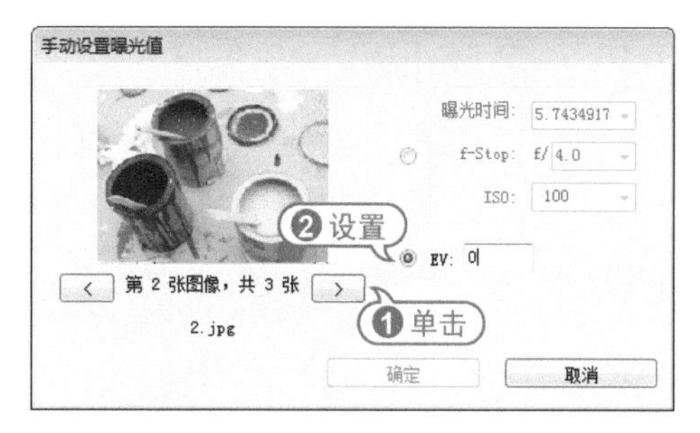

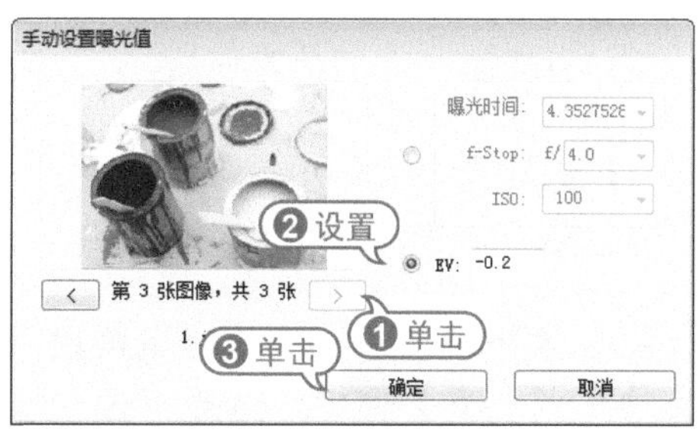

步骤 05 打开【合并到HDR Pro】对话框，在【色调和细节】选项区域中，设置【灰度系数】为1.23，【细节】为20%。在【高级】选项卡中，设置【阴影】为-5%，【自然饱和度】为85%，【饱和度】为-5%。设置完成后，单击【确定】按钮，即可自动合成HDR图像。

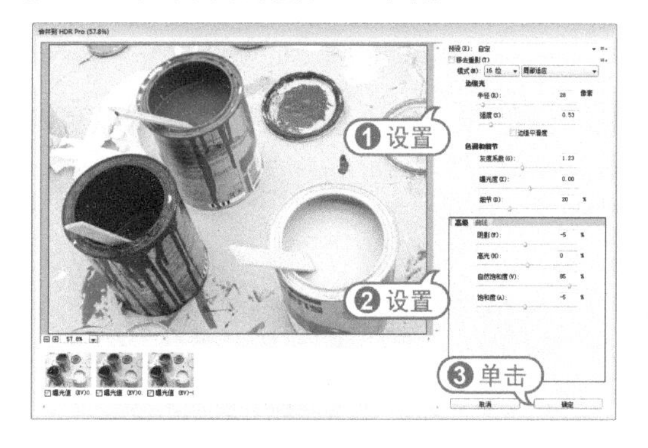

知识点滴

HDR图像的动态范围超出了标准电脑显示器的显示范围。在Photoshop中打开HDR图像时，可能会非常暗或出现褪色的现象，选择【视图】|【32位预览选项】命令，可以对HDR图像的预览进行调整，使显示器显示的HDR图像的高光和阴影不会出现以上问题。

7.2 景物照片光影处理

对于一般的风景照片，可以通过后期处理增加照片中的光影效果，增强照片的艺术感。

7.2.1 增加层次感

要增强数码照片的色彩层次，可以通过设置图层的混合模式来提高画面颜色的对比度，并丰富画面的色彩层次。

【例7-5】增强画面层次感。

视频+素材 (光盘素材\第07章\例7-5)

步骤 01 在Photoshop中，选择菜单栏中的【文件】|【打开】命令，选择打开一幅照片图像。

步骤 02 在【通道】面板中, 按Ctrl键单击RGB通道，载入选区。

步骤 03 在【图层】面板中，按Ctrl+J键复制选区图像，创建【图层1】，并设置图层混合模式为【叠加】。

步骤 04 返回【通道】面板，按住Ctrl键单击【红】通道，载入选区。

步骤 05 返回【图层】面板，按Ctrl+J键复制选区图像，创建【图层2】，并设置图层【不透明度】为30%。

步骤 06 返回【通道】面板，按住Ctrl键单击【绿】通道，载入选区。

步骤 07 返回【图层】面板，按Ctrl+J键

复制选区图像，创建【图层3】，并设置图层【混合模式】为【柔光】。

步骤 08 返回【通道】面板，按住Ctrl键单击【蓝】通道，载入选区。

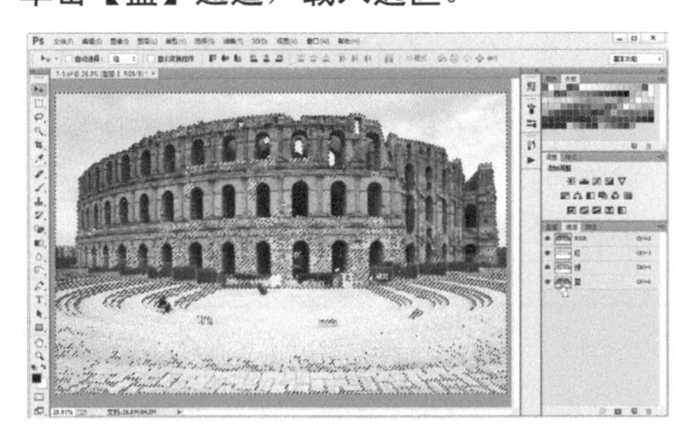

步骤 09 返回【图层】面板，按Ctrl+J键复制选区图像，创建【图层4】，并设置图层【不透明度】数值为15%。

7.2.2 添加透射光效果

在阳光下拍摄自然风光会使拍摄的照片更具生气，但一般的数码相机很难捕捉到阳光洒落的效果。通过Photoshop中的滤镜可以添加光线照射的效果。

【例7-6】添加透射光效果。

视频+素材 (光盘素材\第07章\例7-6)

步骤 01 在Photoshop中，选择菜单栏中的【文件】|【打开】命令，选择打开一幅照片图像，并按Ctrl+J键复制【背景】图层。

步骤 02 打开【通道】面板，按Ctrl键单击【绿】通道缩览图，载入选区，并按Ctrl+C键复制选区内图像。然后单击RGB复合通道。

步骤 03 在【图层】面板中，单击【创建新图层】按钮，新建【图层2】图层。并按Ctrl+V键，将【绿】通道图像粘贴于【图层2】图层中。

步骤 04 选择【滤镜】|【模糊】|【径向模糊】命令，打开【径向模糊】对话框。选中【缩放】单选按钮，在【中心模糊】

区域中单击设置缩放中心点，设置【数量】为80，然后单击【确定】按钮。

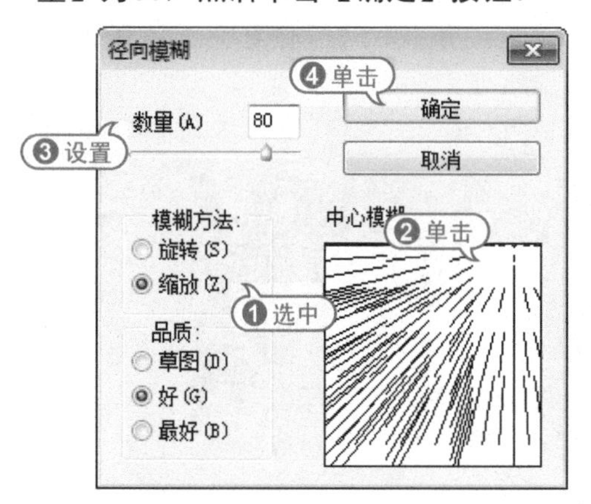

知识点滴

【径向模糊】滤镜可以模拟缩放或旋转的相机所产生的模糊效果。【中心模糊】预览框：用于设置模糊从哪一点开始向外扩散，在预览框中单击一点即可从该点开始向外扩散。【模糊方法】选项栏：选中【旋转】单选按钮时，产生旋转模糊效果；选中【缩放】单选按钮时，产生放射模糊效果，该模糊的图像从模糊中心处开始放大。

步骤 05 在【图层】面板中，设置【图层2】图层混合模式为【变亮】。

步骤 06 按Ctrl键单击【图层2】缩览图，载入选区。单击【创建新图层】按钮，新建【图层3】图层，并按Ctrl+Delete键将选区填充为白色。

步骤 07 按Ctrl+D键取消选区，关闭【图层3】图层视图，选择【图层2】图层，单击【添加图层蒙版】按钮添加图层蒙版。选择【画笔】工具，在选项栏中设置柔角画笔，【不透明度】为50%，然后使用【画笔】工具在图层蒙版中涂抹。

知识点滴

在使用【径向模糊】滤镜处理图像时，需要进行大量的计算，如果图像的尺寸较大，可以先设置较低的【品质】来观察效果，在确认最终效果后，再提高【品质】来处理。

步骤 08 打开【图层3】视图，设置图层混合模式为【柔光】。

步骤 09 按Ctrl+Shift+Alt+E键盖印图层，选择【滤镜】|【渲染】|【镜头光晕】命令，打开【镜头光晕】对话框。在对话框中，设置【电影镜头】单选按钮，设置

【亮度】为110%，并设置中心点位置，然后单击【确定】按钮。

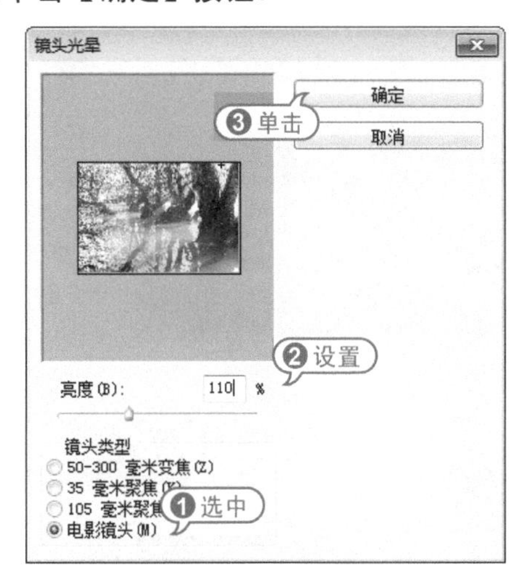

实战技巧

当使用画笔、滤镜进行填充或颜色调整、添加图层效果等操作后，【编辑】菜单中的【渐隐】命令可用，通过该命令可以修改操作结果的透明度和混合模式。

步骤 10 选择【编辑】|【渐隐镜头光晕】命令，打开【渐隐】对话框。在对话框中，设置【不透明度】为80%，然后单击【确定】按钮应用。

知识点滴

【渐隐】命令必须是在进行编辑操作后立即执行，如果这中间又进行了其他操作，则无法执行该命令。

步骤 11 在【调整】图层中，单击【创建新的亮度/对比度调整图层】图标。在展开的【属性】面板中，设置【亮度】为-5，【对比度】为40。

7.2.3 添加霞光效果

在Photoshop中，可以通过拼合功能为图像添加晚霞效果。

【例7-7】添加霞光效果。

视频+素材 (光盘素材\第07章\例7-7)

步骤 01 在Photoshop中，选择【文件】|【打开】命令，选择打开一幅照片图像，并按Ctrl+J键复制【背景】图层。

步骤 02 选择【矩形选框】工具，沿水平线框选天空部分，创建选区。

步骤 03 选择【文件】|【打开】命令，打开另一幅晚霞素材照片。按Ctrl+A键全选

图像，并按Ctrl+C键复制。

步骤 04 再次选中风景照片，选择【编辑】|【选择性粘贴】|【贴入】命令，贴入图像，并按Ctrl+T键，应用【自由变换】命令调整图像大小及位置。

步骤 05 按Ctrl键单击【图层2】图层蒙版缩览图载入选区，并按Shift+Ctrl+I键反选选区。选择【编辑】|【选择性粘贴】|【贴入】命令，接着选择【编辑】|【变换】|【垂直翻转】命令，然后按Ctrl+T键应用【自由变换】命令调整图像大小及位置。

步骤 06 在【图层】面板中，设置【图层3】图层混合模式为【正片叠底】，【不透明度】为70%。

步骤 07 在【图层】面板中，选中【图层3】图层蒙版缩览图，选择【画笔】工具，在选项栏中选择柔边画笔样式，设置【不透明度】为20%，然后在图像中涂抹不要被覆盖的部分。

步骤 08 在【图层】面板中，单击【创建新图层】按钮，新建【图层4】图层。在【颜色】面板中，设置R:233、G:102、B:76，在选项栏中设置【画笔】工具的【不透明度】为10%。然后使用【画笔】工具在桥面涂抹。

步骤 09 在【图层】面板中，设置【图层4】图层混合模式为【饱和度】。

7.2.4 添加聚光效果

利用Photoshop为照片添加局部光照效果，弱化背景区域，突出画面主体对象。

【例7-8】添加聚光灯效果。

素材 (光盘素材\第07章\例7-8)

步骤 01 在Photoshop中，选择【文件】|【打开】命令，选择打开一幅照片图像，并按Ctrl+J键复制【背景】图层。

步骤 02 选择【套索】工具，在选项栏中设置【羽化】为80像素，然后使用【套索】工具在图像中拖动创建选区。

步骤 03 按Ctrl+Shift+I键反选选区，在【调整】面板中，单击【创建新的亮度/对比度调整图层】图标。在展开的【属性】面板中，设置【亮度】数值为-60。

步骤 04 按Ctrl+Shift+Alt+E键盖印图层，选择【滤镜】|【渲染】|【光照效果】命令，显示【光照效果】滤镜设置选项。设置光照效果为【点光】，在图像窗口中将光标放置在控制框上调整光照范围，然后设置【曝光度】为65，【光泽】为13，【环境】为-6，然后在选项栏中单击【确定】按钮。

知识点滴

【光照效果】滤镜是一个比较特殊的滤镜，它包含17种光照样式、3种光照类型和4套光照属性，可以在图像上产生无数种光照效果，还可以使用灰度文件的纹理产生类似3D效果。

步骤 05 使用【套索】工具，在图像中拖动创建选区。

步骤 06 按Ctrl+Shift+I键反选选区，单击【调整】面板中的【曲线】命令图标，打

开【属性】面板。在面板中，调整RGB通道曲线形状。

7.2.5 制作HDR照片效果

HDR图像是通过合成多幅以不同曝光度拍摄的同一场景创建的高动态范围图片，主要用于影片、特殊效果、3D作品集某些高端图片。由于可以在HDR图像中按比例表示和存储真实场景中所有明亮度值，因此，调整HDR图像的曝光度方式与真实环境中拍摄场景时调整曝光度方法类似。利用此功能，可以产生有真实感的模糊及其他真实的光照效果。

【例7-9】制作HDR照片效果。

素材 (光盘素材\第07章\例7-9)

步骤 01 在Photoshop中，选择【文件】|【打开】命令，选择打开一幅照片图像。

步骤 02 选择【图像】|【调整】|【HDR色调】命令，打开【HDR色调】对话框。在对话框中，设置【边缘光】选项区域中【半径】为166像素，【强度】数值为2；【色调和细节】选项区域中【灰度系数】为1.55，【曝光度】为-0.95，【细节】为40%；【高级】选项区域中【自然饱和度】为-10%，然后单击【确定】按钮。

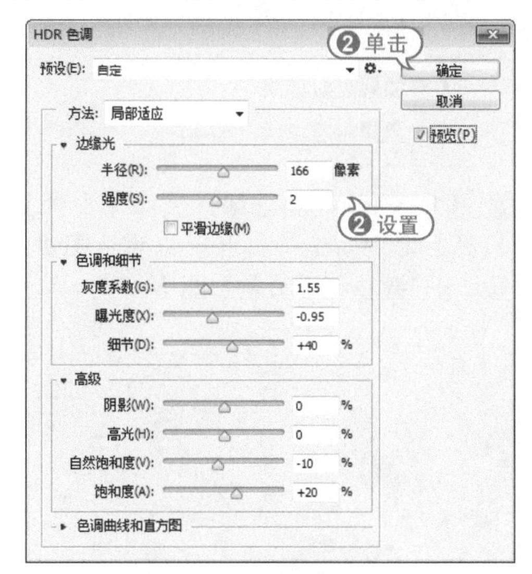

步骤 03 按Ctrl+J键复制【背景】图层，选择【图像】|【调整】|【阴影/高光】命令，打开【阴影/高光】对话框。在对话框中，设置阴影【数量】为22%，然后单击【确定】按钮。

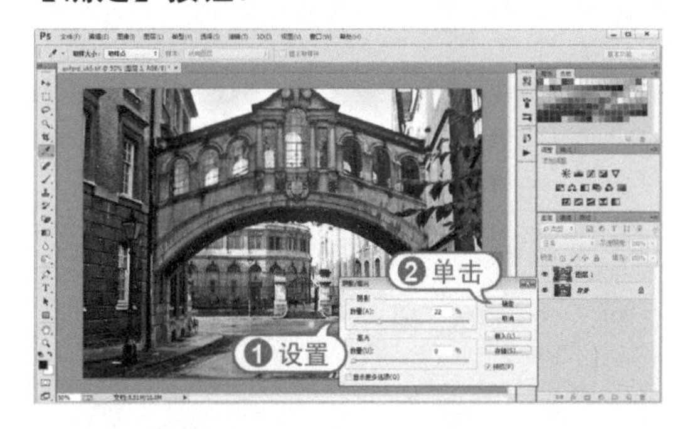

步骤 04 单击【调整】面板中的【创建新的亮度/对比度】图标，在打开的【属性】面板中，设置【对比度】为10。

7.3 风景特效处理

对于一般的风景照片，可以通过后期处理增加照片中的光影效果，增强照片的艺术感。

7.3.1 变换季节色彩

在拍摄风景照片时，常因天气和拍摄时间等多方面因素的限制无法达到理想效果。通过Photoshop可以改变风景照片的季节效果。

【例7-10】变换照片画面中季节色彩。

视频+素材 (光盘素材\第07章\例7-10)

步骤 01 在Photoshop中，选择【文件】|【打开】命令，选择打开一幅照片图像，并按Ctrl+J键复制【背景】图层。

步骤 02 在【调整】面板中，单击【创建新的通道混合器调整图层】图标。在展开的【属性】面板的【输出通道】下拉列表中选择【红】选项，设置【红色】为13%，【绿色】为28%，【蓝色】为20%，【常数】为12%。

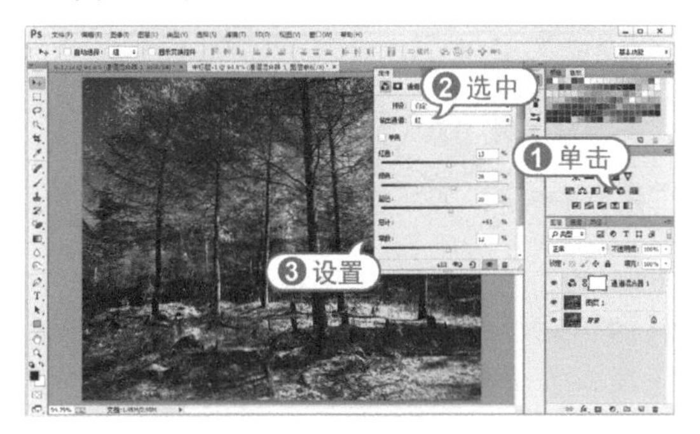

步骤 03 在【属性】面板的【输出通道】下拉列表中选择【绿】选项，设置【红色】为-12%，【绿色】为129%，【蓝色】为26%，【常数】为-3%。

步骤 04 在【属性】面板中的【输出通道】下拉列表中选择【蓝】选项，设置【红色】为25%，【绿色】为-21%，【蓝色】为162%，【常数】为-12%。

步骤 05 选择【画笔】工具，在选项栏中设置柔边画笔样式，【不透明度】为20%，在【通道混合器1】图层蒙版中涂抹。

步骤 06 在【调整】面板中，单击【创建

新的可选颜色调整图层】图标。在展开的【属性】面板的【颜色】下拉列表中选择【红色】选项，设置【青色】为-16%，【黄色】为38%，【黑色】为18%。

步骤 07 在【属性】面板的【颜色】下拉列表中选择【黄色】选项，设置【青色】为67%，【洋红】为-100%，【黄色】为-48%，【黑色】为-8%。

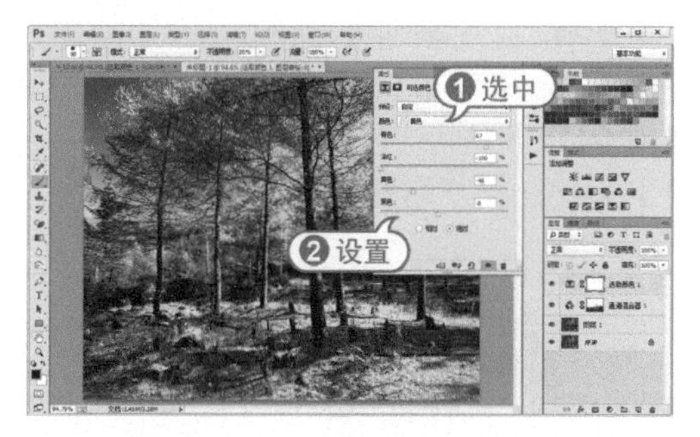

步骤 08 继续使用【画笔】工具，在【选取颜色1】图层蒙版中涂抹。

步骤 09 按Alt+shift+Ctrl+E键盖印图层，在【调整】面板中，单击【创建新的曲线调整图层】图标。在展开的【属性】面板中选择【蓝】通道，并调整蓝通道曲线形状。

步骤 10 在展开的【属性】面板中选择【绿】通道，并调整绿通道曲线形状。

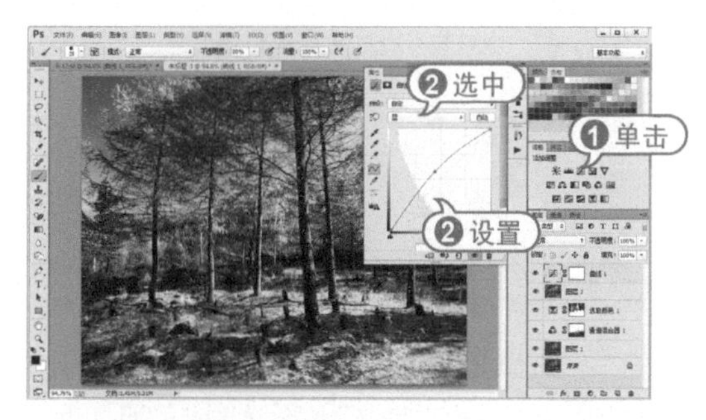

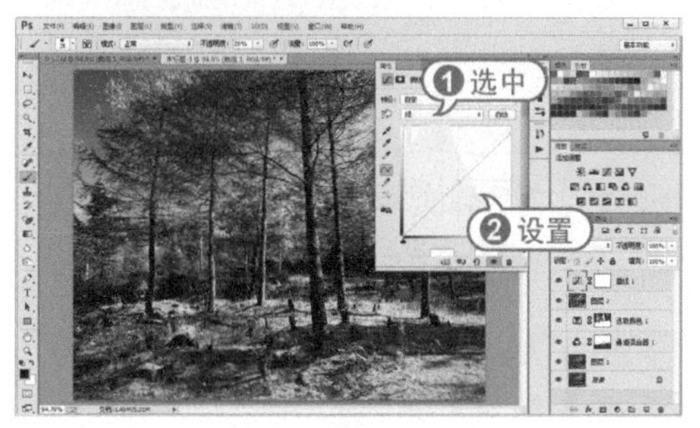

7.3.2 添加飞雪效果

雪后拍摄的照片，似乎缺少了下雪的意境，显得有些单调。使用Photoshop应用程序可以为照片添加雪花飘舞的效果。

【例7-11】为照片画面添加飞雪效果。

素材 (光盘素材\第07章\例7-11)

步骤 01 在Photoshop中，选择【文件】|【打开】命令，选择打开一幅照片图像，并按Ctrl+J键复制【背景】图层。

步骤 02 在【调色】面板中，单击【创建新的色彩平衡调整图层】图标。在展开的【属性】面板中，设置中间值的色阶数值为-7、20、55。

步骤 03 在【属性】面板【色调】下拉列

表中选择【阴影】选项，设置阴影的色阶数值为0、0、15。

步骤 04 在【图层】面板中，单击【创建新图层】按钮，新建【图层2】图层。并按Alt+Delete键使用前景色填充图层。

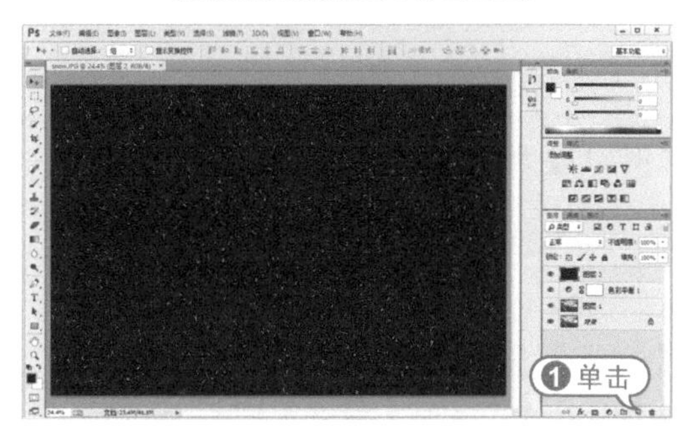

步骤 05 选择【画笔】工具，按F5键打开【画笔】面板。在【画笔笔尖形状】选项中选择一种柔角画笔样式，设置【直径】为40px，【角度】为10度，【硬度】为20%，【间距】为150%。

步骤 06 选中【形状动态】选项，设置【大小抖动】为100%，【角度抖动】为100%，【圆度抖动】为34%。

步骤 07 选中【散布】选项，设置【散布】为800%，【数量】为1%。按X键切换前景色和背景色，使用【画笔】工具在【图层2】黑色背景上拖动制作雪花效果。

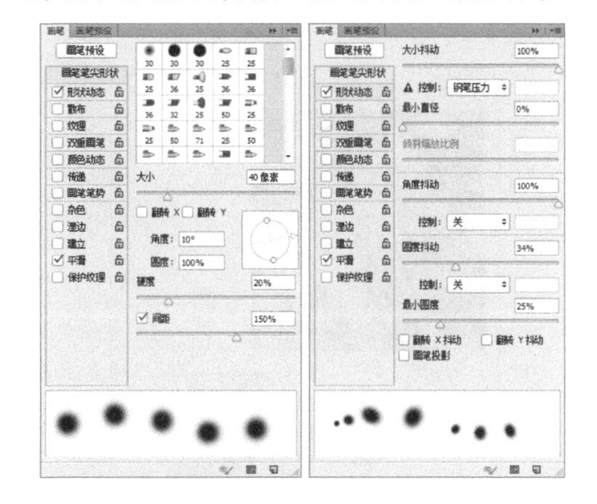

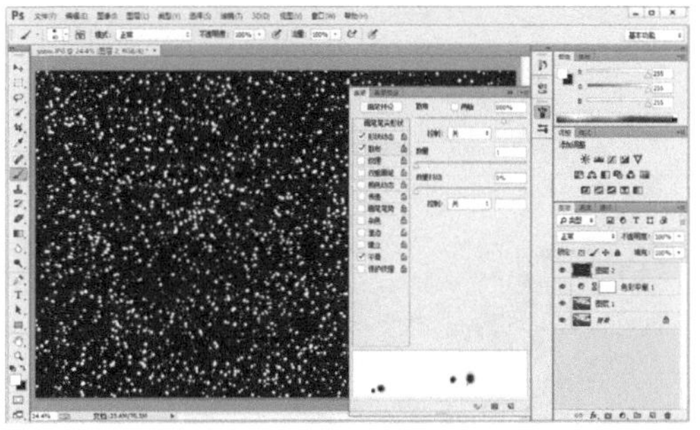

步骤 08 选择【滤镜】|【杂色】|【添加杂色】命令，在打开的【添加杂色】对话框中设置【数量】为8%，平均分布，单击【确定】按钮。

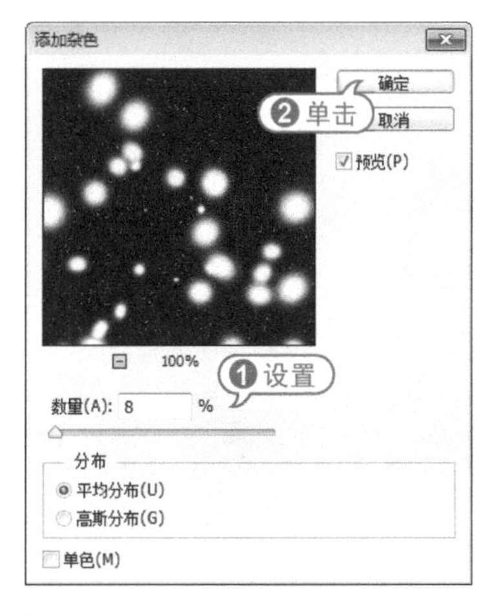

步骤 09 选择【滤镜】|【模糊】|【动感模糊】命令，打开【动感模糊】对话框。在对话框中，设置【角度】为65度，【距离】为30像素，单击【确定】按钮。

步骤 10 在【图层】面板中，设置【图层

2】图层的混合模式设置为【滤色】，【不透明度】为85%。

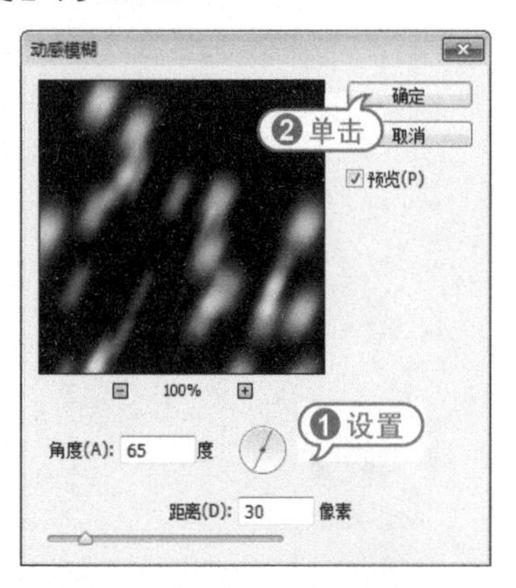

步骤 11 在【图层】面板中，单击【添加图层蒙版】按钮。在【画笔】工具选项栏中设置画笔大小为300像素，【不透明度】为20%。然后使用【画笔】工具在图像中涂抹调整雪花效果。

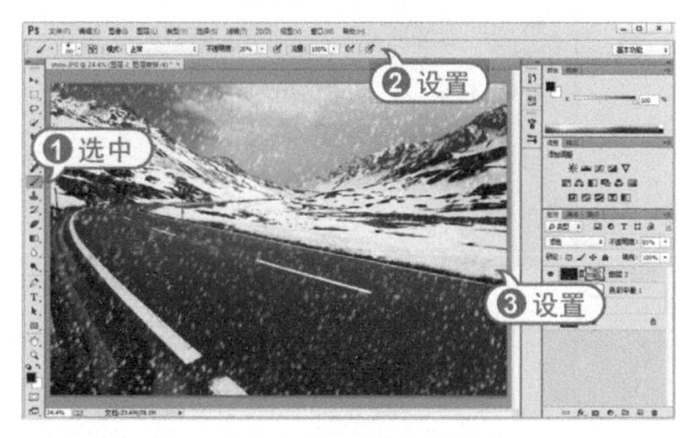

步骤 12 按Ctrl+J键复制【图层2】图层，生成【图层2拷贝】图层。设置【图层2拷贝】图层混合模式为【叠加】，【不透明度】为20%。

步骤 13 选择【滤镜】|【模糊】|【动感模糊】命令，打开【动感模糊】对话框。在对话框中，设置【角度】为45度，【距离】为75像素，单击【确定】按钮。

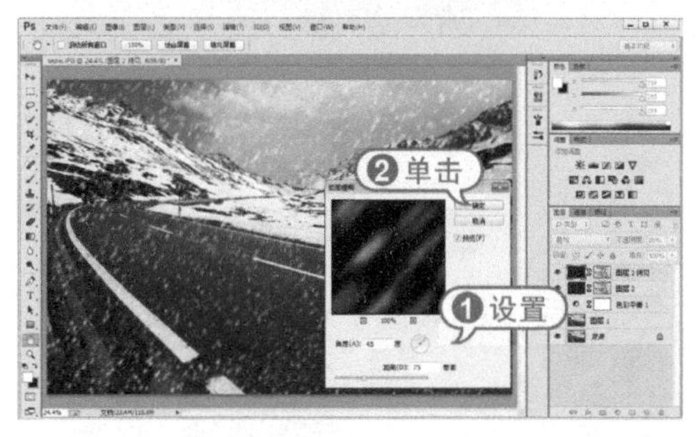

7.3.3 添加雨天效果

现实生活中，无法决定拍摄照片时的天气状况。但使用Photoshop应用程序，可以轻松实现天气转变，如在照片中添加下雨的效果。

【例7-12】为照片画面添加雨天效果。

视频+素材 (光盘素材\第07章\例7-12)

步骤 01 在Photoshop中，选择【文件】|【打开】命令，选择打开一幅照片图像，并按Ctrl+J键复制【背景】图层。

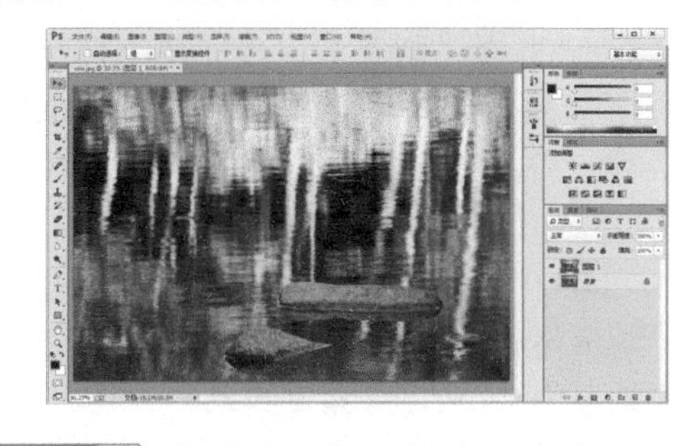

步骤 02 在【图层】面板中，右击【图层1】图层，在弹出的菜单中选择【转换为智能对象】命令。然后选择【滤镜】|【滤镜库】命令，打开【滤镜库】对话框。在

对话框中，选中【艺术效果】滤镜组中的【干画笔】滤镜，设置【画笔大小】为2，【画笔细节】为8，【纹理】为1，单击【确定】按钮。

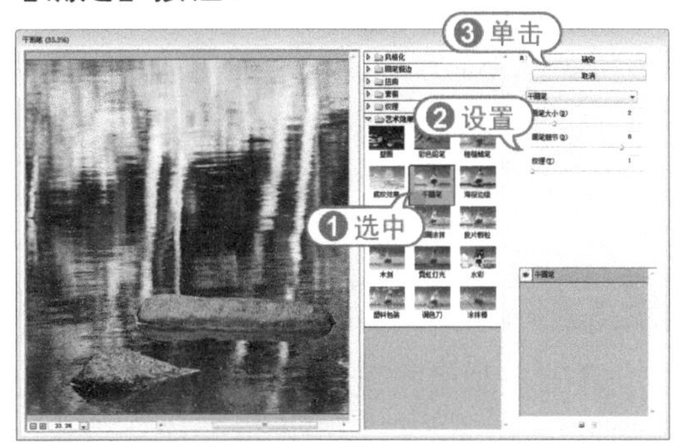

步骤 03 在【滤镜库】对话框中，单击【新建效果图层】按钮，选择【扭曲】滤镜组中的【海洋波纹】滤镜。设置【波纹大小】为1，【波纹幅度】为4，然后单击【确定】按钮。

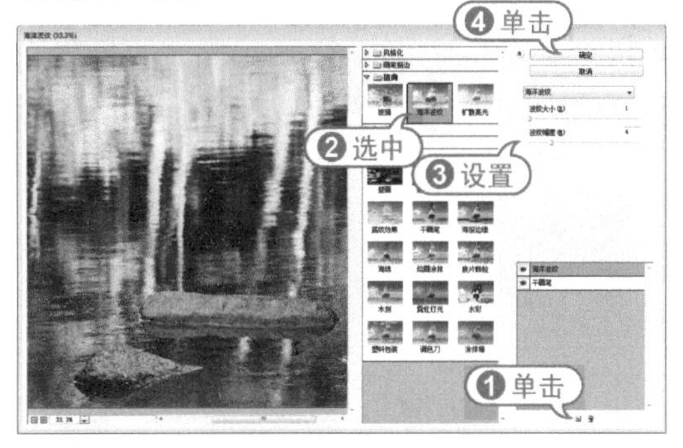

步骤 04 在【图层】面板中，单击【创建新图层】按钮新建【图层2】图层。按Alt+Delete键，对【图层2】图层进行填充。

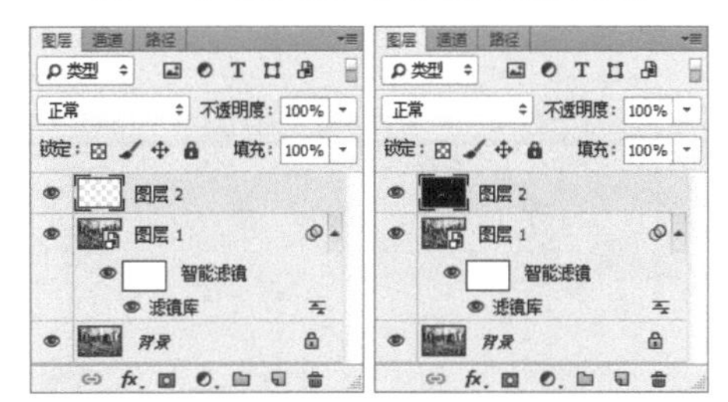

步骤 05 选择【滤镜】|【杂色】|【添加杂色】命令，打开【添加杂色】对话框。在对话框中，设置【数量】为20%，选中【高斯分布】单选按钮，单击【确定】按钮后关闭对话框。

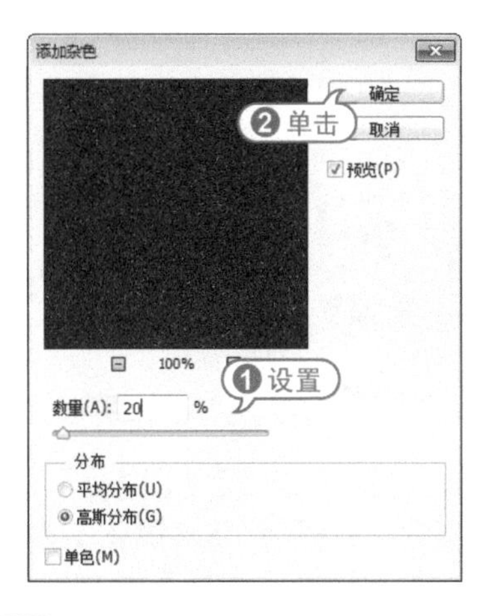

步骤 06 选择【图像】|【调整】|【阈值】命令，打开【阈值】对话框。在对话框中，设置【阈值色阶】数值为80，然后单击【确定】按钮。

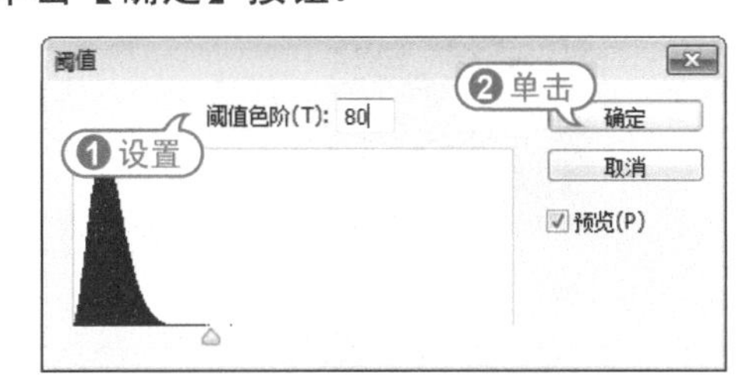

步骤 07 选择【滤镜】|【模糊】|【动感模糊】命令，打开【动感模糊】对话框。在对话框中，设置【角度】为78度，【距离】为100像素，单击【确定】按钮。

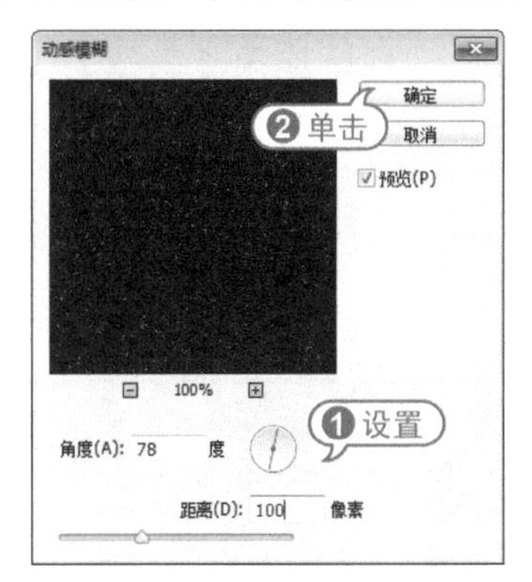

步骤 08 在【图层】面板中，将【图层2】的图层混合模式设置为【滤色】。选择【图像】|【调整】|【色阶】命令，打开【色阶】对话框。在对话框中，设置输入色阶数值为2、1.00、29，然后单击【确定】按钮。

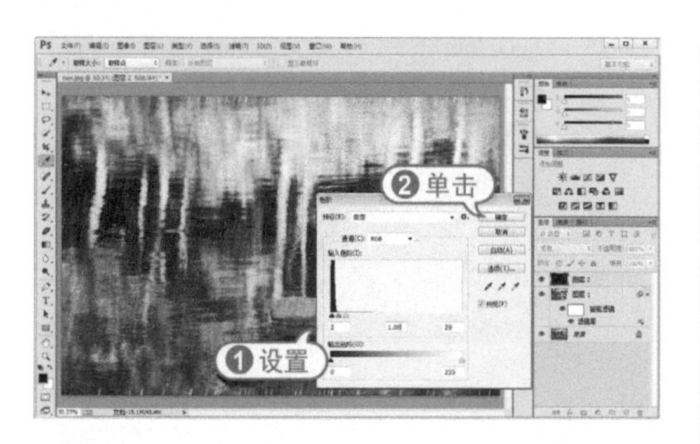

步骤 09 选择【滤镜】|【锐化】|【USM锐化】命令，打开【USM锐化】对话框。在对话框中，设置【数量】为150%，【半径】为5像素，【阈值】为0色阶，然后单击【确定】按钮。

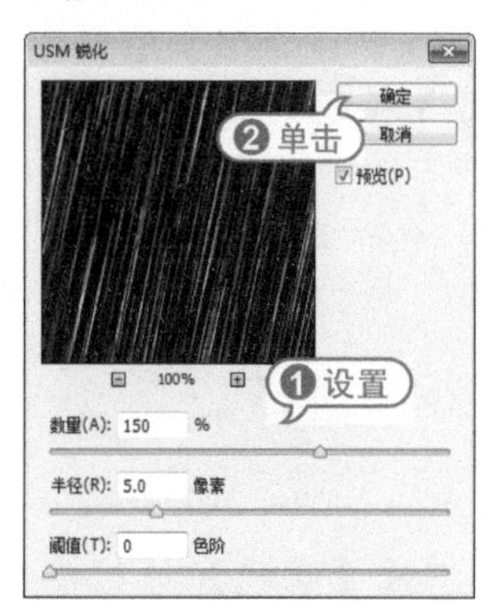

步骤 10 在【图层】面板中，单击【添加图层蒙版】按钮。选择【画笔】工具，在选项栏中设置柔边画笔样式，【不透明度】为20%。然后使用【画笔】工具，在图像中调整下雨效果。

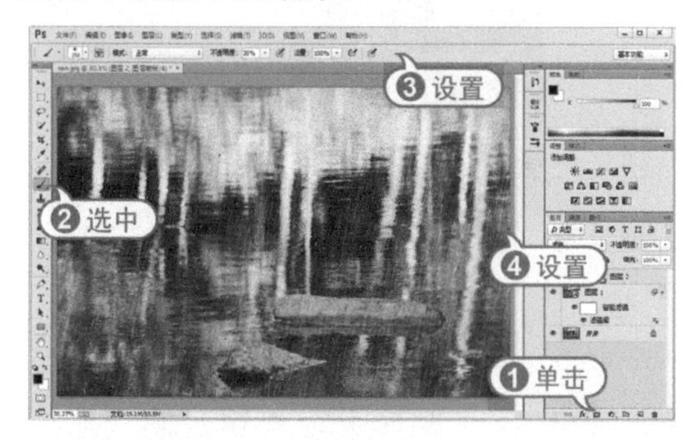

步骤 11 按Ctrl+J键复制【图层2】图层，生成【图层2拷贝】图层。选中【图层2拷贝】图层蒙版缩览图，在选项栏中设置【画笔】工具的【不透明度】为40%，然后使用【画笔】工具在图像中调整下雨效果。

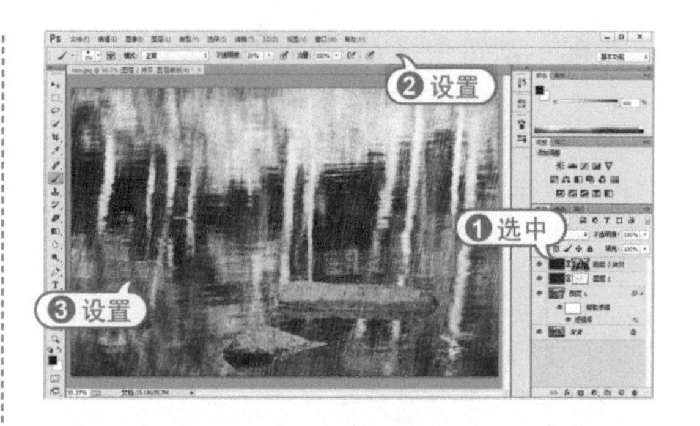

7.3.4 添加薄雾效果

雾天不是经常能遇到的天气状况，但利用Photoshop应用程序可以轻松做出这一效果。

【例7-13】为照片画面添加薄雾效果。

视频+素材 (光盘素材\第07章\例7-13)

步骤 01 在Photoshop中，选择【文件】|【打开】命令，选择打开一幅照片图像，并按Ctrl+J键复制【背景】图层。

步骤 02 选择菜单栏中的【滤镜】|【渲染】|【云彩】命令。

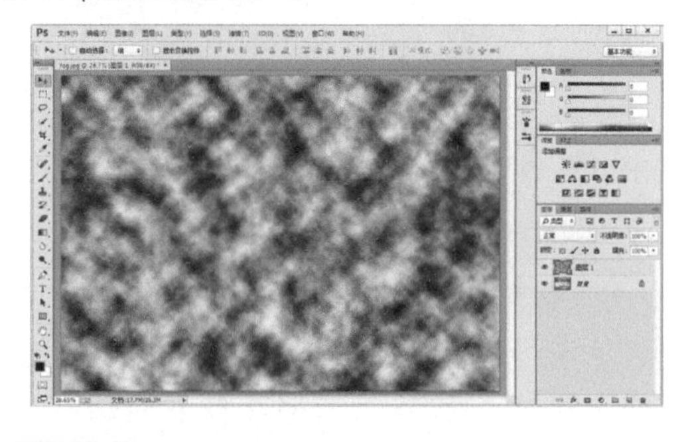

步骤 03 在【图层】面板中，将【图层1】的图层的【混合模式】设置为【滤色】，并单击【图层】面板中的【添加图层蒙

版】按钮，为【图层1】图层添加蒙版。

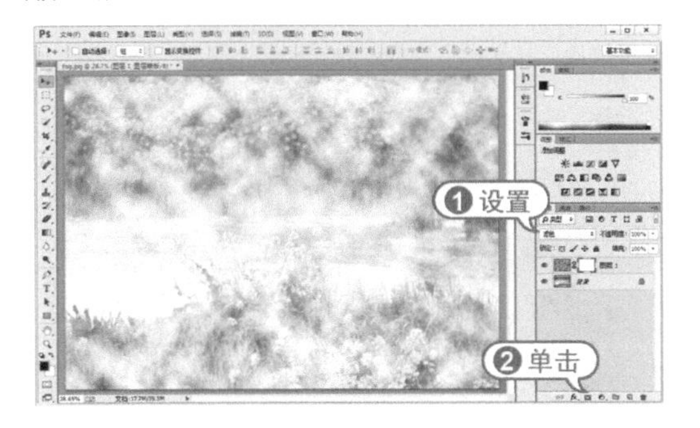

步骤 04 选择【画笔】工具，在选项栏中设置画笔为柔边画笔样式，【不透明度】为20%。然后使用【画笔】工具在图像中涂抹，使雾看起来更加自然一些。

步骤 05 在【图层】面板中，选中【背景】图层。在【调整】面板中，单击【创建新的色阶调整图层】图标。在展开的【属性】面板中，设置RGB通道输入色阶数值为21、1.00、255。

步骤 06 在【属性】面板中选择【绿】通道，设置绿通道输入色阶数值为27、1.05、255。

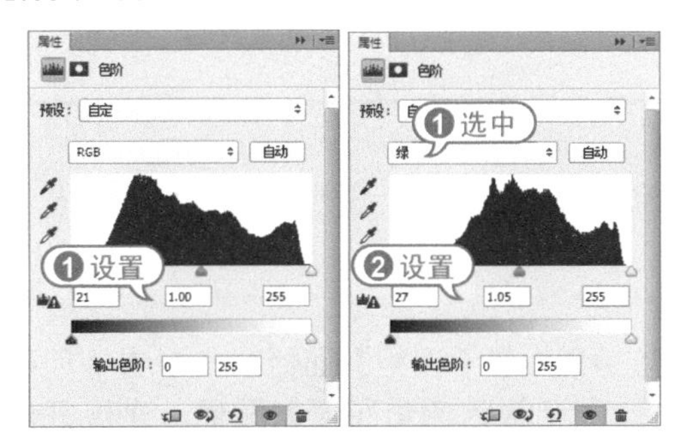

步骤 07 在【属性】面板中选择【蓝】通道，设置蓝通道输入色阶数值为29、1.12、255。

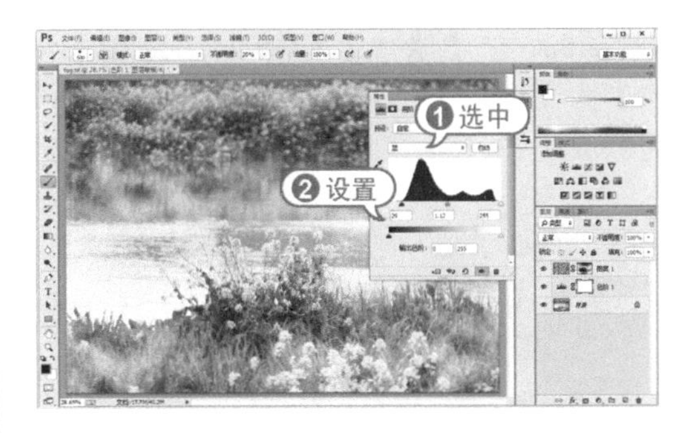

7.3.5 小景深效果

小景深照片最突出的特点便是能使环境虚糊、主体清楚，这是突出主体的有效方法之一。景深越小，这种环境虚糊也就越强烈，主体也就更突出。

【例7-14】制作小景画面深效果。

素材 (光盘素材\第07章\例7-14)

步骤 01 在Photoshop中，选择【文件】|【打开】命令，选择打开一幅照片图像，并按Ctrl+J键复制【背景】图层。

步骤 02 在【调色】面板中，单击【创建新的色彩平衡调整面板】图标。在展开的【属性】面板中设置中间值的色阶为19、-2、-26。

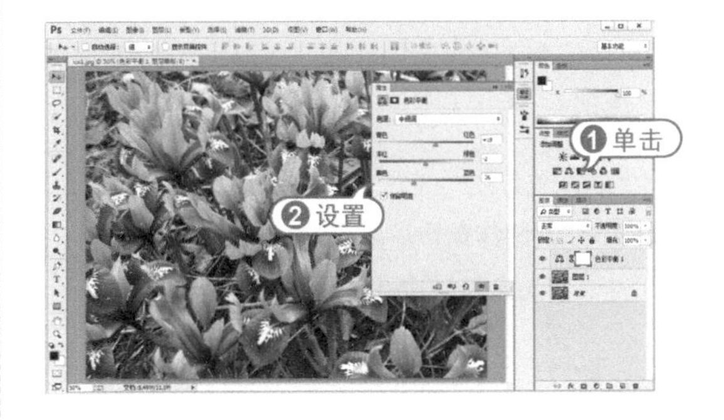

步骤 03 在【属性】面板中，设置【色阶】为【高光】选项，并设置高光的色阶为0、0、-22。

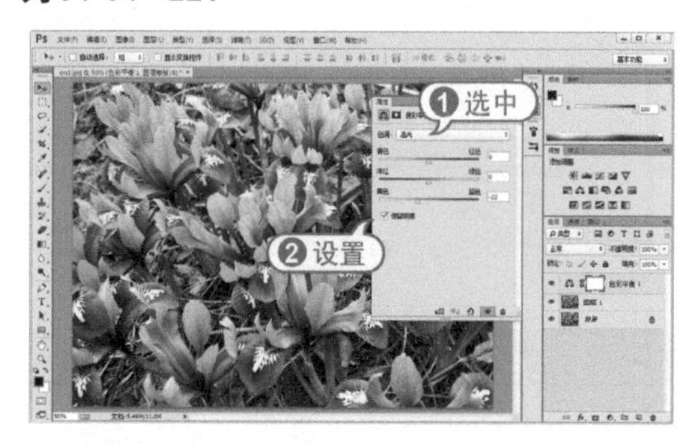

步骤 04 按Alt+Shift+Ctrl+E键盖印图层，生成【图层2】图层。选择【滤镜】|【模糊】|【光圈模糊】命令。在显示设置选项中，设置【模糊】为25像素，并调整控制框范围，然后在选项栏中单击【确定】按钮。

步骤 05 在【图层】面板中，单击【添加图层蒙版】按钮。选择【画笔】工具，在选项栏中设置柔边画笔样式，【不透明度】为10%。然后使用【画笔】工具调整画面模糊的自然感。

步骤 06 在【图层】面板中，选中【图层2】图层缩览图。选择【滤镜】|【锐化】|【USM锐化】命令，打开【USM锐化】对话框。在打开的对话框中，设置【数量】为150%，【半径】为1像素，然后单击【确定】按钮。

知识点滴

【光圈模糊】命令通过控制点选择模糊位置，然后通过调整范围框控制模糊作用范围，在利用面板设置模糊的强度数值控制形成景深的浓重程度。

7.4 实战演练

本章实战演练通过制作色调有点类似黄昏后的风景效果，通过练习从而巩固本章所学知识。

【例7-15】制作黄昏后风景效果。

素材 (光盘素材\第07章\例7-15)

步骤 01 在Photoshop中，选择【文件】|【打开】命令，选择打开一幅照片图像。

步骤 02 在【调整】面板中，单击【创建新的可选颜色调整图层】图标。在展开的【属性】面板的【颜色】下拉列表中选择【黄色】选项，设置【青色】为-44%，【洋红】为-31%，【黄色】为41%。

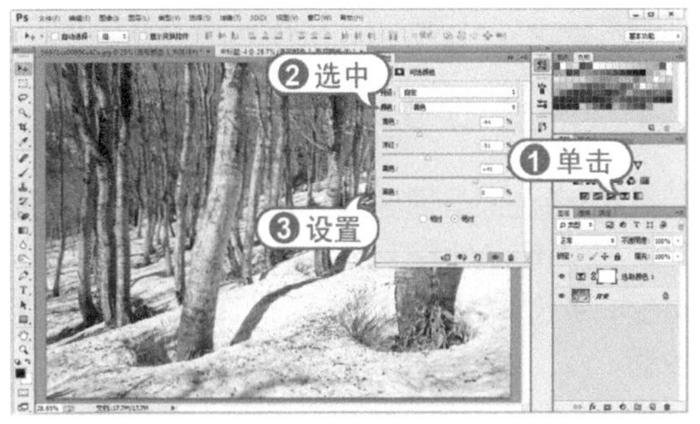

步骤 03 在【属性】面板的【颜色】下拉列表中选择【绿色】选项，设置【青色】为-20%，【洋红】为-50%，【黄色】为38%。

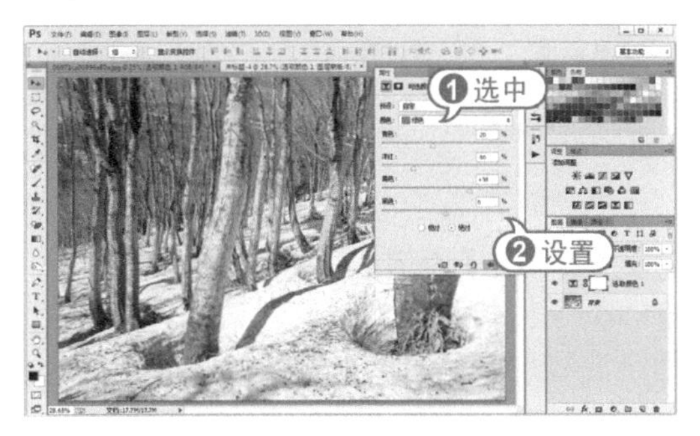

步骤 04 在【属性】面板的【颜色】下拉列表中选择【白色】选项，设置【青色】为20%，【黄色】为-11%。

步骤 05 在【调整】面板中，单击【创建新的可选颜色调整图层】图标。在展开的【属性】面板的【颜色】下拉列表中选择【黄色】选项，设置【青色】为-36%，【洋红】为46%，【黄色】为-21%。

步骤 06 在【调整】面板中，单击【创建新的曲线调整图层】图标。在展开的【属性】面板中，选中【红】通道，并调整红通道曲线形状。

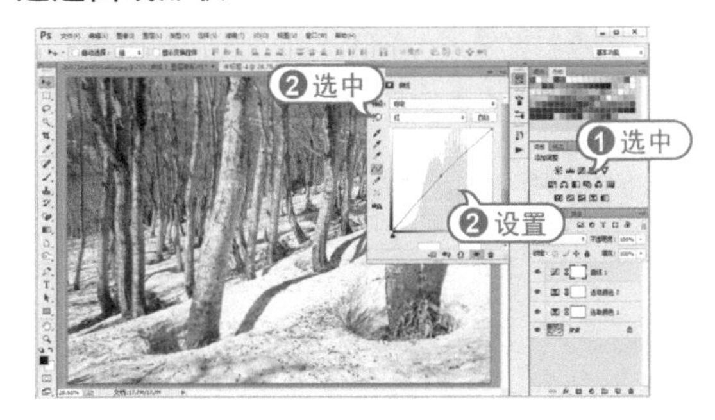

步骤 07 在【属性】面板中，选中【蓝】通道，并调整蓝通道曲线形状。

步骤 08 在【调整】面板中，单击【创建新的可选颜色调整图层】图标。在展开的【属性】面板的【颜色】下拉列表中选择【红色】选项，设置【青色】为-15%。

步骤 09 在【属性】面板的【颜色】下拉列表中选择【黄色】选项，设置【青色】为-10%，【洋红】为31%，【黄色】为-22%。

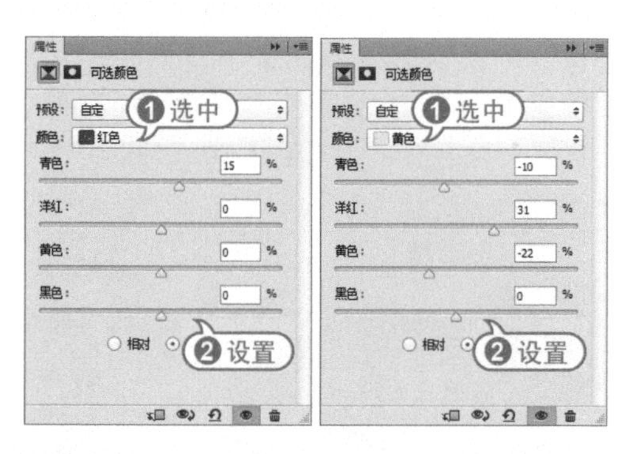

步骤 10 在【属性】面板的【颜色】下拉列表中选择【蓝色】选项，设置【青色】为62%，【洋红】为31%，【黄色】为-14%。

步骤 11 选择【图像】|【模式】|【Lab颜色】命令，在打开的对话框中，单击【拼合】按钮。

步骤 12 在【通道】面板中，选中【明度】通道，打开Lab通道视图。按Ctrl+M键打开【曲线】对话框，并调整明度曲线形状，然后单击【确定】按钮。

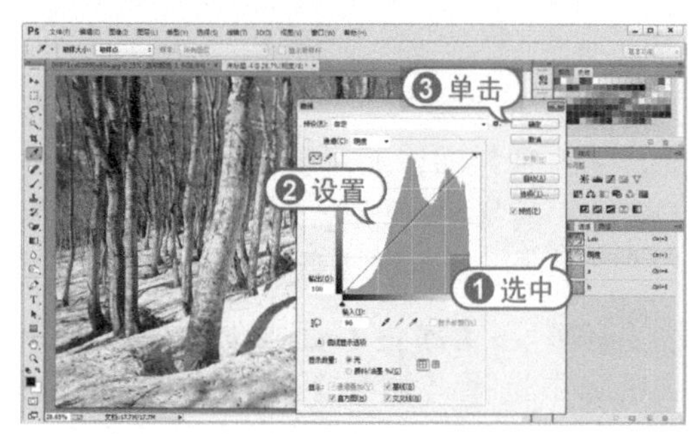

步骤 13 选择【滤镜】|【锐化】|【USM锐化】命令，打开【USM锐化】对话框。在对话框中，设置【数量】为100%，【半径】为1像素，然后单击【确定】按钮。

步骤 14 在【通道】面板中，选中a通道。按Ctrl+M键打开【曲线】对话框，并调整a通道曲线形状，然后单击【确定】按钮。

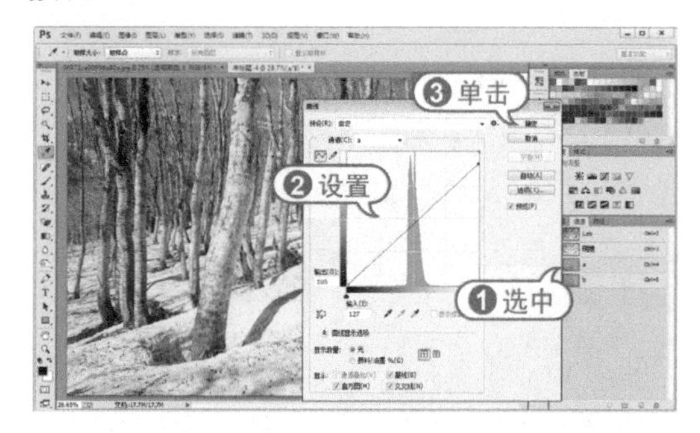

步骤 15 在【通道】面板中，选中b通道。按Ctrl+M键打开【曲线】对话框，并调整b通道曲线形状，然后单击【确定】按钮。

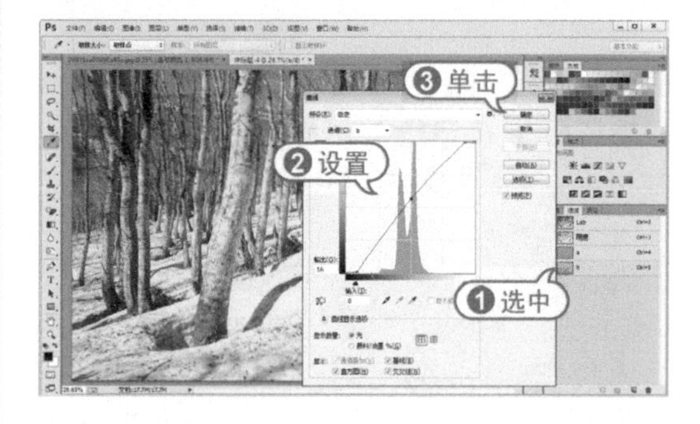

步骤 16 选择【图像】|【模式】|【RGB颜色】命令，按Ctrl+J键复制【背景】图层，选择【图像】|【调整】|【去色】命令，并在【图层】面板中，设置【图层1】图层混合模式为【柔光】，【不透明度】为20%。

步骤 17 在【调整】面板中，单击【创建新的亮度/对比度调整图层】图标。在展开的【属性】面板中，设置【对比度】为10。

专家答疑

>> 问：如何选区储存为通道？

答：创建选区范围后，单击【通道】面板底部的【将选区存储为通道】按钮，既可将选区存储为通道。或选择【选择】|【存储选区】命令，打开【存储选区】对话框，通过设置存储选区通道。

- 【文档】下拉列表：用于为选区选取一个目标图像。默认情况下，选区放在现用图像中的通道内。可以选取将选区存储到其他打开的且具有相同像素尺寸的图像的通道中，或存储到新图像中。
- 【通道】下拉列表：用于为选区选取一个目标通道。默认情况下，选区存储在新通道中。可以选取将选区存储到选中图像的任意现有通道中，或存储到图层蒙版中(如果图像包含图层)。
- 【名称】文本框：如果要将选区存储为新通道，在文本框中为该通道输入一个名称。如果要将选区存储到已有通道中，在【操作】选项栏中【新建通道】单选按钮变为【替换通道】按钮，并激活其他单选按钮。
- 【替换通道】单选按钮：替换通道中的当前选区。
- 【添加到通道】单选按钮：将选区添加到当前通道内容。
- 【从通道中减去】单选按钮：从通道内容中删除选区。
- 【与通道交叉】单选按钮：保留与通道内容交叉的新选区区域。

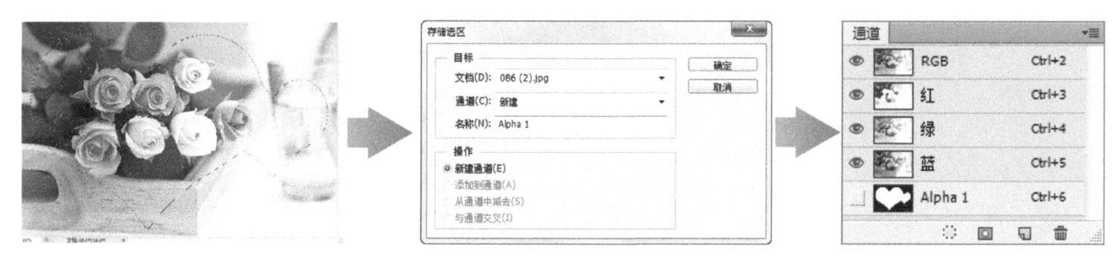

>> 问：如何将通道载入为选区？

答：在通道面板中，选中Alpha 通道，单击面板底部的【将通道作为选区载入】按钮，或按住Ctrl键单击Alpha 通道缩览图即可。或选择【选择】|【载入选区】命令，打开【载入选区】对话框。

按住Ctrl+Shift键单击一个通道，可以将载入的选区与原有的选区相加；按住Ctrl+Alt键单击一个通道，可以从原有的选区中减去载入的选区；按住Ctrl+Shift+Alt键单击一个通道，可以保留原有的选区和载入的选区相交的部分。

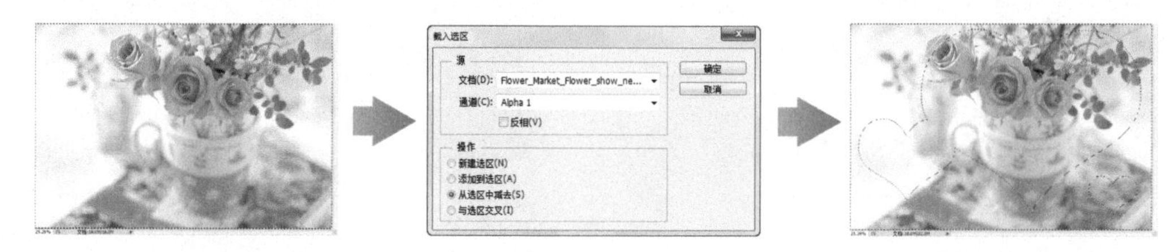

读书笔记

第8章

人像照片处理秘笈

对应光盘视频

例8-1　修复照片中人物的红眼
例8-2　修复人物面部瑕疵
例8-3　消除照片中人物眼袋
例8-4　快速美白人物牙齿
例8-5　给人物瘦身
例8-6　打造人物细腻肌肤
例8-7　美白人物肤色
例8-8　添加炫彩美瞳效果
本章其他视频文件参见配套光盘

本章对人像照片的处理进行详细讲解和介绍，让读者快速掌握人像照片的处理方法与技巧。

8.1 修复、修饰人像照片

通过Photoshop的修复、修饰功能，可以对数码照片中主体人物出现的一些瑕疵进行处理，使人物效果更加理想。

8.1.1 修复人物的红眼

在拍摄室内和夜景照片时，常常会出现照片中人物眼睛发红的现象，这就是通常说的红眼现象。这是由于拍摄环境的光线和摄影角度不当，而导致数码相机不能正确识别人眼颜色。

使用Photoshop应用程序中的【红眼】工具，可移去用闪光灯拍摄的人像或动物照片中的红眼，也可以移去用闪光灯拍摄的动物照片中的白色或绿色反光。

【例8-1】修复照片中人物的红眼。

视频+素材 (光盘素材\第08章\例8-1)

步骤 01 在Photoshop中选择菜单栏中的【文件】|【打开】命令，选择打开需要处理的照片。并按Ctrl+J组合键复制背景图层。

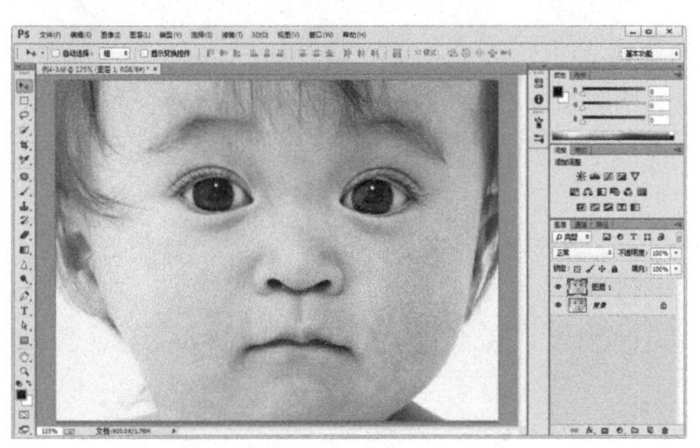

实战技巧

选择【工具】面板中的【红眼】工具后，在图像文件中红眼的部位单击即可。如果对修正效果不满意，可还原修正操作，在其选项栏中，重新设置【瞳孔大小】数值，增大或减小受红眼工具影响的区域。【变暗量】数值设置校正的暗度。

步骤 02 选择【红眼】工具，在选项栏中设置【瞳孔大小】为50%，【变暗量】为50%。然后使用【红眼】工具单击人物瞳孔的位置。

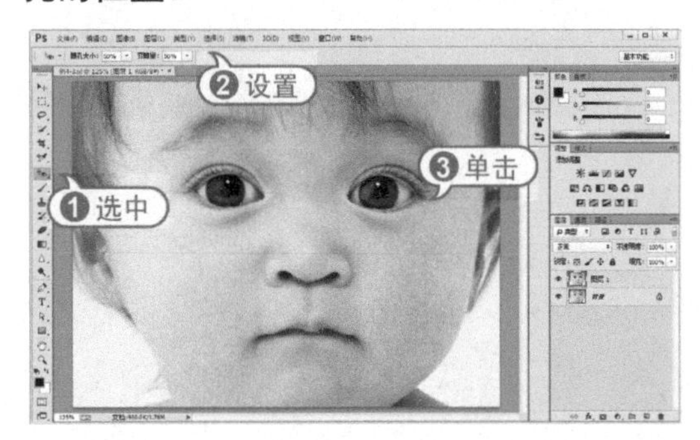

8.1.2 修复人物面部瑕疵

在拍摄时，常常会因为模特人物脸上的色斑、青春痘等问题让照片质量不尽如人意。只要利用Photoshop中的【修复画笔】工具，就能简单对局部进行处理去除面部瑕疵。

【例8-2】修复人物面部瑕疵。

视频+素材 (光盘素材\第08章\例8-2)

步骤 01 在Photoshop中选择菜单栏中的【文件】|【打开】命令，选择打开需要处理的照片。并按Ctrl+J组合键复制背景图层。

步骤 02 选择【修复画笔】工具，在选项栏中设置画笔样式，选中【取样】单选按钮。

步骤 03 使用【修复画笔】工具，按住Alt键，当鼠标指针变为十字圆形时，在孩子面部没有雀斑的区域单击建立取样点，松开Alt键，然后将鼠标指针移至面部雀斑处涂抹，如遇到细小的地方，可将【修复画笔】工具的笔刷直径设置得小一些，并且在修复的过程中要随时调整取样点，这样修复出来的图像会更真实一些。

步骤 04 重复步骤(3)的操作方法将需要处理的部分进行相同操作，完成修复效果。操作时可根据需要调整画笔大小。

8.1.3 消除黑眼圈

拍摄人物近景时，一双美丽、有神的眼睛会让人物显得神采奕奕。但实际拍摄中，常会因为模特眼袋问题，直接影响到画面效果。使用Photoshop中的相关功能可以轻松解决这个问题。

【例8-3】消除照片中人物眼袋。

视频+素材 (光盘素材\第08章\例8-3)

步骤 01 在Photoshop中选择菜单栏中的【文件】|【打开】命令，选择打开需要处理的照片。并按Ctrl+J组合键复制背景图层。

步骤 02 选择【修补】工具，在选项栏中选中【源】单选按钮，然后在图像中的眼袋位置绘制选区，并向下拖曳选区，以其他部位的颜色修补眼袋部位。

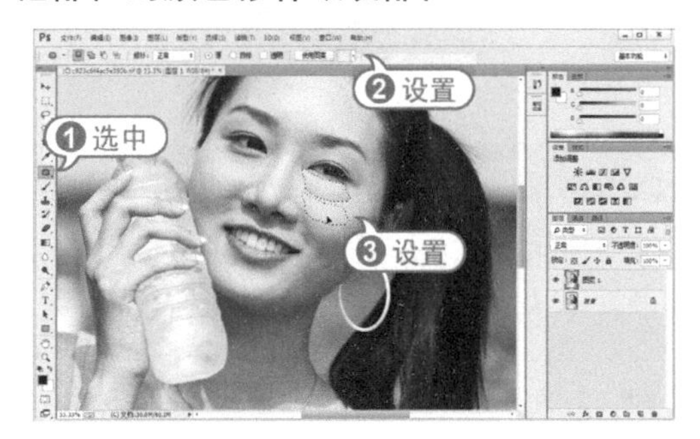

步骤 03 按Ctrl+D组合键取消选区，再使用步骤(2)中相同的操作方法去除人物的眼袋。

步骤 04 按Ctrl+J组合键复制【图层1】，选择【滤镜】|【杂色】|【中间值】命令。

打开【中间值】对话框，设置【半径】为3像素，然后单击【确定】按钮。

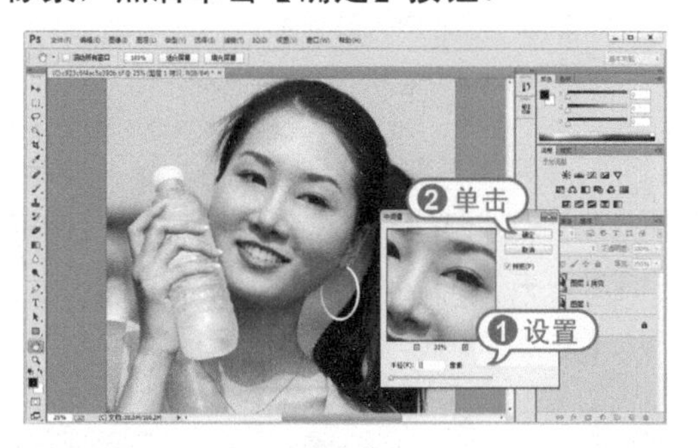

步骤 05 在【图层】面板中，单击【添加图层蒙版】按钮，选择【画笔】工具在图像中涂抹不想柔化的部分。

8.1.4 快速美白牙齿

通过Photoshop的简单功能，可以快速将照片中人物的牙齿变得洁白无瑕。

【例8-4】快速美白人物牙齿。

视频+素材 (光盘素材\第08章\例8-4)

步骤 01 在Photoshop中选择菜单栏中的【文件】|【打开】命令，选择打开需要处理的照片。并按Ctrl+J组合键复制背景图层。

步骤 02 选择【钢笔】工具，在选项栏中设置工具使用模式为【路径】，然后使用【钢笔】工具勾选人物照片中牙齿的部分，创建路径。

步骤 03 单击选项栏中的【选区】按钮，在打开的【建立选区】对话框中，设置【羽化半径】为4像素，单击【确定】按钮。

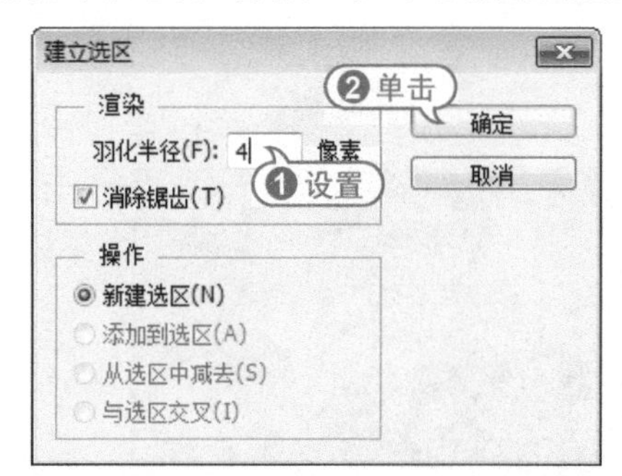

步骤 04 单击【调整】面板中的【创建新的色相/饱和度调整图层】图标，在打开的【属性】面板中，设置【色相】数值为-20，【饱和度】为数值-25。

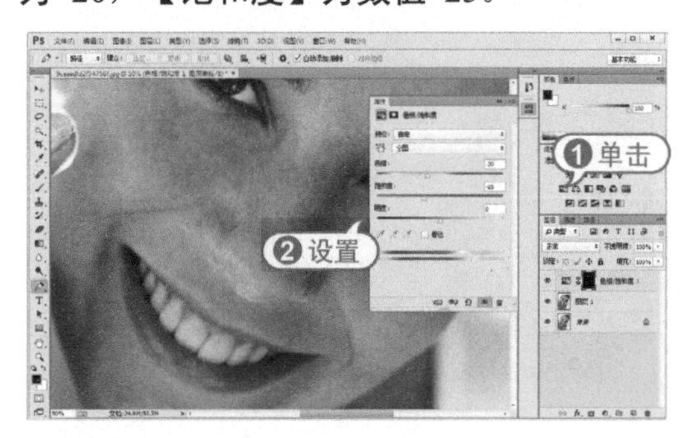

步骤 05 在【图层】面板中，按Ctrl组合键单击【色相/饱和度1】图层蒙版，载入选区。单击【调整】面板中的【创建新的曲线调整图层】图标，展开【属性】面板，并调整RGB通道曲线形状，完成人物牙齿的美白。

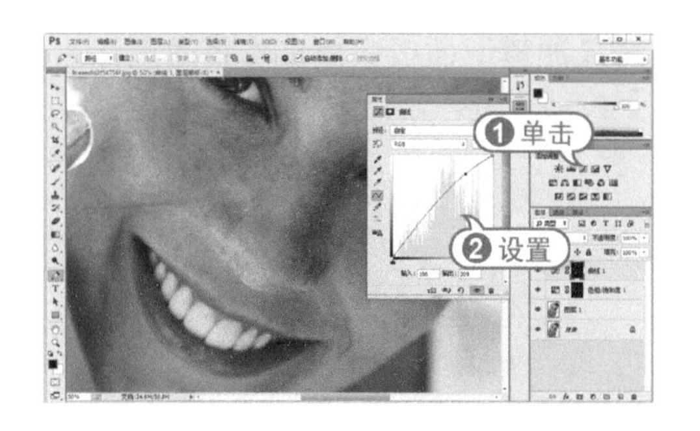

8.1.5 人像瘦身

【液化】滤镜是修饰图像和创建艺术效果的强大工具，常用于数码照片中人物形体的修饰。【液化】命令的使用方法较简单，但功能相当强大，可以创建推、拉、旋转、扭曲和收缩等变形效果。选择【滤镜】|【液化】命令，可以打开【液化】对话框。在对话框右侧选中【高级模式】复选框可以显示出完整的功能设置选项。

【例8-5】使用【液化】命令给人物瘦身。

视频+素材 (光盘素材\第08章\例8-5)

步骤01 选择【文件】|【打开】命令，打开一个素材文件，并按Ctrl+J组合键复制背景图层。

步骤02 选择【滤镜】|【液化】命令，打开【液化】对话框。

步骤03 选择左侧工具箱中的【向前变形】工具按钮，在对话框右侧的【工具选项】选项组中，设置【画笔大小】为600，【画笔压力】为50，然后使用【向前变形】工具在人物手臂的边缘向内推动变形，为人物瘦手臂，单击【确定】按钮关闭对话框。

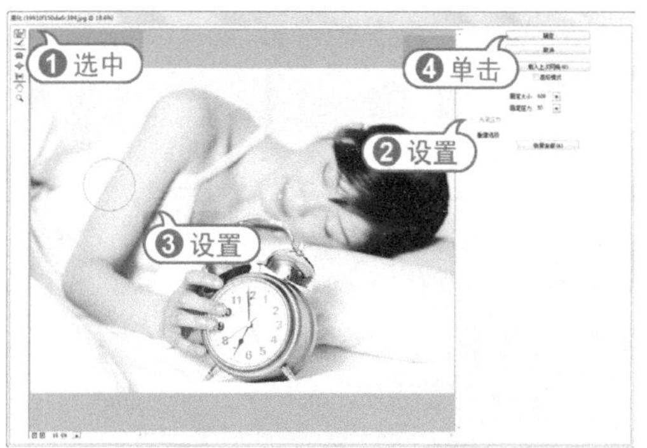

8.1.6 打造细腻肌肤

在Photoshop中处理人像照片时，保留人像细节的同时，去除细小色斑以及瑕疵等，得到光滑细腻的肌肤更加有利于进一步的后期处理。

【例8-6】打造人物细腻肌肤。

视频+素材 (光盘素材\第08章\例8-6)

步骤01 在Photoshop中选择菜单栏中的【文件】|【打开】命令，选择打开需要处理的照片。并按Ctrl+J组合键复制背景图层。

步骤 02 打开【通道】面板，将【蓝】通道拖动到【创建新通道】按钮上释放，创建【蓝 副本】通道。选择【滤镜】|【其他】|【高反差保留】命令。在打开的对话框中，设置【半径】为10像素，然后单击【确定】按钮。

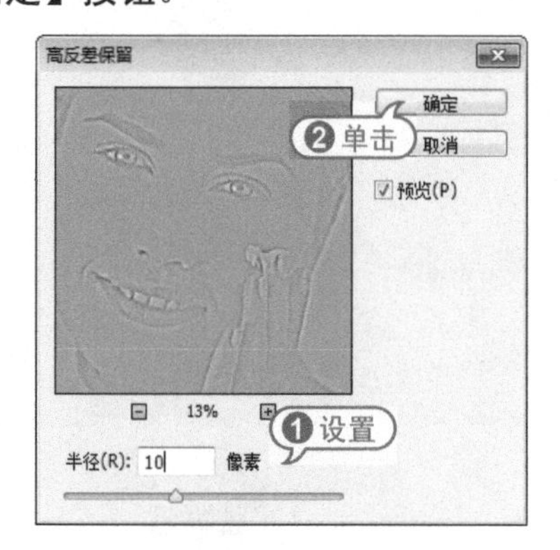

步骤 03 选择【滤镜】|【其他】|【最小值】命令，在打开的对话框中，设置【半径】为1像素，然后单击【确定】按钮。

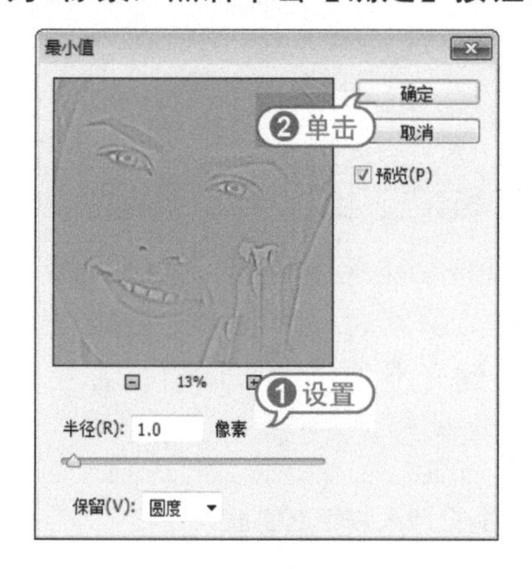

步骤 04 选择【图像】|【计算】命令，在对话框中，单击【混合】下拉列表选择【叠加】选项，然后单击【确定】按钮。

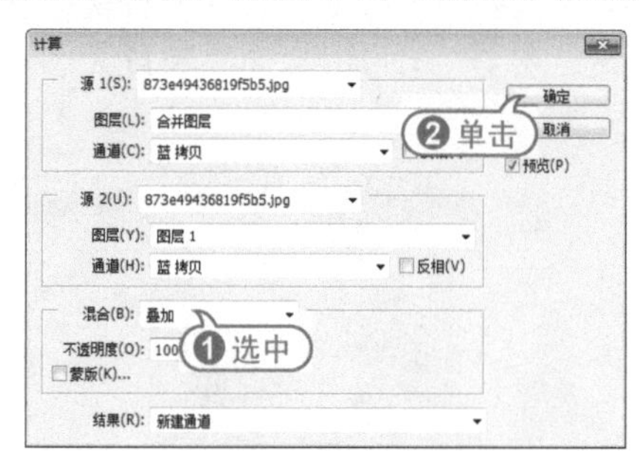

步骤 05 再使用两次【计算】命令，然后在【通道】面板中单击【将通道作为选区】按钮，载入选区。

步骤 06 单击RGB通道，按Ctrl+Shift+I组合键反选选区，在【调整】面板中，单击【曲线】命令图标，在打开的【属性】面板中调整曲线状态。

步骤 07 按Alt+Shift+Ctrl+E组合键盖印图层，生成【图层2】。打开【通道】面板，将【绿】通道拖动到【创建新通道】按钮上释放，创建【绿 副本】通道。选择【滤镜】|【其他】|【高反差保留】命令。在打开的对话框中，设置【半径】为10像素，然后单击【确定】按钮。

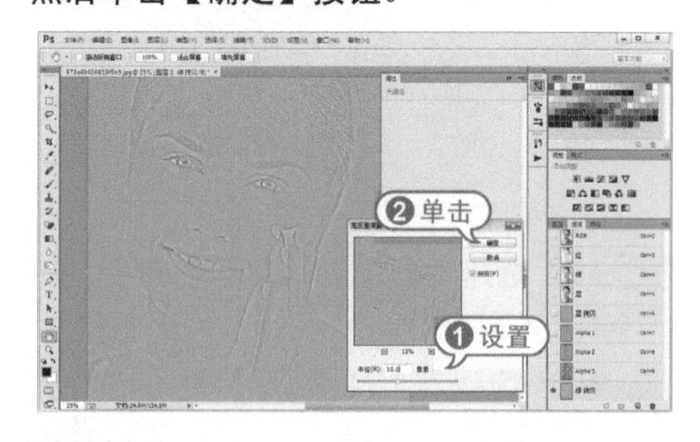

步骤 08 选择【滤镜】|【其他】|【最小值】命令，在打开的对话框中，设置【半径】为1像素，然后单击【确定】按钮。

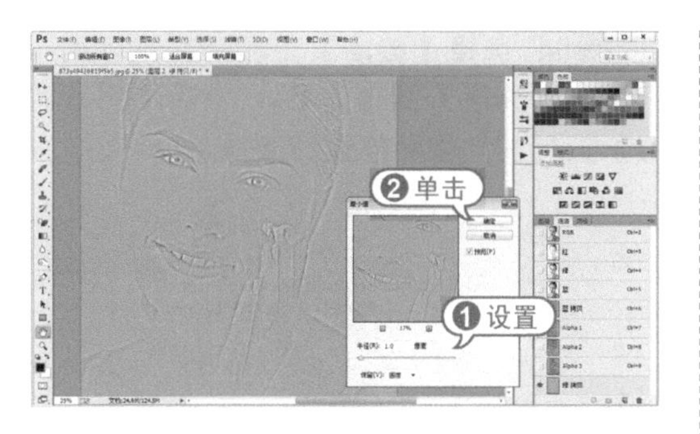

步骤 09 选择【图像】|【计算】命令，在对话框中，单击【混合】下拉列表选择【叠加】选项，然后单击【确定】按钮。

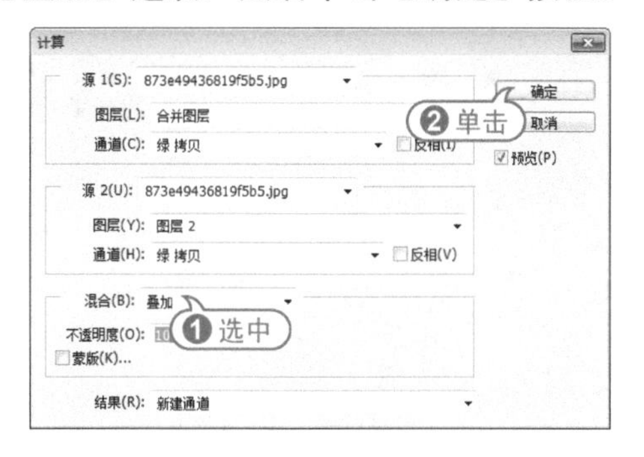

步骤 10 再使用两次【计算】命令，然后在【通道】面板中单击【将通道作为选区】按钮，载入选区。

步骤 11 在【通道】面板中，单击RGB通道，并按Ctrl+Shift+I组合键反选选区。在【调整】面板中，单击【创建新的曲线调整图层】图标，打开【属性】面板。并在打开的【属性】面板中调整RGB通道曲线状态。

步骤 12 选中【图层2】图层，按Ctrl+J组合键复制图层，并将【图层2拷贝】图层放置在【图层】面板最上层。选择【滤镜】|【其他】|【高反差保留】命令。在打开的对话框中，设置【半径】为5像素，然后单击【确定】按钮。

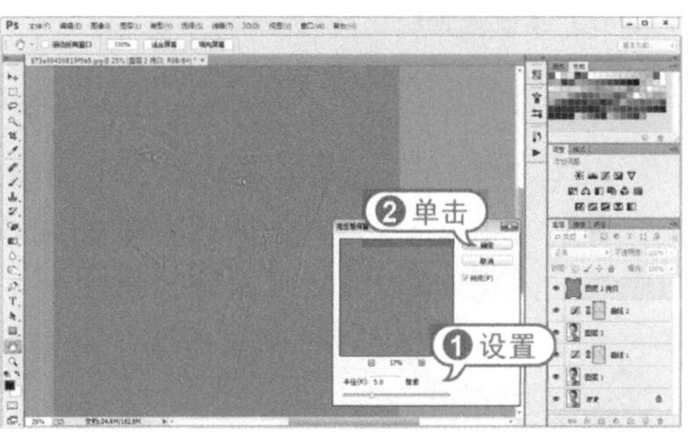

步骤 13 在【图层】面板中，设置【图层2拷贝】图层混合模式为【叠加】，并单击【添加图层蒙版】按钮。

步骤 14 选择【画笔】工具，在选项栏中设置柔边画笔样式，然后在人物面板不需要锐化的部分进行涂抹。

知识点滴

【最小值】滤镜具有伸展的效果，可以扩展黑色区域、收缩白色区域。

8.1.7 美白人物肤色

在Photoshop中，通过使用图层的混合模式可以快速提亮人物肤色。

【例8-7】美白人物肤色。

视频+素材 (光盘素材\第08章\例8-7)

步骤 01 在Photoshop中选择菜单栏中的【文件】|【打开】命令，选择打开需要处理的照片。并按Ctrl+J组合键复制背景图层。

步骤 02 单击【调整】面板中【创建新的黑白调整图层】图标，创建【黑白】调整图层，并在【图层】面板中设置混合模式为【柔光】。

步骤 03 选中【图层1】图层，单击【创建新图层】按钮，新建【图层2】图层。在【色板】面板中单击【50%灰色】色板，按Alt+Delete组合键填充【图层2】图层，并设置图层混合模式为【柔光】。

步骤 04 选择【减淡】工具，在选项栏中设置【曝光度】数值为4%，然后使用【减淡】工具在人物面部暗部涂抹。

步骤 05 双击【黑白1】调整图层，打开【属性】面板，设置【红色】数值为131，【黄色】数值为124，【洋红】数值为200。

步骤 06 在【图层】面板中，选中【黑白1】图层蒙版。选择【画笔】工具，在图像中涂抹不需要提亮的部分。

8.2 美化人像照片

使用Photoshop中的工具和命令，可以轻松为数码照片中的人像添加各种出彩妆容，并增强妆容效果。

8.2.1 添加炫彩美瞳

应用Photoshop中的相关技术，可以快速拥有美轮美奂的双瞳效果。

【例8-8】添加炫彩美瞳效果。

视频+素材 (光盘素材\第08章\例8-8)

步骤 01 在Photoshop中选择菜单栏中的【文件】|【打开】命令，选择打开需要处理的照片。并按Ctrl+J组合键复制背景图层。

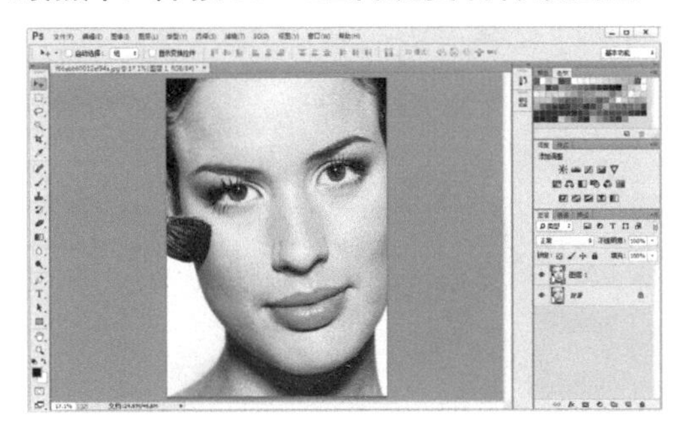

步骤 02 单击【画笔】工具，再单击【以快速蒙版编辑】按钮，在人物眼珠上涂抹创建蒙版。

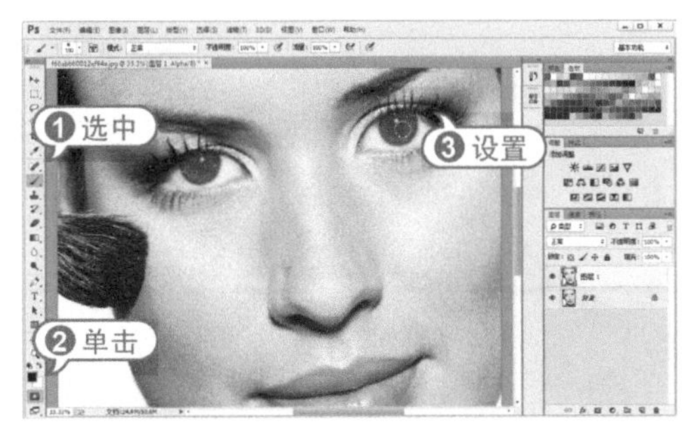

步骤 03 单击【以标准模式编辑】按钮，载入选区，并按Ctrl+Shift+I组合键反选选区。

步骤 04 在【调整】面板中，单击【创建新的色彩平衡调整图层】图标。在展开的【属性】面板中，设置中间值的色阶为-71、25、83。

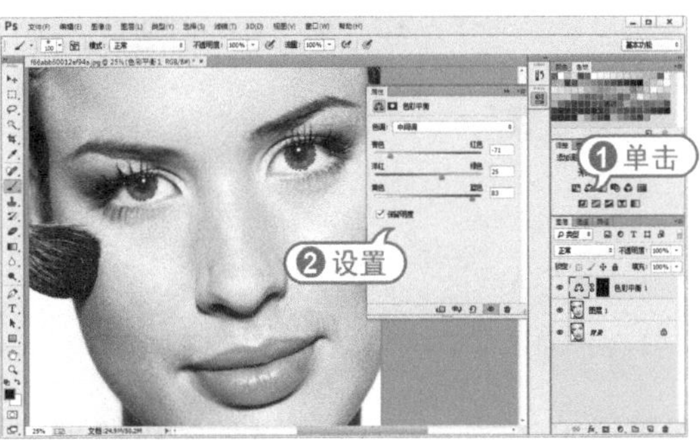

步骤 05 在【属性】面板中的【色阶】下拉列表中选择【阴影】选项，并设置阴影的色阶为-44、0、11。

步骤 06 按Ctrl+Shift+Alt+E组合键盖印图层，按Ctrl键单击【色彩平衡1】图层蒙版载入选区。然后单击【调整】面板中的【创建新的可选颜色调整图层】图标。在展开的【属性】面板中的【颜色】下拉列表中选择【青色】选项，设置【青色】为-65%，【洋红】为-15%，【黄色】为-86%，【黑色】为-30%。

步骤 07 在展开的【属性】面板的【颜色】下拉列表中选择【蓝色】选项，设置【青色】为-64%，【洋红】为100%，【黄色】为100%，【黑色】为26%。

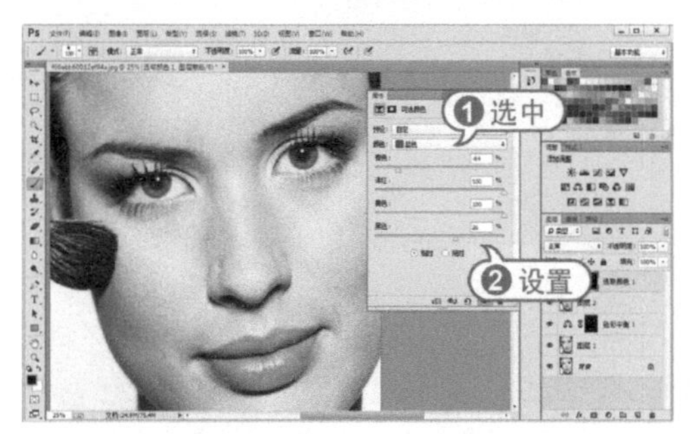

步骤 08 按Ctrl键单击【选取颜色1】图层蒙版载入选区，在【调整】面板中，单击【创建新的曲线调整图层】图标。在展开的【属性】面板中，调整RGB通道曲线形状。

8.2.2 打造诱人双唇

在Photoshop中，可以通过为人物嘴唇绘制唇彩效果，并调亮画面色调，使人物嘴唇立刻丰润起来，增强人物魅力。

【例8-9】打造诱人双唇。

视频+素材 (光盘素材\第08章\例8-9)

步骤 01 在Photoshop中选择菜单栏中的【文件】|【打开】命令，选择打开需要处理的照片。并按Ctrl+J组合键复制背景图层。

步骤 02 单击工具箱中的【以快速蒙版模式编辑】按钮，选择【画笔】工具涂抹人物唇部。

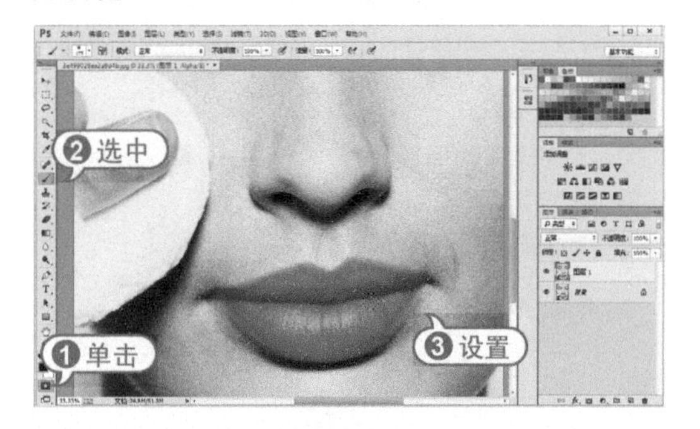

步骤 03 单击工具箱中的【以标准模式编辑】按钮，将蒙版转换为选区。按Shift+Ctrl+I组合键反选选区。

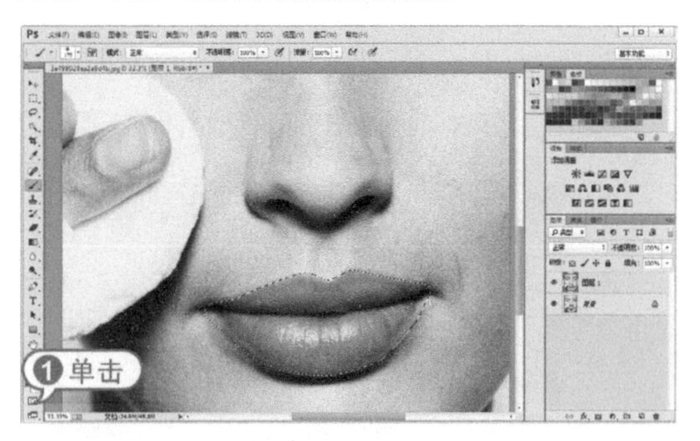

步骤 04 选择【选择】|【修改】|【羽化】命令打开【羽化选区】对话框。设置【羽化半径】为2像素，然后单击【确定】按钮。

步骤 05 选中【图层】面板，单击【创建新的填充或调整图层】按钮，在弹出的菜单中选择【纯色】命令。在打开的【拾色器】对话框中，设置填充颜色为R：204、G：0、B：102，然后单击【确定】按钮。

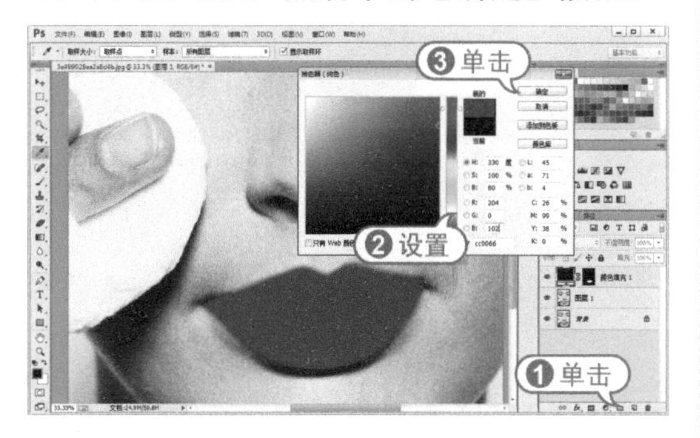

步骤 06 在【图层】面板中，设置【颜色填充1】图层混合模式为【柔光】。

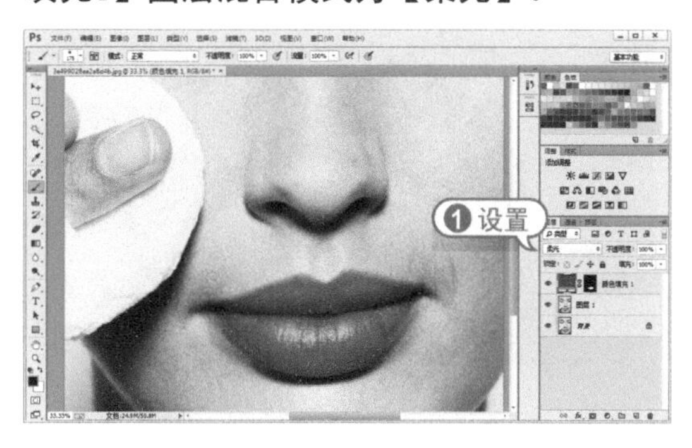

步骤 07 右击【颜色填充1】图层，在弹出的快捷菜单中选择【栅格化图层】命令。选择【滤镜】|【杂色】|【添加杂色】命令，在弹出的对话框中设置【数量】为20%，单击【确定】按钮。

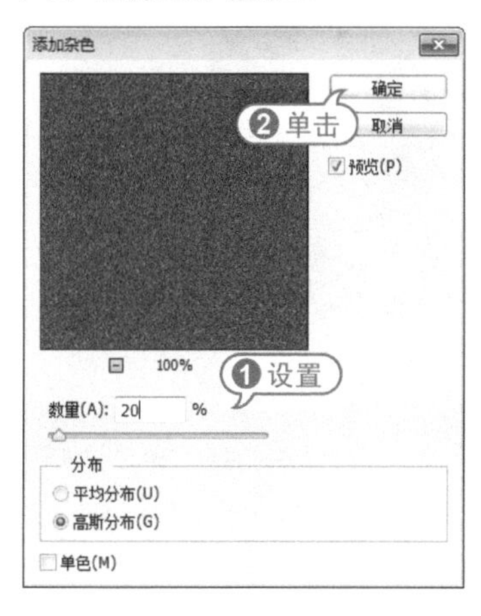

知识点滴

【添加杂色】滤镜可以将随机的像素应用于图像，模拟在高速胶片上拍照的效果。该滤镜也可以用来减少羽化选区或渐变填充中的条纹，或使经过重大修饰的区域看起来更加真实。

步骤 08 在【图层】面板中，设置图层【不透明度】为60%。按Ctrl键单击【颜色填充1】图层蒙版，载入选区。

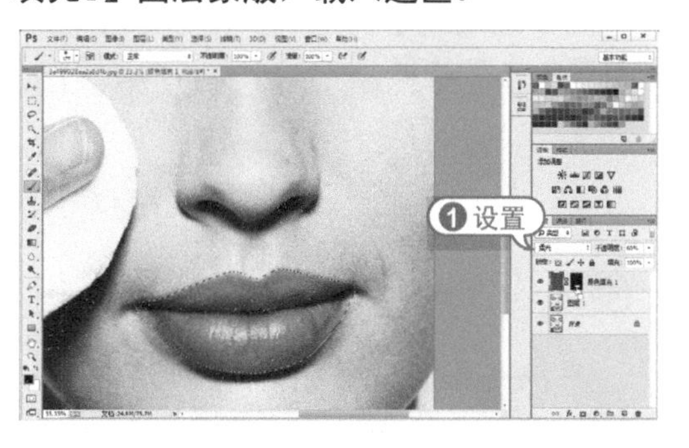

步骤 09 选择【选择】|【修改】|【羽化】命令打开【羽化选区】对话框。设置【羽化半径】为4像素，然后单击【确定】按钮。

步骤 10 在【调整】面板中，单击【创建新的渐变映射调整图层】图标。在【图层】面板中，设置图层混合模式为【颜色减淡】，【不透明度】为50%。

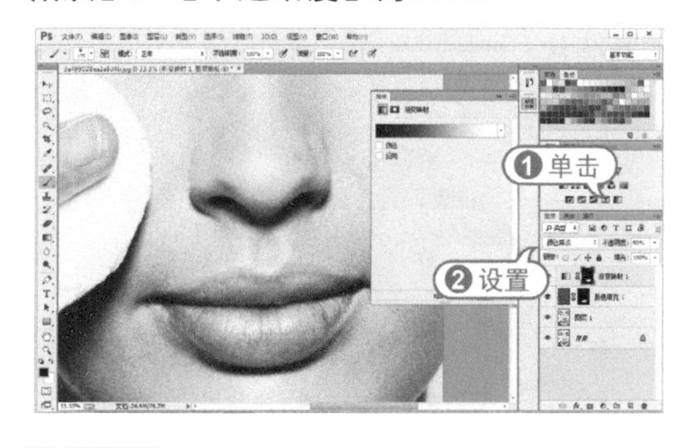

步骤 11 在【属性】面板中，单击编辑渐变，在打开的【渐变编辑器】对话框中设

置渐变样式，然后单击【确定】按钮应用。

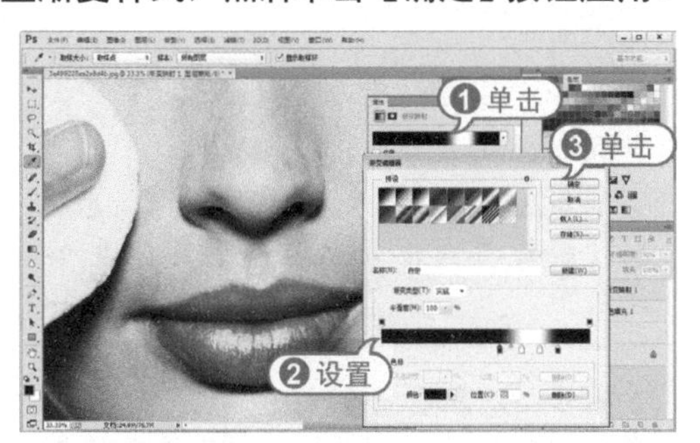

步骤 12 选择【画笔】工具，在选项栏中设置【不透明度】为50%，然后在图像中调整唇色光泽效果。

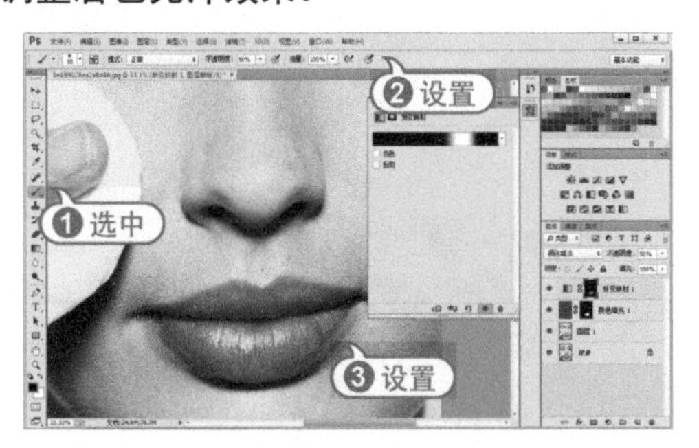

8.2.3 改变发型颜色

使用Photoshop可以改变照片中人物发色。通过设置颜色和图层混合模式，即可轻松地获得染发后的效果。

【例8-10】改变发型颜色。

视频+素材 (光盘素材\第08章\例8-10)

步骤 01 在Photoshop中选择菜单栏中的【文件】|【打开】命令，选择打开需要处理的照片。

步骤 02 在【图层】面板中，单击【创建新图层】按钮，新建【图层2】图层。在【颜色】面板中，设置颜色为R：125、G:0、B:0。然后选择【画笔】工具，在人物头发处涂抹

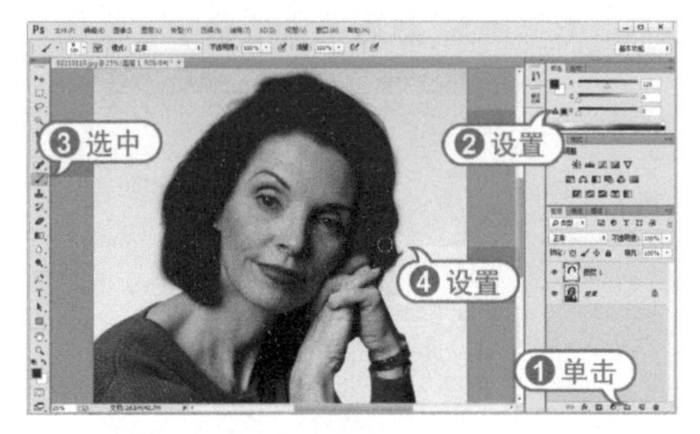

步骤 03 在【图层】面板中，设置【图层2】图层混合模式为【叠加】，【不透明度】为50%。

步骤 04 在【图层】面板中，单击【添加图层蒙版】按钮，在选项栏中设置【不透明度】为30%，然后使用【画笔】工具在【图层2】图层蒙版中涂抹，进一步修饰头发。

8.2.4 打造质感肤色

使用Photoshop在给照片中的人物处理过肤质问题后，还可以通过调整色调打造具有质感的肤色。

【例8-11】打造质感肤色。

视频+素材 (光盘素材\第08章\例8-11)

步骤 01 在Photoshop中选择菜单栏中的【文件】|【打开】命令，选择打开需要处理的照片。

步骤 02 在【调整】面板中，单击【创建新的曲线调整图层】图标。在展开的【属性】面板中，调整RGB通道曲线形状。

步骤 03 在【调整】面板中，单击【创建新的可选颜色调整】图标。在展开的【属性】面板中，设置【红色】的【青色】为45%，【洋红】为15%，【黄色】为12%。

步骤 04 在【属性】面板的【颜色】下拉列表中选择【黄色】选项，设置【青色】为20%，【洋红】为15%，【黄色】为15%。

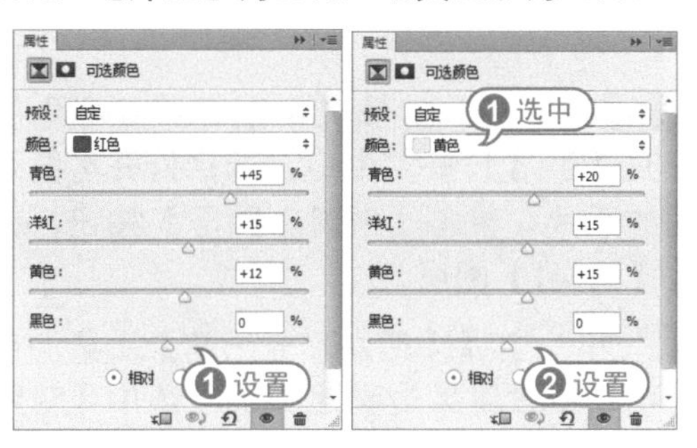

步骤 05 在【属性】面板的【颜色】下拉列表中选择【白色】选项，设置【青色】为-74%，【洋红】为-74%，【黄色】为-85%，【黑色】为-5%。

步骤 06 在【调整】面板中，单击【创建新的色彩平衡调整图层】图标。在展开的【属性】面板中，设置中间值的色阶为10、0、-22。

步骤 07 在【属性】面板的【色调】下拉列表中选择【阴影】选项，设置阴影的色阶为-40、0、-10。

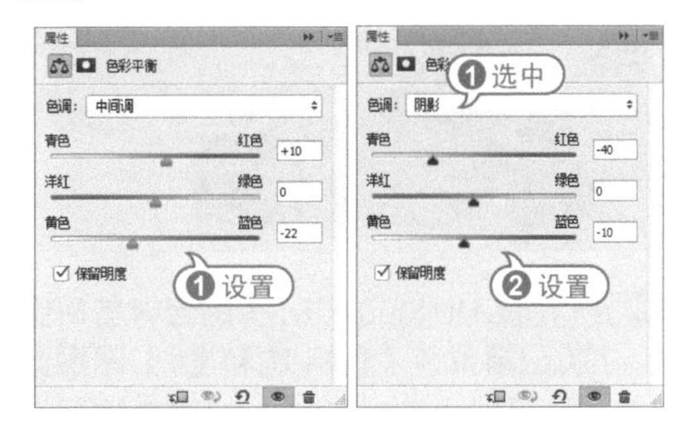

步骤 08 在【属性】面板的【色调】下拉列表中选择【高光】选项，设置高光的色阶为-21、0、15。

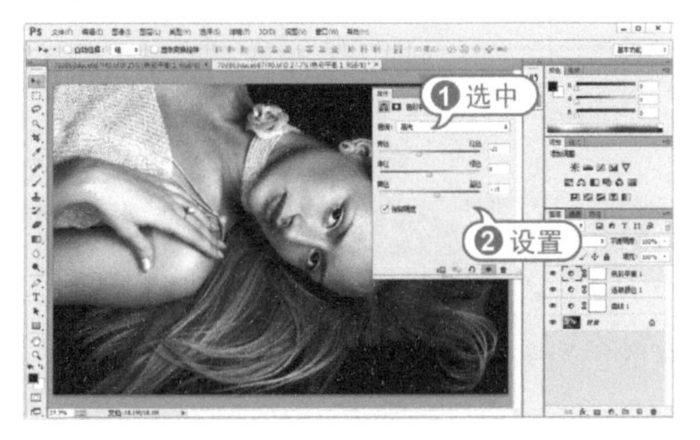

步骤 09 在【图层】面板中，选中【色彩平衡1】图层蒙版。选择【画笔】工具，在

图像中涂抹人物头发和背景部分。

步骤 10 按Ctrl键单击【色彩平衡1】图层蒙版，载入选区。在【调整】面板中，单击【创建新的色相/饱和度调整图层】图标。在展开的【属性】面板中，设置【饱和度】为-100。并在【图层】面板中，设置【色相/饱和度1】图层混合模式为【柔光】，【不透明度】为50%。

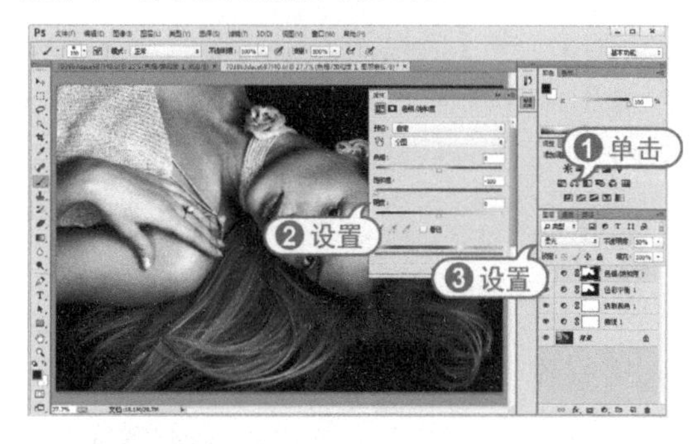

步骤 11 按Alt+Shift+Ctrl+E组合键盖印图层，按Ctrl键单击【色相/饱和度1】图层蒙版载入选区，再按Shift+Ctrl+I组合键反选选区。

步骤 12 在【调整】面板中，单击【创建新的曲线调整图层】图标。在展开的【属性】面板中，调整RGB通道曲线形状。

步骤 13 在【属性】面板中，选中【红】通道，并调整红通道曲线形状。

8.3 实战演练

本章的实战演练部分包括制作不同色调效果的人像照片的综合实例，通过练习从而巩固本章所学知识，熟悉人像照片调整的简单流程。

8.3.1 制作甜美人像照

通过Lab颜色模式的调整，可以展现丰富的色彩效果，调出另类的照片色调。

【例8-12】制作甜美人像照。

视频+素材 (光盘素材\第08章\例8-12)

步骤 01 在Photoshop中选择菜单栏中的【文件】|【打开】命令，选择打开需要处理的照片。单击【创建新图层】按钮，新建【图层1】图层。

步骤 02 选择【污点修复画笔】工具，在选项栏中设置柔边画笔样式，选中【对所有图层取样】复选框，然后使用工具修复人物面部瑕疵。

步骤 03 按Ctrl+E组合键合并图层，选择【图像】|【模式】|【Lab颜色】命令，并将【背景】图层拖动至【创建新图层】按钮上释放，新建【背景拷贝】图层。

步骤 04 打开【通道】面板，选择b通道，按Ctrl+A组合键，并按Ctrl+C组合键复制通道图像。

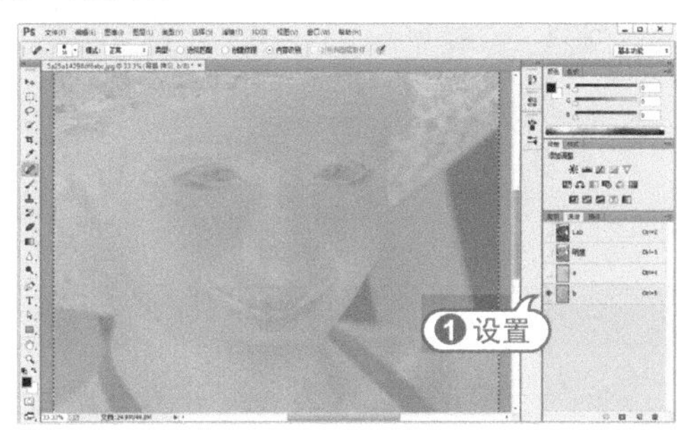

步骤 05 在【通道】面板中，选择【明度】通道，并按Ctrl+V组合键粘贴通道图像。按Ctrl+D组合键取消选区。

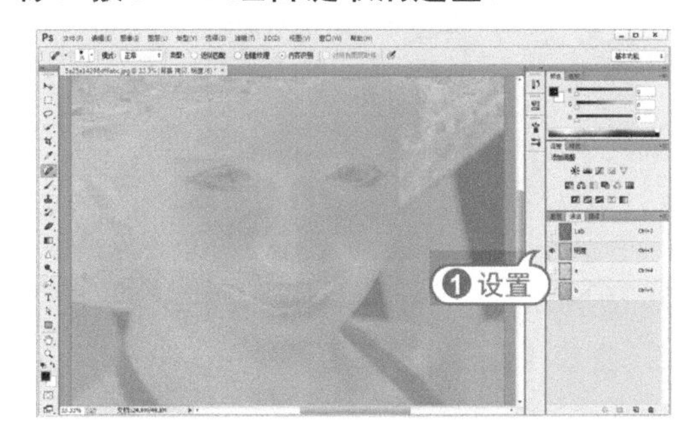

步骤 06 单击Lab通道，打开【图层】面板，设置图层混合模式为【滤色】，不透明度为30%。

知识点滴

【滤色】模式与【正片叠底】模式的效果相反，它可以使图像产生漂白的效果，类似于多个摄影幻灯片在彼此之上投影。

步骤 07 按Ctrl+Shift+Alt+E组合键盖印图层，生成【图层1】。

步骤 08 按照相同方法，复制【图层1】图层的b通道图像，并粘贴至a通道图像中，单击Lab通道。

步骤 09 按Ctrl+Shift+Alt+E组合键盖印图层，生成【图层2】图层。

步骤 10 在【通道】面板中，复制【明度】通道图像并粘贴至b通道图像中，单击Lab通道。

步骤 11 在【图层】面板中，设置【图层2】图层的【混合模式】为【柔光】，【不透明度】为60%。

步骤 12 选择【图层1】图层，并单击【添加图层蒙版】按钮，然后选择【画笔】工具，在选项栏中设置不透明度为30%，使用【画笔】工具在需要恢复颜色的地方涂抹。

步骤 13 在【图层】面板中，选中【图层2】图层，按Alt+Shift+Ctrl+E组合键盖印图层，生成【图层3】。复制其【明度】通道图像，再返回【图层】面板，按Ctrl+V组合键将明度通道图像粘贴至图像中，生成【图层4】图层。

步骤 14 设置【图层4】的图层混合模式为【柔光】，将黑白图像混合到画面中，增强画面对比度。

8.3.2 制作韩式婚纱照

韩式婚纱照具有唯美、大方、温馨的风

格特征，深受大众欢迎。在完成拍摄后，使用Photoshop可以制作韩式婚纱照效果。

【例8-13】制作韩式婚纱照。

视频+素材 (光盘素材\第08章\例8-13)

步骤 01 在Photoshop中，选择菜单栏中的【文件】|【打开】命令，选择打开需要处理的照片。并按Ctrl+J组合键复制背景图层。

步骤 02 选中【通道】面板，选择【绿】通道，按Ctrl+A组合键全选通道内图像，按Ctrl+C组合键复制。选择【蓝】通道，按Ctrl+V组合键粘贴，然后单击RGB复合通道。

步骤 03 选中【图层】面板，按Ctrl+D组合键取消选区，并按Ctrl+J组合键生成【图层2】图层。选择【修补】工具修复人物细节部分。

步骤 04 在【调整】面板中，单击【创建新的可选颜色调整图层】图标。在展开的【属性】面板的【颜色】下拉列表中选择【红色】选项，设置【青色】为-19%，【洋红】为-9%，【黄色】为32%。

步骤 05 在【属性】面板的【颜色】下拉列表中选择【青色】选项，设置【青色】为100%，【洋红】为-100%，【黄色】为100%。

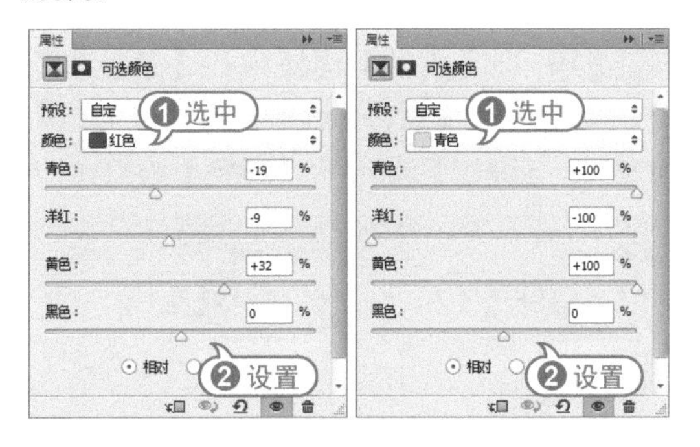

步骤 06 在【属性】面板的【颜色】下拉列表中选择【白色】选项，设置【青色】为14%，【洋红】为8%，【黄色】为30%。

步骤 07 在【属性】面板中的【颜色】下拉列表中选择【黑色】选项，设置【黑色】为-7%。

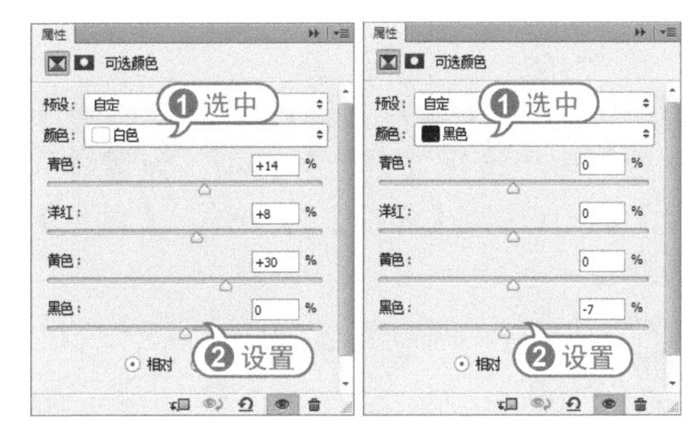

步骤 08 在【调整】面板中，单击【创建新的曲线调整图层】图标。在展开的【属性】面板中选中【蓝】通道，并调整蓝通道曲线形状。

步骤 09 在【调整】面板中，单击【创建新的可选颜色调整图层】图标。在展开的【属性】面板的【颜色】下拉列表中选择【红色】选项，设置【青色】为28%，【洋红】为-25%，【黄色】为38%，【黑色】为-8%。

步骤 10 在【属性】面板中的【颜色】下拉列表中选择【黄色】选项，设置【青色】为22%，【洋红】为4%，【黄色】为41%。

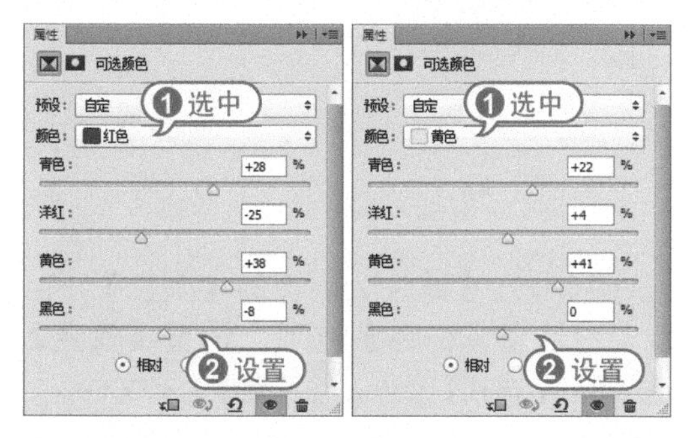

步骤 11 在【属性】面板中的【颜色】下拉列表中选择【绿色】选项，设置【青色】为-93%，【洋红】为21%，【黄色】为28%。

步骤 12 在【属性】面板中的【颜色】下拉列表中选择【白色】选项，设置【青色】为-10%，【洋红】为-6%，【黄色】为23%。

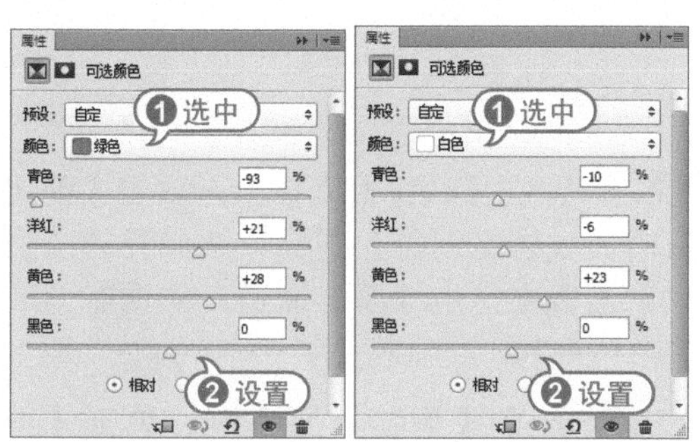

步骤 13 按Alt+Ctrl+2组合键调出高光区域，在【图层】面板中，单击【创建新的填充或调整图层】按钮，在弹出的菜单中选择【纯色】命令。在打开的【拾色器】对话框中，设置填充颜色为R:253、G:244、B:193，然后单击【确定】按钮。

步骤 14 在【图层】面板中，设置【颜色填充1】图层混合模式为【柔光】，【不透明度】为50%。

步骤 15 在【调整】面板中，单击【创建新的色彩平衡调整图层】图标。在展开的【属性】面板的【色调】下拉列表中选择【阴影】选项，并设置阴影色阶为5、0、-17。

步骤 16 在【属性】面板的【色调】下拉列表中选择【高光】选项，并设置高光色阶为0、11、7。

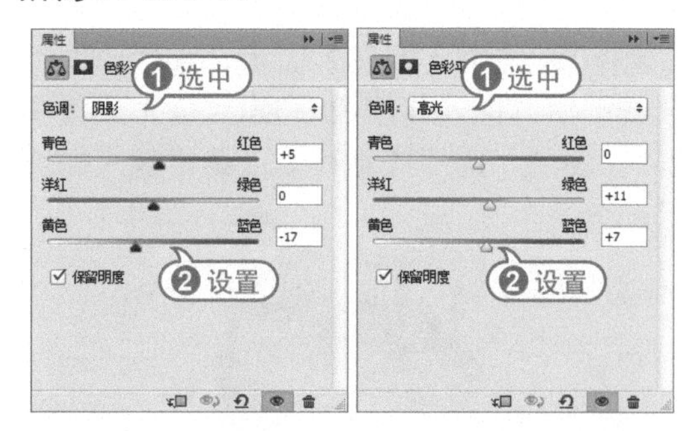

步骤 17 按Alt+Shift+Ctrl+E组合键盖印图层，然后选择【图像】|【调整】|【去色】命令。并在【图层】面板中，设置【图层3】图层混合模式为【正片叠底】，【不透

明度】为45%。

步骤 18 在【图层】面板中，单击【添加图层蒙版】按钮，选择【画笔】工具在画面中擦除人物部分，制作照片暗角效果。

步骤 19 在【调整】面板中，单击【创建新的色彩平衡调整图层】图标。在展开的【属性】面板中，设置中间调色阶为-4、-4、11。

步骤 20 在【属性】面板中的【色调】下拉列表中选择【阴影】选项，并设置阴影色阶为2、0、-2。

专家答疑

问：【画笔】工具的使用技巧有哪些？

答：使用【画笔】工具时，按下[键可以减小画笔的直径，按下]键增加画笔的直径；对于实边圆、柔边圆和书法画笔，按下Shift+[组合键可减小画笔的硬度，按下Shift+]组合键则增加画笔的硬度。

按下键盘中的数字键可以调整工具的不透明度。例如，按下1时，不透明度为10%；按下5时，不透明度为50%；按下75，不透明度为75%；按下0时，不透明度恢复为100%。

使用【画笔】工具时，在画面中单击，然后按住Shift键单击画面中任意一点，两点之间会以直线连接。按住Shift键还可以绘制水平、垂直或45°角为增量的直线。

问：如何使用【内容感知移动】工具？

答：【内容感知移动】工具可以快速重组影像，不需要通过复杂的图层操作或精确选取动作。在选择工具后，选择工具选项栏中的延伸模式可以栩栩如生地膨胀或收缩图像。移动模式可以将图像对象置入完全不同的位置(背景保持相似时最为有效)。

在工具箱中，按住【污点修复画笔】工具，在弹出的隐藏工具列表中选择【内容感知移动】工具。在工具选项栏中，设置模式为【移动】或【延伸】。【适应】选项可控制新区域反射现有图像的接近程度。接着在图像中，将要延伸或移动的图像对象圈起来，然后将其拖曳至新位置即可。

读书笔记

第9章

数码照片的输出

例9-1 为照片添加版权信息
例9-2 为照片添加水印效果

本章介绍了在展示和输出数码照片时，如何保护个人的版权和图片信息，以及输出照片的方法。

9.1 添加版权信息

在输出数码照片前，为自己的照片添加版权信息，可以保护个人权限，防止他人在未经允许的情况下任意使用。

【例9-1】为照片添加版权信息。

视频+素材 (光盘素材\第9章\例9-1)

步骤 01 在Photoshop中，选择【文件】|【打开】命令，选择打开一个图像文件。

步骤 02 选择【文件】|【文件简介】命令，打开【文件简介】对话框。在对话框中输入作者的信息。

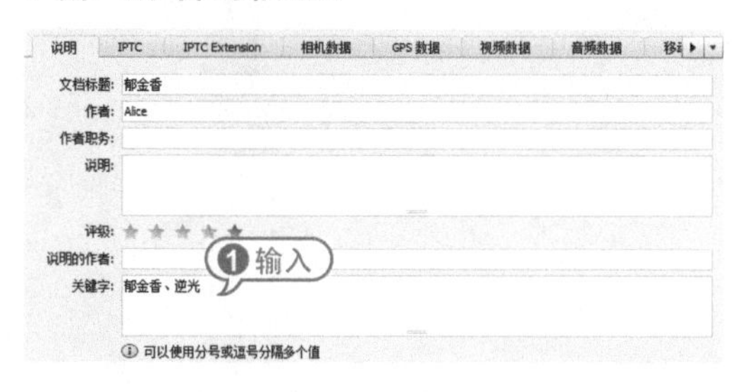

步骤 03 单击【版权状态】下拉列表，选择【版权所有】，并输入版权公告内容，单击【确定】按钮。

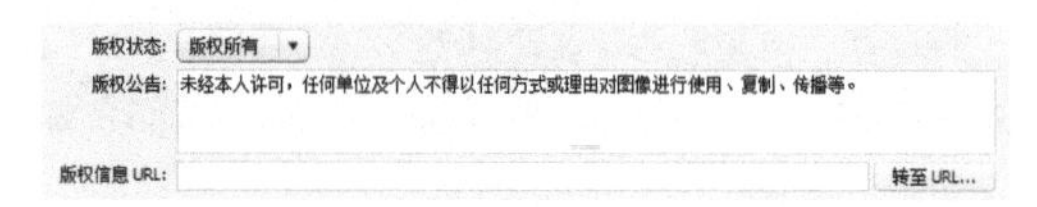

步骤 04 通过在【版权状态】下选择【版权所有】选项，返回到图像中，可查看到在文档名称右侧会出现(C)字样，表示此文档为版权所有文件。

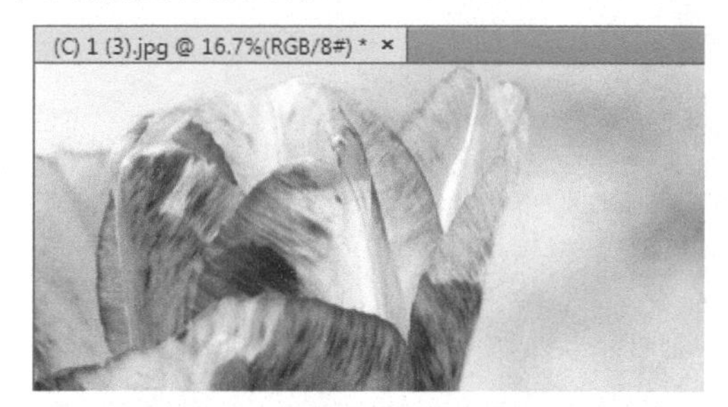

> **实战技巧**
>
> 选择【滤镜】|Digimarc|【嵌入】命令，可以将版权信息直接嵌入到图像中，使用Digimarc添加版权保护可以给数字图像进行水印的读取和嵌入。

9.2 添加水印

在保护个人照片的所有权时，除了添加版权信息外，拍摄者还可以为照片添加水印效果，直接保护图像画面被他人任意使用。

【例9-2】为照片添加水印效果。

视频+素材 (光盘素材\第9章\例9-2)

步骤 01 在Photoshop中，选择【文件】|【打开】命令，选择打开一个图像文件。单击【图层】面板中的【创建新图层】按钮，新建【图层1】。

步骤 02 选择【自定形状】工具，在工具选项栏中，设置工具模式为【像素】，在【形状】下拉面板中选择【版权符号】形状。然后按Shift组合键，单击并拖曳鼠标，绘制图像。

步骤 03 选择【滤镜】|【风格化】|【浮雕效果】命令，打开【浮雕效果】对话框。设置【角度】为135度，【高度】为6像素，【数量】为100%，然后单击【确定】按钮。

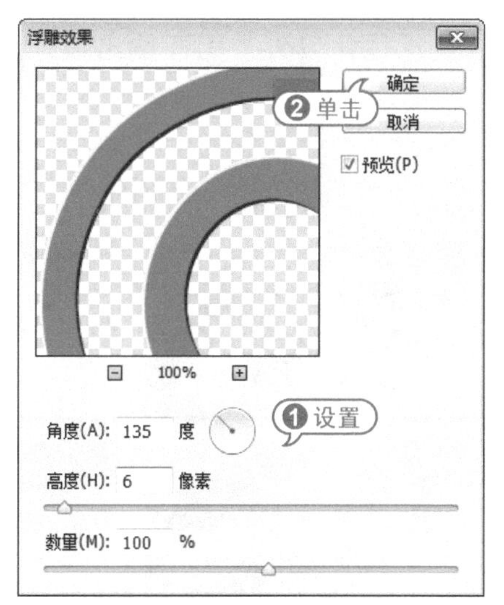

实战技巧

【浮雕效果】滤镜可通过勾画图像或选区的轮廓和降低周围色值来生成凸起或凹陷的浮雕效果。

步骤 04 单击【图层】面板中的【锁定透明像素】按钮，选择【滤镜】|【模糊】|【高斯模糊】命令，打开【高斯模糊】对话框。在对话框中，设置【半径】为2.5像素，然后单击【确定】按钮。

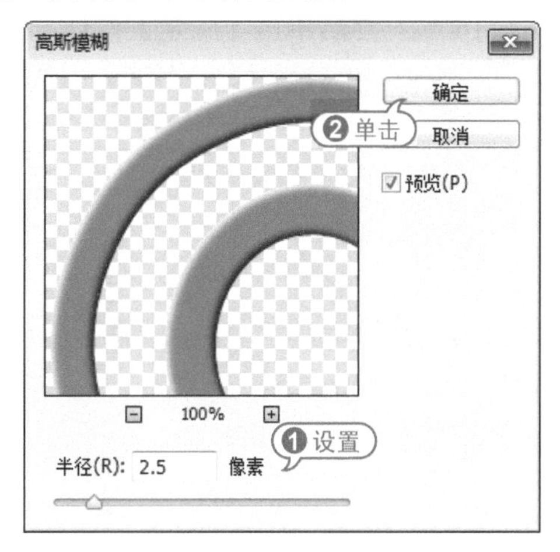

步骤 05 在【图层】面板中，设置图层混合模式为【强光】。

步骤 06 选择【横排文字】工具，在图像中单击，在属性栏中设置字体样式为Arial，字体为200点，然后输入文字内容。

步骤 07 选择【图层】|【栅格化】|【文字】命令，将文本图层转换为普通图层。选择【滤镜】|【风格化】|【浮雕效果】命令，打开【浮雕效果】对话框。设置【角度】为135度，【高度】为6像素，【数量】为100%，然后单击【确定】按钮。

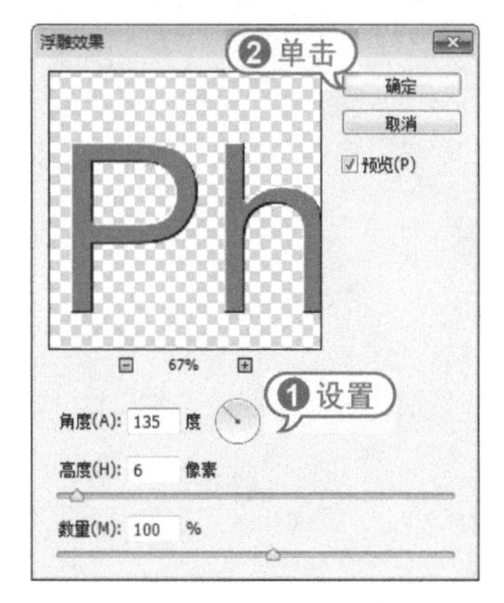

步骤 08 在【图层】面板中，设置文字图层混合模式为【强光】。

步骤 09 选择【移动】工具，调整图像中文字和版权符号位置。

9.3 数码照片的输出

在Photoshop中通过存储和另存为等操作保存设置后的数码照片，可以根据需要选择不同的输出格式和方法，并对最终的照片进行优化设置，保证输出最佳的效果。

9.3.1 存储W eb网页格式

可以将Photoshop编辑后的照片上传于网页中浏览。在Photoshop中通过【存储为Web和设备所用格式】命令可以导出和优化Web图像。选择【文件】|【存储为Web所用格式】命令，可以打开【存储为Web和设备所用格式】对话框。使用对话框中的优化功能，可预览具有不同文件格式和不同文件属性的优化图像。当预览图像以选择最适合自己需要的设置组合时，可以同时查看图像的多个版本并修改优化设置。也可以指定透明度和杂边，选择用于控制仿色的选项，以及将图像大小调整到指定的像素尺寸或原始大小的指定百分比。

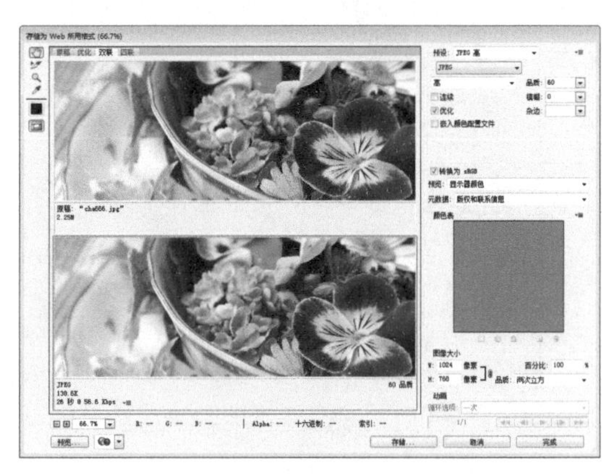

可通过以下操作过程针对Web优化图像。

单击对话框顶部的选项卡以选择显示

选项：包括【原稿】、【优化】、【双联】和【四联】。

从【预设】菜单中选择一个预设优化设置，或设置各个优化选项。对优化设置进行微调，直至对图像品质和文件大小的平衡点满意为止。

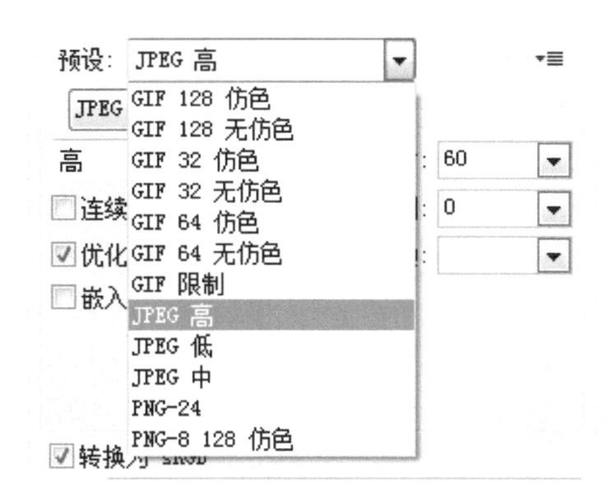

单击【存储】按钮，打开【将优化结果存储为】对话框。在对话框中输入文件名，并为生成的文件选择位置。选择【格式】选项，以指定要保存什么种类的文件，包括【HTML文件和图像文件】、【仅限图像文件】和【仅限HTML文件】3种格式。

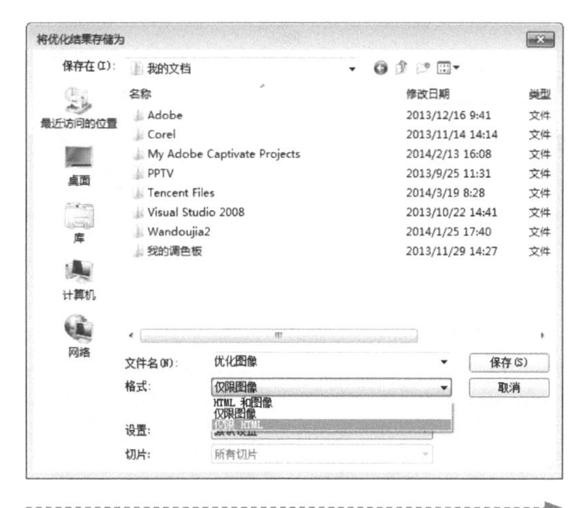

【例9-3】将照片存储为Web网页格式。

素材(光盘素材\第9章\例9-3)

步骤 01 在Photoshop中，选择【文件】|【打开】命令，选择打开素材文件，选择【文件】|【存储为Web所用格式】命令。

步骤 02 打开【存储为Web和设备所用格式】对话框，单击【双联】选项卡。

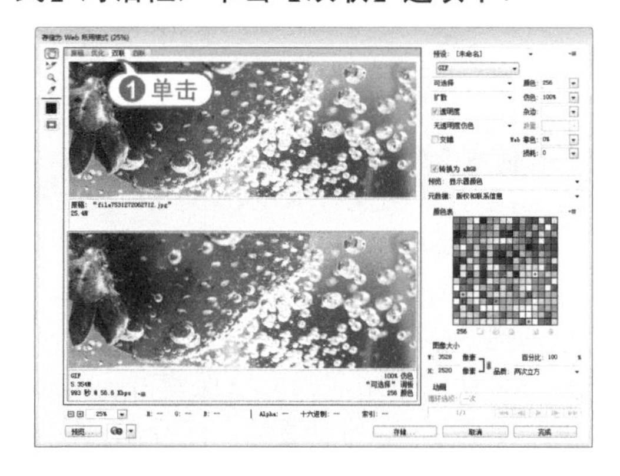

步骤 03 在对话框右侧的文件格式下拉列表中选择PNG-24，并选中【交错】复选框。

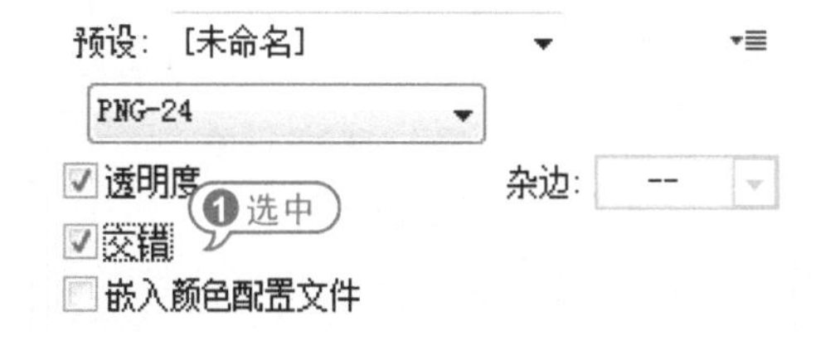

步骤 04 在对话框中设置完成后，单击【存储为Web所用格式】对话框右下角的【存储】按钮。

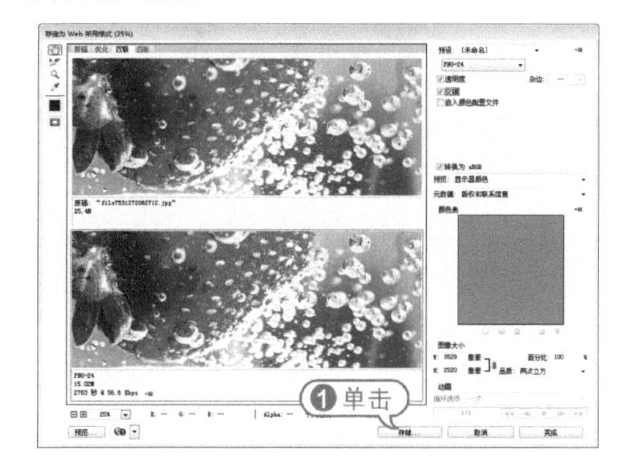

步骤 05 打开【将优化结果存储为】对话框，在对话框中设置存储的图像的路径和名称，再单击【保存】按钮即可存储图像。

9.3.2 输出为PDF文件

在Photoshop中以PDF格式存储时，可以包括RGB颜色、索引颜色、CMYK颜色、灰度、位图模式、Lab颜色和双色调的图像。通过PDF文档可以保留Photoshop数据，如图层、Alpha通道、注释以及专色等，方便对图像进行更有效的编辑。

【例9-4】将照片输出为PDF格式。

素材 (光盘素材\第9章\例9-4)

步骤 01 在Photoshop中，选择【文件】|【打开】命令，选择打开素材文件，选择【文件】|【存储为】命令。

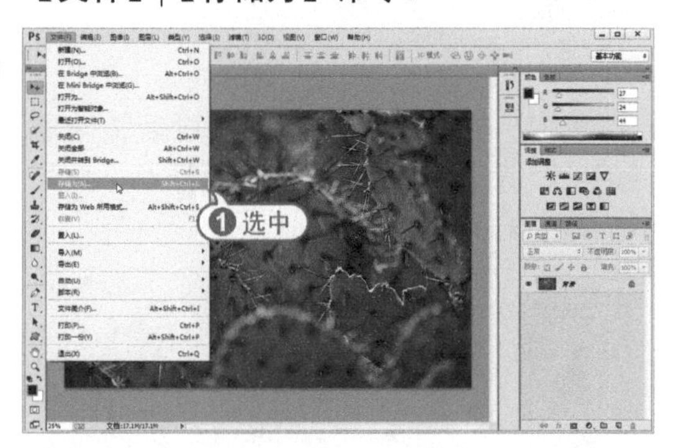

步骤 02 在打开的【存储为】对话框中，指定文件存储位置，在【文件名】文本框中输入新的文件名，并单击【保存类型】下拉列表中选择Photoshop PDF文件格式，然后单击【保存】按钮。

知识点滴

将自定义的Adobe PDF预设文件保存在Documents and Settings | AllUsers | 共享文档 | Adobe PDF | Setting文件夹内，该文件便可以在其他Adobe Creative Suite应用程序中共享。

步骤 03 在弹出的提示框中，单击【确定】按钮，打开【存储Adobe PDF】对话框。

步骤 04 在对话框中，对存储的【选项】参数进行设置，选中【存储后查看PDF】复选框，然后单击【存储PDF】按钮。

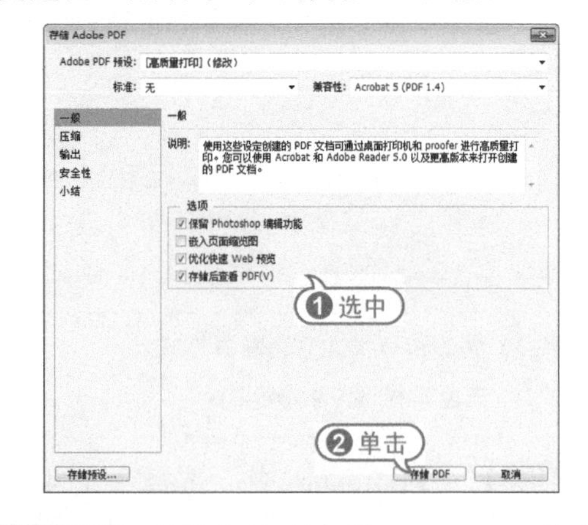

步骤 05 在弹出的【存储Adobe PDF】提示框中，单击【是】按钮即可。

步骤 06 存储完成后，会自动打开已存储的PDF图像文档。

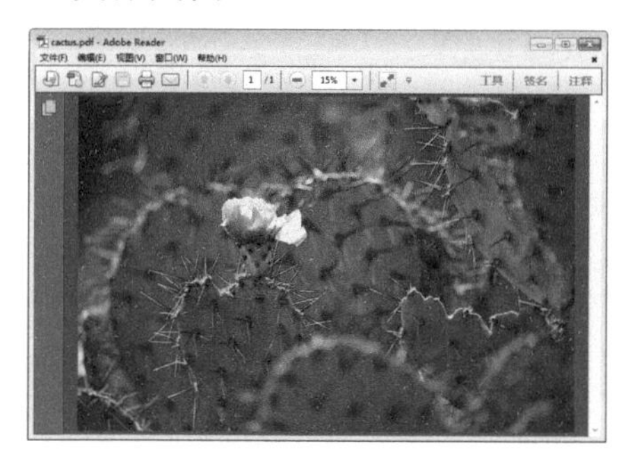

9.3.3 输出为PDF演示文稿

PDF是一种通用文件格式，这种格式既可以表现矢量数据，也可以表现位图数据，还可以包含电子文档搜索和导航功能。使用Photoshop中【文件】|【自动】|【PDF演示文稿】命令，可以用多幅图像创建多页面的PDF 文档或具有自动演示效果的幻灯片文稿。

【例9-5】将照片输出为PDF演示文稿。

素材 (光盘素材\第9章\例9-5)

步骤 01 在Photoshop中，选择【文件】|【自动】|【PDF演示文稿】命令，打开【PDF演示文稿】对话框。单击【源文件】选项区中的【浏览】按钮，打开【打开】对话框。从该对话框中选择指定的文件，单击【打开】按钮，则选中文件就会显示在对话框中。

步骤 02 在【输出选项】选项区中指定存储的方式。这里主要有两种方式：【多页面文档】和【演示文稿】。选中【演示文稿】单选按钮，在【背景】下拉列表中选择【黑色】选项，选中【文件名】复选框。

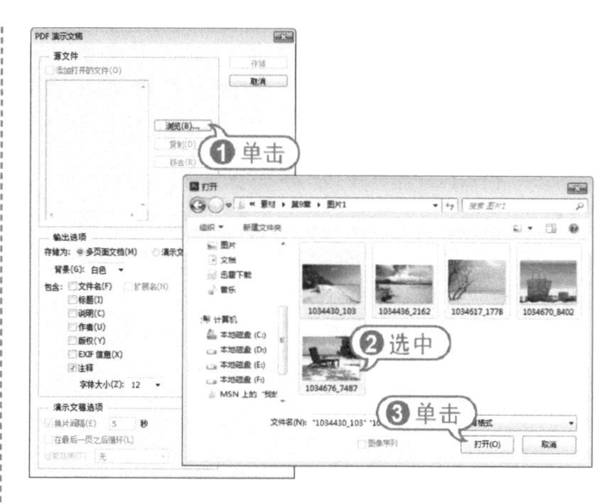

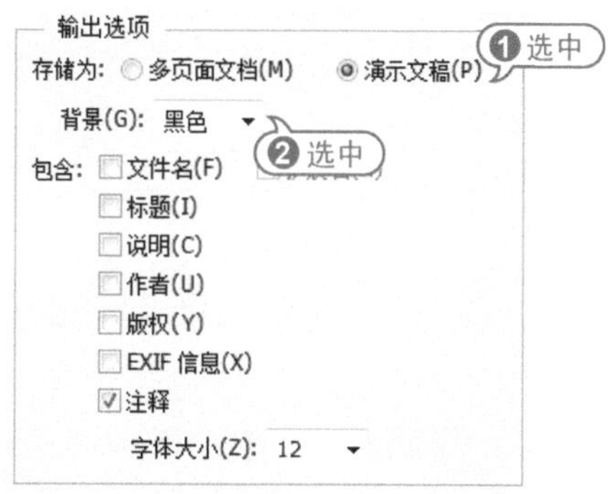

步骤 03 在【演示文稿选项】选项区中，设置【换片间隔】秒数为5秒，选中【最后一页之后循环】复选框，在【过渡效果】下拉列表中选择【渐隐】效果。

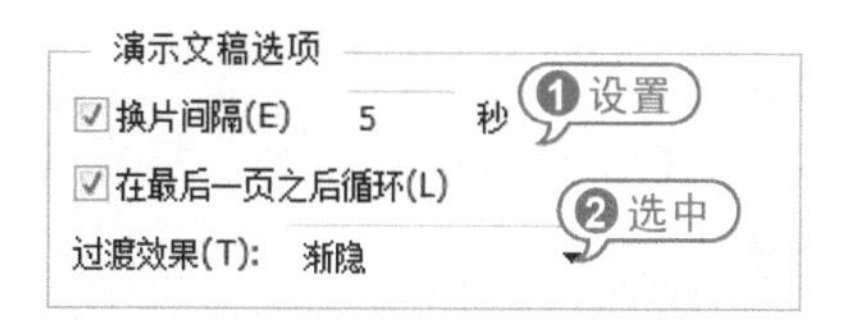

步骤 04 单击【PDF演示文稿】对话框中的【存储】按钮，打开【另存为】对话框。在对话框中的【文件名】文本框中输入“演示文稿”，单击【保存】按钮。

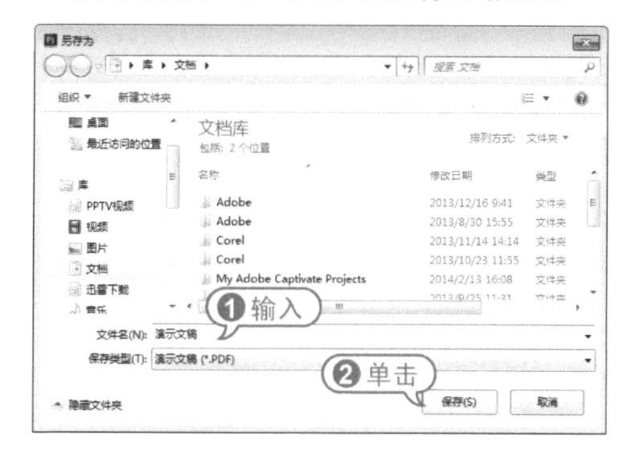

步骤 05 打开【存储Adobe PDF】对话框，在对话框左侧选择【小结】选项，查看PDF文档的各项设置，单击【存储PDF】按钮，将自动完成PDF演示文稿的制作。

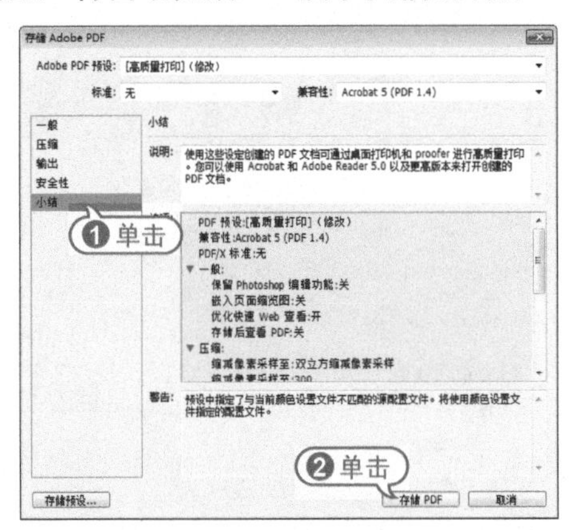

9.3.4 制作联系表

在Photoshop中，通过使用【文件】|【自动】|【联系表 II】命令可以在一页上显示一系列缩览图来轻松地预览图像，或将图像编为目录。

【例9-6】制作联系表。

素材 (光盘素材\第9章\例9-6)

步骤 01 在Photoshop中，选择【文件】|【自动】|【联系表Ⅱ】命令，打开【联系表Ⅱ】对话框。

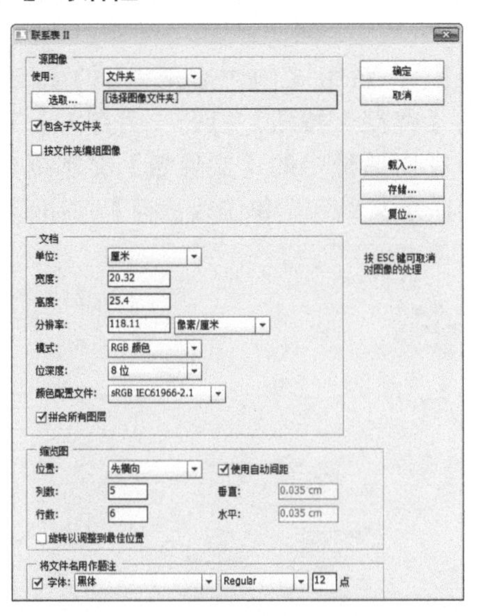

步骤 02 在【源图像】选项区中设定图像来源的文件夹，单击【选取】按钮打开【选择文件夹】对话框进行设定，然后单击【确定】按钮，选取的文件夹名称会出现在【选取】按钮的右边。

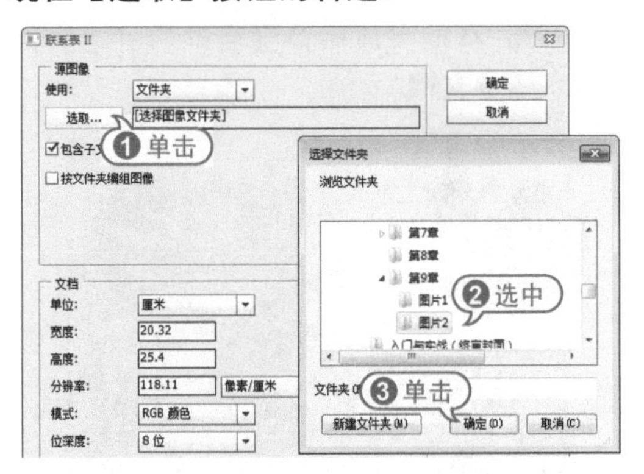

步骤 03 在【文档】选项区中设定新文件的【宽度】、【高度】、【分辨率】以及【模式】等各种选项。

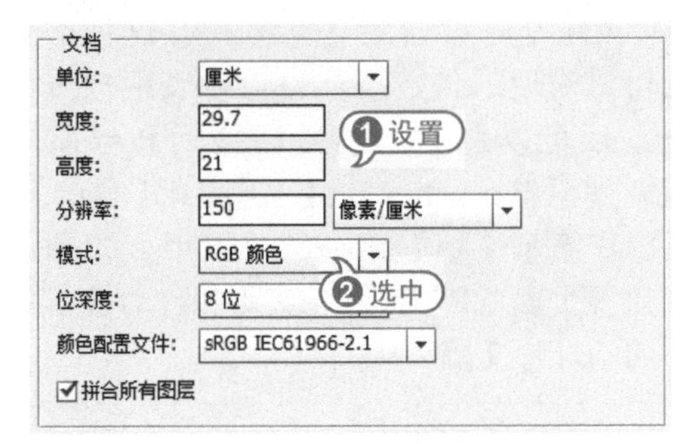

步骤 04 在【缩览图】选项组设定有关缩小图像排列的选项。【位置】下拉列表中选择【先横向】选项，设置【列数】为4，【行数】为2。

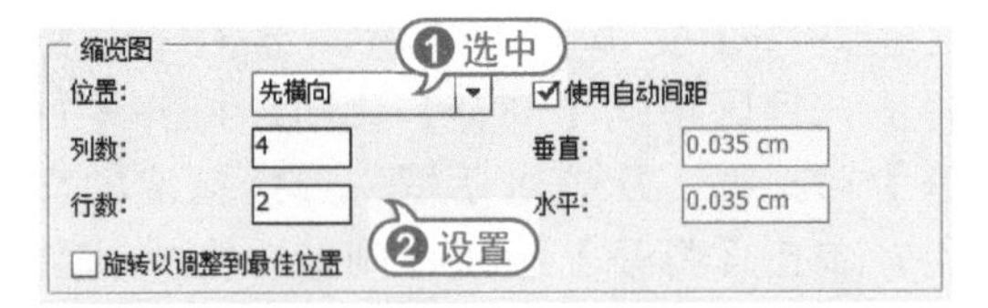

步骤 05 在【将文件名用作题注】选项区中可以设置在缩略图下方显示的图像名称。在【字体】下拉列表中可以选择楷体，设置【字体大小】为11点。

将文件名用作题注
字体: 楷体 Regular 12 点

步骤 06 设定完成后，单击【确定】按钮，指定目录中的图像便会被缩小后整齐地排放到新文件中。当指定目录的图像文件多于文件中可以容纳的数目时，Photoshop会自动建立第2个、第3个新文件，以便将所有图片都保存下来。

专家答疑

» 问：如何输出GIF和PNG-8图像格式？

答：GIF是用于压缩具有单调颜色和清晰细节的图像的标准格式。与GIF格式一样，PNG-8格式也可以有效地压缩纯色区域，同时保留清晰的细节。GIF和PNG-8文件都支持8位颜色，因此它们可以显示多达256种颜色。确定使用哪些颜色的过程称为“建立索引”，因此GIF和PNG-8格式图像有时也称为索引颜色图像。为了将图像转换为索引颜色，Photoshop会构建一个颜色查找表，该表存储图像中的颜色并为这些颜色建立索引。如果原始图像中的某种颜色为出现在颜色查找表中，应用程序将在该表中选取最接近的颜色，或使用可用颜色的组合模拟该颜色。

在【存储为Web所用格式】对话框的【文件格式】下拉列表中选择GIF，可以显示GIF优化选项。选择PNG-8，可显示PNG-8优化选项。

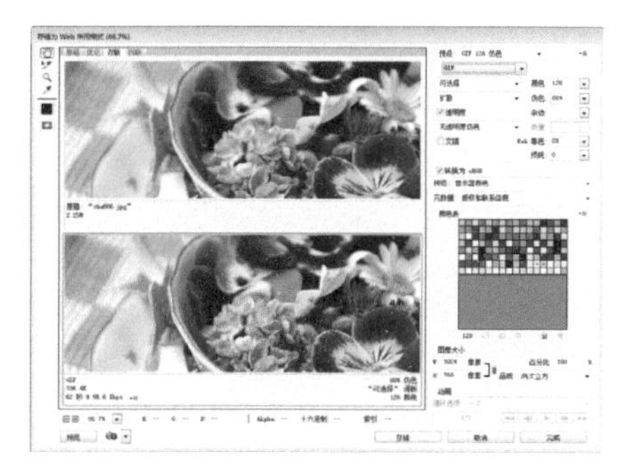

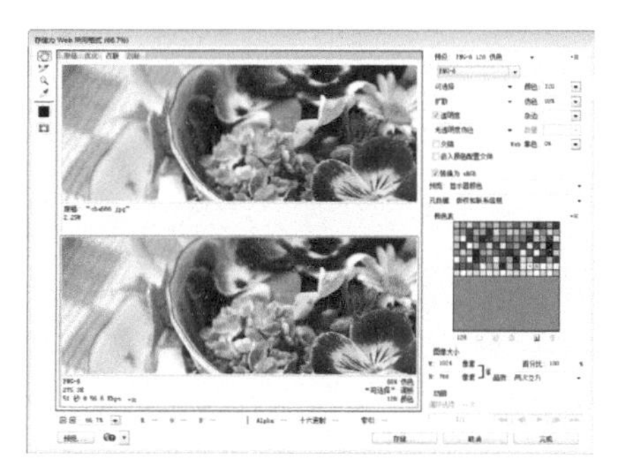

【损耗】(仅限于GIF)：通过有选择地删除数据可以将文件大小减小5%~40%。较高的【损耗】设置会导致更多数据被删除，通常可应用5~10的损耗值。

【减低颜色深度算法/颜色】：指定用于生成颜色查找表的方法，以及想要在颜色查找表中使用的颜色数量。选择【可感知】，可通过为人眼比较灵敏的颜色赋以优先权来创建自定颜色表；选择【可选择】，可以创建一个颜色表，此颜色表通常会生成具有最大颜色完整性的图像，此表与【可感知】颜色类似，但对大范围的颜色区域和保留Web颜色有利；选择【随样性】，可通过从图像的主要色谱中提取色样来创建自定颜色表；选择【受限】，可以使用Windows和Mac OS 8位(256色)调板通用的标准216色颜色表，以确保当使用8位颜色显示图像时，不会对颜色应用浏览器仿色；选择【自定】，可以使用创建或修改的调色板。如果打开现有的GIF或PNG-8文件，它将具有自定调色板。

【仿色算法/仿色】：确定应用程序仿色的方法和数量。【仿色】是指模拟电脑的颜色显示系统中为提供的颜色的方法，在【仿色算法】选项下拉列表中可以选择仿色的方法。选择【扩散】，可应用于【图案】仿色相比通常不太明显的随机图案，仿色效果在相邻像素间扩散；选择【图案】，可使用类似半调的方形图案模拟颜色表中没有的任何颜色；选择【杂色】，可应用与【扩散】仿色方法相似的随机图案，但不再相邻像素间扩散图案。在【仿色】选项内可以设置仿色的数量，较高的仿色百分比使图像中出现更多的颜色和更多的细节，但同时也会增加文件大小。

【透明度/杂边】：确定如何优化图像中的透明像素。如果要使用完全透明的像素透明并将部分透明的像素与一种颜色相混合，可选择【透明度】，然后选择一种杂边颜色；如果要使用一种颜色填充完全透明的像素并将部分透明的像素与同一种颜色相混合，可选择一种杂边颜色，然后取消选择【透明度】；如果要选择杂边颜色，可单击【杂边】色板，然后在【拾色器】中选择一种颜色，或者从【杂边】选项下拉列表中选择一个选项。

【交错】：选择此选项后，图像在下载的过程中会有低分辨率的版本逐渐显示为完整的图像。交错可使下载时间感觉更短，但同时也会增加文件大小。

【Web靠色】：指定将颜色转换为最接近的Web调板等效颜色的容差级别(并防止颜色在浏览器中进行仿色)。该值越高，转换的颜色越多。

读书笔记